水体污染控制与治理科技重大专项"十三五"成果系列丛书
重点行业水污染全过程控制技术系统与应用标志性成果

铜冶炼行业
水污染源解析及控制技术

邵立南　杨晓松　等 著

TONGYELIAN HANGYE
SHUIWURANYUAN JIEXI
JI KONGZHI JISHU

U0363607

化学工业出版社
·北 京·

内 容 简 介

本书在系统地梳理铜冶炼行业水污染特征的基础上，开展了水污染源的解析，阐明了铜冶炼行业的重点污染源和重点污染物，主要介绍了铜冶炼行业水污染概论、铜冶炼行业水污染源解析、铜冶炼行业水污染控制技术评估、铜冶炼行业水污染控制技术、铜冶炼行业水污染全过程控制技术展望等内容。

本书具有较强的技术应用性和针对性，可供从事水污染控制的工程技术人员、科研人员和管理人员参考使用，也可供高等学校环境科学与工程、市政工程及相关专业师生参阅。

图书在版编目（CIP）数据

铜冶炼行业水污染源解析及控制技术/邵立南等著. —北京：
化学工业出版社，2020.9
ISBN 978-7-122-37320-5

Ⅰ.①铜… Ⅱ.①邵… Ⅲ.①炼铜-水污染源-污染源治理
Ⅳ.①X758.03

中国版本图书馆 CIP 数据核字（2020）第 115345 号

责任编辑：刘兴春 卢萌萌
责任校对：边 涛 装帧设计：史利平

出版发行：化学工业出版社（北京市东城区青年湖南街 13 号 邮政编码 100011）
印 装：北京印刷集团有限责任公司
787mm×1092mm 1/16 印张 17½ 字数 412 千字 2020 年 11 月北京第 1 版第 1 次印刷

购书咨询：010-64518888 售后服务：010-64518899
网 址：http://www.cip.com.cn
凡购买本书，如有缺损质量问题，本社销售中心负责调换。

定 价：98.00 元 版权所有 违者必究

前　言

我国是全球最大的铜冶炼国，2019 年全国铜产量为 978.4 万吨。根据 2015 年我国环境统计数据，有色金属冶炼和压延加工业是重金属（汞、镉、铅、砷）排放量第 2 位的行业，排放量为 70.1t；其中汞的排放量 0.288t，占到全国总排放量的 29.4%；镉的排放量 10.8t，占到全国总排放量的 69.7%；铅的排放量 32.4t，占到全国总排放量的 41.6%；砷的排放量 26.56t，占到全国总排放量的 23.8%。与其他重有色冶炼行业相比，铜冶炼行业重金属污染物排放量大（据测算约占重有色冶炼行业排放总量的 30%），水质复杂，治理难度大。近年来，国家对重金属污染治理的要求越来越高，铜冶炼的重金属废水治理问题已经成为制约行业可持续发展的重要问题。

我国铜冶炼行业工艺复杂、原料成分不稳定，排放重金属污染物的节点多，污染物形态复杂，治理和资源化技术要求高。因此，亟待开展铜冶炼全过程污染源解析研究，分析有色金属冶炼生产工艺中废水的重金属排放规律，确定重金属污染特征和防控重点，有针对性地开展防控技术研究，形成铜冶炼水污染全过程控制成套集成技术，推进铜冶炼行业重金属废水污染防控工作，防止重金属污染事件的发生。

本书以铜冶炼行业水污染源解析及控制为主线，主要介绍了铜冶炼行业水污染概论、铜冶炼行业水污染源解析、铜冶炼行业水污染控制技术评估、铜冶炼行业水污染控制技术、铜冶炼行业水污染全过程控制技术展望等内容，旨在为有色冶炼行业水体污染控制与治理提供技术支撑和案例借鉴，有效推动铜冶炼行业废水重金属污染控制污染源的监管、减排技术的提升，促进行业绿色、持续、有序发展。

本书主要由邵立南、杨晓松著，具体编写分工如下：第 1 章由邵立南、杨晓松、谢佳宏负责；第 2 章、第 5 章由邵立南、杨晓松负责；第 3 章由邵立南、杨小明负责；第 4 章由郑曦、陈国强负责。全书最后由邵立南、杨晓松统稿并定稿。

本书内容编写基于的研究工作得到了水体污染控制与治理科技重大专项（2017ZX07402004 重点行业水污染全过程控制技术集成与工程实证）的资助，在此表示感谢。书中所引用文献资料统一列在参考文献中，部分做了取舍、补充和变动，而对于没有说明的，敬请读者或原资料引用者谅解，在此表示衷心的感谢。

限于著者的水平及编写时间，书中不足和疏漏之处在所难免，敬请读者提出修改建议。

著者

2020 年 3 月

目 录

附　录　　　　　　　　　　　　　　　　　　　　　　　　**195**

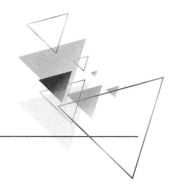

第1章

铜冶炼行业水污染概论

　　铜是与人类关系非常密切的有色金属，被广泛应用于电气、电子、机械制造、建筑、国防等工业领域。铜及其合金的消费量仅次于钢铁和铝。铜在电气、电子工业中应用较广、用量较大，如发电机的线圈、电线、电缆等都是用铜制造的。铜用于制造各种子弹、枪炮和飞机、舰艇的热交换器等部件，还用于制造轴承、活塞、开关、阀门及高压蒸汽设备等，其他热工技术、冷却装置、民用设备等也广泛使用铜和铜合金。

1.1　铜冶炼行业发展现状

1.1.1　世界铜冶炼工业概述

　　世界上铜资源比较丰富，世界陆地铜资源量估计为 30 亿吨，深海结核中铜资源估计为 7 亿吨。世界上铜资源的分布，从地理上来看很不平衡，主要集中于南北美洲西海岸、非洲中部、中亚地区及俄罗斯的西伯利亚，其次是阿尔卑斯山脉和中东、美国东南部、西南太平洋沿岸及其岛屿。从国别上讲，世界铜储量最多的国家是智利和美国，其他储量较多的国家还有中国、秘鲁、波兰、澳大利亚、墨西哥、印度尼西亚、赞比亚、俄罗斯、加拿大和哈萨克斯坦等。

　　根据大地构造环境和矿床地质条件区分，铜矿床比较重要的工业类型有斑岩铜矿、砂（页）岩铜矿、含铜黄铁矿、铜镍硫化矿、脉状铜矿、矽卡岩铜矿及碳酸盐铜矿，其中斑岩型铜矿储量居第一位；沉积及沉积变质型铜矿储量居第二位；火山岩黄铁矿型铜矿储量居第三位。

　　2018 年全年精铜产量近 2366 万吨，同比增长 1.1%。从现实情况看，铜矿供给仍处低位水平。

1.1.2　中国铜冶炼工业概述

　　2019 年我国精炼铜产量为 978.4 万吨/年[1]。我国铜冶炼行业生产集中度较高，矿产铜生产主要集中在江西铜业公司、铜陵有色公司、云南铜业公司、金川有色公司等7家大型企业。铜矿物原料的冶炼方法可分火法冶金与湿法冶金两大类。

近30多年来，我国铜工业规模和技术装备水平发展迅速，多家大型铜冶炼厂技术和装备已经达到了世界先进水平，污染严重的鼓风炉、电炉、反射炉已逐步被淘汰，取而代之的是引进、消化并自主创新的富氧强化熔炼工艺，如闪速熔炼工艺和艾萨、奥斯麦特等富氧顶吹熔池熔炼工艺及我国自主开发的方圆氧气底吹熔炼多金属捕集工艺和金峰炉富氧双侧吹熔池熔炼工艺。

随着国家对环保和节能减排的调控力度加大，我国铜工业骨干冶炼企业通过科技攻关和技术改造，大力引进和自主创新先进生产技术和装备，从产业结构上优化能源消耗、促进节能降耗，逐步淘汰了污染严重的鼓风炉、电炉和反射炉炼铜技术[2]。

1.1.2.1 铜冶炼行业主要原料、产品及副产品

(1) 铜冶炼行业主要原料

矿产铜冶炼行业主要原料为铜精矿，其主要成分为硫化铜矿，我国铜精矿中Cu品位一般为18%～26%，进口矿Cu品位相对高一些，可达30%左右，还含有S、Pb、Zn等金属及Au、Ag等贵金属。

部分企业采用湿法冶炼工艺，从低品位铜矿、难选氧化矿、矿山含铜废石及其他金属冶炼固废中提取电积铜，主要生产地区为山西、安徽、江西、黑龙江、云南、湖北和新疆。

(2) 铜冶炼行业产品及副产品

铜冶炼行业主要产品为粗铜和精铜，精铜包括电解铜和电积铜；少数企业也生产产品为阳极铜。

粗铜主要是以铜精矿为原料，经过火法熔炼、吹炼后产品，粗铜中铜含量为99%左右，并含有其他杂质。

以粗铜为原料，经过火法精炼后铸成阳极板，产品为阳极铜，一般企业阳极板直接送电解系统生产阴极铜，少数企业没有电解系统，以阳极铜为产品；阳极板（铜）经电解精炼，获得产品为精铜，即阴极铜（电解铜）；精铜中铜含量为不低于99.95%。

铜冶炼行业主要副产品为硫酸；在火法冶炼过程中，硫化铜矿冶炼产生的烟气通常含有一定浓度的二氧化硫，为满足环境保护要求以及资源回收利用的原则，首选的回收产品就是工业硫酸。

1.1.2.2 我国铜冶炼主要工艺与技术水平

近30多年来，我国铜工业规模和技术装备水平发展迅速，在铜冶炼方面，自江西铜业公司贵溪冶炼厂1985年引进奥托昆普闪速熔炼技术开始，国内其他主要铜冶炼企业也先后引进了先进的铜冶炼技术和装备，多家大型铜冶炼厂技术和装备已经达到了世界先进水平，污染严重的鼓风炉、电炉、反射炉已逐步被淘汰，取而代之的是引进、消化并自主创新的闪速熔炼技术和诺兰达、艾萨、奥斯麦特等富氧熔池熔炼新技术。

(1) 火法冶炼工艺

当前，全球矿铜产量的75%～80%是以硫化形态存在的矿床经开采、浮选得到的铜精矿为原料。火法炼铜是生产铜的主要方法，特别是硫化铜矿，基本全部采用火法冶炼工

艺。火法冶炼工艺处理硫化铜矿的主要优点是适应性强，冶炼速度快，能充分利用硫化矿中的硫，能耗低，特别适于处理硫化铜矿。其生产过程一般由备料、熔炼、吹炼、火法精炼、电解精炼几个工序组成，最终产品为电解铜。

1) 熔炼工序

富氧强化熔炼工艺是目前铜火法冶炼的主流技术，包括闪速熔炼工艺和熔池熔炼工艺；其中熔池熔炼工艺又分为顶吹、底吹和侧吹工艺。

① 闪速熔炼工艺。闪速熔炼的生产过程是用富氧空气或热风，将干精矿喷入专门设计的闪速炉的反应塔，精矿粒子在空间悬浮的 $1\sim3s$ 时间内，与高温氧化性气流迅速发生硫化矿物的氧化反应，并放出大量的热，完成熔炼反应即造锍的过程。反应的产物落入闪速炉的沉淀池中进行沉降，使铜锍和渣得到进一步的分离。

该工艺技术具有生产能力大、能耗低、污染少等优点，单套系统每年最大矿铜产能可达 40 万吨以上，适用于规模 20 万吨/年以上的工厂。但是要求原料进行深度干燥到含水 $<0.3\%$，精矿粒度 $<1mm$，原料中杂质铅加锌不宜高于 6%。工艺的缺点是设备复杂、烟尘率较高，渣含铜比较高，需要进行贫化处理。

闪速熔炼工艺在能效和环保方面的特点：闪速熔炼的铜精矿氧化反应迅速，单位时间内放出的热量多，加快了熔炼速度，使熔炼的生产率大幅度提高，为反射炉与电炉熔炼的 2 倍。采用了富氧工艺后，在铜精矿含硫正常情况下可实现自热熔炼，大大降低了燃料的消耗。由于精矿中硫化物的氧化反应程度高，且采用高浓度的富氧空气熔炼，烟气量少，烟气中的 SO_2 浓度可提高到 30% 以上，有利于烟气制硫酸过程中硫的回收和环境保护，硫的捕集率和回收率均可达到 98% 以上。

闪速熔炼工艺是现代火法炼铜的主要工艺之一，目前世界约 50% 的粗铜冶炼能力采用闪速熔炼工艺。中国目前采用闪速熔炼工艺的冶炼厂主要有贵溪冶炼厂、金隆公司、金川集团公司铜冶炼厂和山东阳谷祥光铜业公司。

② 富氧熔池熔炼工艺。富氧熔池熔炼工艺是通过喷枪把富氧空气强制鼓入熔池，使熔池产生强烈搅动状态加快了化学反应的速度，充分利用了精矿中的硫、铁氧化放出的热量进行熔炼，同时产出高品位冰铜。熔炼过程中不足的热量由燃煤和燃油提供。对比闪速炉反应塔的熔炼过程，熔池熔炼也是一个悬浮颗粒与周围介质的热与质的传递过程。所不同的是，悬浮粒子是处在一个强烈搅动的液-气两相介质中，受着液体流动、气体流动及两种流体间的相互作用以及动量交换的影响。由于熔池熔炼过程的传热与传质效果好，可大大强化冶金过程，达到提高设备生产率和降低冶炼过程能耗的目的，因此 20 世纪 70 年代后熔池熔炼得到了迅速发展。

2) 吹炼工序

① P.S 转炉吹炼技术。1905 年 Peirce 和 Smith 成功应用碱性耐火材料内衬卧式吹炼转炉，使 PS 转炉成功用于铜的吹炼，近百年来已成为世界上普遍采用的成熟工艺。转炉的铜锍吹炼过程中，向转炉中连续吹入空气，当熔体中 FeS 氧化造渣被除去后炉内仅剩 Cu_2S（即白冰铜），Cu_2S 继续吹炼氧化生成 Cu_2O，Cu_2O 再与未被氧化的 Cu_2S 发生交互反应获得金属铜。

该工艺成熟可靠，设备和操作简单，投资低，不加燃料吹炼，可用空气和低浓度的富氧空气。能够利用剩余热量处理工厂中的含铜中间物料（粗铜壳、残阳极、烟尘、冷冰铜等），还能够处理外购的冷杂铜，生产成本低。

该工艺适用范围广，无论生产规模大小，铜锍品位高低均可应用该工艺；P.S 转炉吹炼工艺为分周期、间断作业；其缺点是炉体密闭差，漏风大，烟气 SO_2 浓度低，设备台数多，物料进出需要吊车装运，低空污染较严重。

② 闪速吹炼工艺。闪速吹炼工艺技术发明于 1979 年，在奥托昆普闪速熔炼直接生产粗铜的技术基础上发展而成，20 世纪 80 年代中期在美国肯尼柯特应用成功。闪速吹炼工艺是将熔炼炉产出的熔融的铜锍进行水淬，磨细干燥后在闪速炉中用富氧空气进行吹炼得到粗铜，基本原理和工艺过程同闪速熔炼，但是加入的是高品位铜锍，吹炼过程连续作业。该工艺适用于年产 20 万吨粗铜以上大规模工厂。

闪速吹炼与闪速熔炼炉搭配使用即双闪工艺，由于该工艺为连续吹炼技术，取消一般吹炼工艺用吊车吊装铜包及渣包等操作，且设备密封性能好，无烟气泄漏，彻底解决铜冶炼行业吹炼工序低空污染问题，大大降低无组织排放造成的 SO_2 和含重金属烟尘污染程度。

③ 浸没吹炼工艺。浸没吹炼炉由炉顶加料孔加入干铜锍、熔剂、或底部熔池面上流入铜锍。富氧空气或空气进行吹炼作业。吹炼炉喷枪垂直插入固定的炉身，即奥斯迈特炉。

热态或冷态铜锍加入炉内，用空气或含氧 30%～40% 的富氧空气经喷枪吹入熔体进行吹炼。

3）火法精炼工序

① 反射炉精炼工艺。将待精炼的液态或固态矿粗铜或再生铜由加料设备加入 1250～1360℃的反射炉，靠燃料燃烧将物料加温或融化，物料完全熔化后开始进行氧化精炼，除去粗铜里的杂质，得到符合浇铸要求的阳极铜。

② 回转炉精炼工艺。回转炉氧化精炼及还原过程和反射炉一样。回转式精炼炉采用机械传动，单台能力可达 600t 以上，自动化水平高，不需要人工持管操作，整个过程在相对密封的设备内进行，很少有烟气外泄，环保条件好。

回转炉不适应处理大量的固体物料，所以不能用于专门处理固体废杂铜，一般用于处理热态融熔粗铜。

③ 倾动炉精炼工艺。倾动炉是由瑞士麦尔兹炉窑公司开发成功的，它实际上是可倾动的反射炉，既有固定式反射炉加料、扒料方便的优点，又有回转炉可根据不同的精炼阶段转动炉体改变炉位的特点，所以多用于处理固体物料，如冷粗铜和废杂铜。倾动炉处理固体物料的精炼过程及原理与反射炉一样，仅是加料融化时间长，作业时炉体操作和回转炉相似。

4）电解精炼工序

① 常规电解精炼工艺。常规电解精炼工艺采用铜薄片（厚度 0.3～0.7mm）经加工安装吊耳后制成铜始极片作为阴极，电解过程中铜离子析出于始极片上成为阴极铜。一片始极片仅能使用一个铜电解阴极周期，所以电解车间还需要配备种板槽，专门生产制作始极片用的铜薄片。种板槽所用的阳极和电解槽用的阳极一样，采用的阴极板又称母板，材质有不锈钢板、钛板和轧制铜板三种。当铜在阴极上沉积到合适的厚度后，将其从种板槽吊出剥下即送去制作始极片，母板送回种板槽循环使用。

与不锈钢阴极电解精炼工艺相比，它工艺流程长，设备多。由于铜始极片薄，容易变形，所以采用的电流密度低，生产效率低。

　　② 不锈钢阴极电解精炼工艺。最早的不锈钢阴极电解精炼工艺——ISA 法电解工艺是澳大利亚汤斯维尔铜精炼公司于 1979 年开发的，目前国外已有 ISA 法、KIDD 法、OT 法、EPCM 法，国内也相继开发出多种不锈钢阴极板。该技术使用不锈钢阴极板代替铜始极片作阴极，产出的阴极铜从不锈钢阴极板上剥下，不锈钢阴极板再返回电解槽中使用。由于不锈钢阴极板平直，所以可采用高电流密度进行生产，同常规电解相比，它工艺流程简单，生产效率高，产品质量好，因此具有常规电解及周期反向电解不可比拟的优点，是先进的电解精炼工艺技术。

(2) 湿法冶炼工艺

　　针对低品位复杂矿、氧化铜矿、含铜废矿石低品位的氧化铜，使用堆浸—萃取—电积等技术生产出的精铜称为电积铜。

　　闪速熔炼工艺流程及产排污节点见图 1-1。

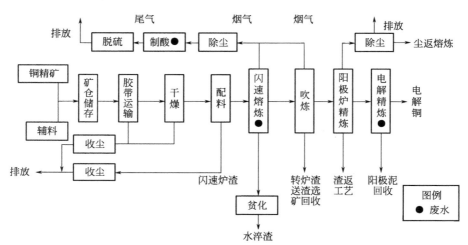

图 1-1　闪速熔炼工艺流程及产排污节点

熔池熔炼工艺流程及产排污节点见图 1-2。

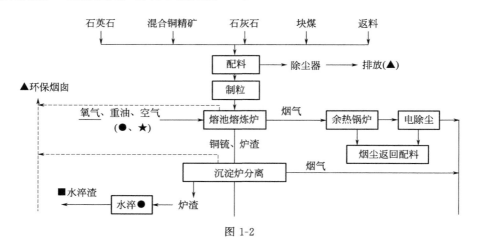

图 1-2

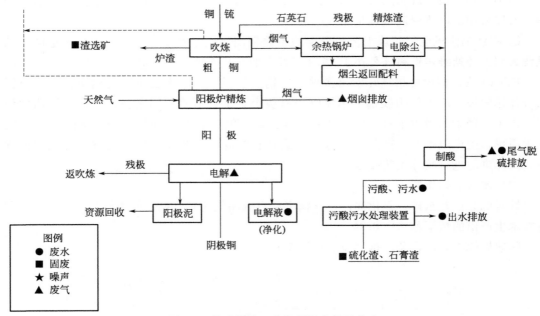

图 1-2　熔池熔炼工艺流程及产排污节点

湿法炼铜工艺流程及产排污节点见图 1-3。

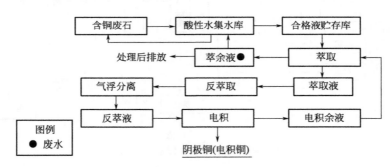

图 1-3　湿法炼铜工艺流程及产排污节点

1.2　铜冶炼行业水污染特征和治理现状

1.2.1　铜冶炼行业水污染特征

1.2.1.1　火法炼铜废水来源及特点

铜冶炼废水的主要来源和性质如下[3]。

(1) 各种酸性的冲洗液、冷凝液和吸收液

包括：制酸系统的废酸；湿式除尘洗涤水；硫酸电除雾的冷凝液和冲洗液；电解的酸雾冷凝液、吸收液等；阳极泥湿法精炼的浸出液、分离液、还原液和吸收液等。这种废水不仅酸性高，而且含有重金属污染物。

（2）冲渣水

对火法冶炼中产生的熔融态炉渣进行水淬冷却时产生的废水，这种废水不仅温度高，而且水中含有炉渣微粒及少量重金属污染物。

（3）烟气净化废水

洗涤冶炼烟气时产生的废水，主要为湿式除尘器除尘产生的废水，这种废水含有大量悬浮物和其他重金属污染物。

（4）车间冲洗废水

这种废水是对设备、地板、滤料等进行冲洗所产生的废水，还包括湿法冶炼过程中因泄漏产生的废液，以及电解车间清洗极板排水，跑、冒、滴、漏电解液，这种废水中含重金属和酸。

（5）设备冷却水

冷却冶炼炉窑等设备循环水排污产生的废水，这种废水只是温度高，基本未受污染，各企业大部分设备冷却水均循环利用。

（6）初期雨水

主要是火法冶炼过程中富集在厂区地面、屋顶和设备上的烟尘在降雨时随雨水进入排水系统；湿法冶炼过程管道、槽、罐、泵等跑、冒、滴、漏的污染物，随雨水进入排水系统，主要污染物为砷、铅和镉等重金属等。

1.2.1.2　湿法炼铜废水来源及特点

主要是湿法炼铜萃取工段中产生的萃余液，通过管道输送至废水处理站进行处理。萃余液主要成分包括硫酸、铜、砷、铅、锌和 COD 等。COD、总砷、总镉和总铜是主要污染物。

1.2.2　铜冶炼行业水污染危害及控制必要性分析

铜冶炼废水危害主要表现为重金属危害。

铜冶炼废水的主要特征污染物是重金属元素，主要含汞、镉、铅、砷、铜、镍等。含重金属废水排放到环境中，重金属只改变形态或被转移、稀释、累积，不能被降解，因而危害大。

（1）铅的危害

急性铅中毒的中毒机理：主要是铅及其铅化合物进入细胞后可与酶的巯基结合，抑制酶的功能。同时对中枢神经系统损害特别明显，可干扰合成血红蛋白的酶，引起卟啉代谢异常。铅作用于细胞膜可引起溶血，并出现造血、神经、消化、泌尿系统等一系列症状。长期接触铅制品可引发铅的慢性中毒，以职业性铅中毒居多，非职业性慢性中毒可因长期用含铅锡壶饮酒、服用含铅中成药以及环境污染所致。头痛、头昏、乏力、失眠、多梦、健忘等神经衰弱症是早期和较常见症状。可因缺钙、饮酒、创伤、感染、发热等诱发症状加重，或出现腹绞痛或铅麻痹。

（2）镉的危害

金属镉毒性很低，但其化合物毒性很大。人体的镉中毒主要是通过消化道与呼吸道摄取被镉污染的水、食物、空气而引起的。镉在人体积蓄作用，潜伏期可长达 10～30 年。据报道，当水中镉含量超过 0.2mg/L 时，居民长期饮水和从食物中摄取含镉物质，可引起"骨痛病"。动物实验表明，小白鼠最少致死量为 50mg/kg，进入人体和温血动物的镉，主要累积在肝、肾、胰腺、甲状腺和骨骼中，使肾脏器官等发生病变，并影响人的正常活动。造成贫血、高血压、神经痛、骨质松软、肾炎和分泌失调等病症。镉对鱼类和其他水生物也有强烈的毒性作用。其毒性最大的为可溶性氯化镉，当质量浓度为 0.001mg/L 时对鱼类和水生物就能产生致死作用。氯化镉对农作物生长危害也很大，其临界质量浓度为 1.0mg/L，灌溉水中含镉 0.04mg/L 时可出现明显污染，水中镉质量浓度为 0.1mg/L 时就可抑制水体自净作用。故对灌溉水质、渔业水质标准对镉的浓度都有严格规定。

（3）汞的危害

① 急性中毒：多由急性吸入高浓度汞蒸气或口服汞盐引起。

② 慢性中毒：常为职业性吸入汞蒸气所致，少数患者亦可由于应用汞制剂引起。

③ 人体吸入汞及其化合物是经过 3 种途径，主要是经消化道，其次是呼吸道以及皮肤吸收。一般有机汞化合物，有 95% 以上易被肠道吸收。对于无机汞来说，离子性和金属汞在肠道的吸收均较低，其平均率仅为 7%。汞进入人体的分布，如为无机离子性汞，肾内汞浓度最高，其次为肝、脾、甲状腺，进入脑则极其困难。人体排泄汞化合物的主要途径是尿和粪便，其量可为排出总量的 2/3。头发也有排泄的作用，排出的汞随头发的生长而被保留在头发中。因此，人群头发中汞的浓度可作为环境污染水平的指标。

（4）砷的危害

单质砷无毒性，砷化合物均有毒性。三价砷比五价砷毒性大，约为 60 倍；有机砷与无机砷毒性相似。砷中毒，是由于短期大量或长期接触砷化物引起的全身性疾病。在生产和使用砷化物中，因发生生产事故或设备检修时，接触含砷化物烟雾、蒸气或粉尘，如防护不周，可经呼吸道吸入，少量也可经消化道及皮肤污染吸收而中毒。生活中多因误服三氧化二砷或应用过量含砷药物引起，亦可因食用被砷污染的食品、食盐、饮水等引起急性或慢性砷中毒。砷中毒的症状可能很快显现，也可能在饮用含砷水十几年甚至几十年之后才出现。这主要取决于所摄入砷化物的性质、毒性、摄入量、持续时间及个体体质等因素。急性砷中毒多为大量意外地砷接触所致，主要损害胃肠道系统、呼吸系统、皮肤和神经系统。砷急性中毒的表现症状为疲乏无力、呕吐、皮肤发黄、腹痛、头痛及神经痛，甚至引起昏迷，严重者表现为神经异常、呼吸困难、心脏衰竭而死亡。

（5）镍的危害

每天摄入可溶性镍 250mg 会引起中毒。有些人比较敏感，摄入 $600\mu g$ 即可引起中毒。依据动物实验，慢性超量摄取或超量暴露，可导致心肌、脑、肺、肝和肾退行性变。

由此可见，重金属污染严重影响着儿童和成人的身体健康乃至生命。当前，重金属污染事件也屡有发生，控制重金属污染成为关系到人类健康和生命的重大环境问题。

1.2.3　铜冶炼行业水污染治理现状

（1）铜冶炼行业水污染治理情况概述

国内较大的铜冶炼企业在工业废水治理方面均能遵循清洁生产原理，从废水产生源头削减工业废水，尽量做到清污分流，提高工业用水循环率，减少废水的产生；对于生产中所产生的工业废水，目前仍以石灰中和法为主，常用的处理方法还有硫化法等。

对于酸性废水，一般采用两段石灰中和法：第一段用石灰乳将废水的 pH 值调节到 2.5～3，分离沉淀的石膏；第二段经分离石膏后的废水中投加铁盐，并用石灰乳再中和至 pH＝9，去除 As、Pb、Cd、Zn、Cu 等重金属离子。经两段处理后废水基本达到排放标准，再输送至厂工业废水处理站进一步处理后排放。

铜冶炼企业一般建有厂工业废水处理站，负责处理全厂生产所产生的工业废水，目前主要采取的处理工艺为石灰中和法，部分企业在石灰中和后投加硫化钠，进一步深度处理生产废水，保证达标排放。

近几年来，我国对企业环保要求越来越高，因此部分大型冶炼企业实施工业生产废水零排放工程，大大提高本企业工业用水回用率，基本做到不排放工业废水。主要措施如下：

① 改造工业用水循环系统，提高工业用水循环率。

② 合理调配企业生产用水，改建供排水管网，提高工业用水回用率，将原来排放的部分轻污染的废水调配作为其他用水，例如将循环水系统排污水供给湿法收尘用水；酸性废水处理后用于冲渣等。

③ 提高工业废水处理技术水平，将污染较严重的废水处理后回用；为防止用水设备结垢，一些企业采用膜处理技术去除废水中 Ca^{2+}，使这些废水能回用于生产。

我国大中型铜冶炼厂均建有酸性废水处理站和厂工业废水处理站，且全年 365d 运转，以保证外排废水达标。

（2）铜冶炼行业废水处理设施

1）火法炼铜废水处理设施

废水处理设施主要包括废酸处理站、废水处理总站等处理设施。

① 废酸处理站。污酸废水是指制酸车间硫酸净化工段产生的废水，主要污染成分包括硫酸和铜、砷、镉等重金属离子。污酸废水一般采用硫化-石膏处理工艺，含有大量杂质的废酸原液首先进入硫化工序，在废酸中加入 Na_2S，即产生 H_2S；H_2S 再与废酸中的铜和砷反应，生成硫化物的沉淀。硫化反应后液通过浓密机沉降，浓密机底流用压滤机过滤分离出砷滤饼，压滤机滤液与浓密机上清液汇合后送往石膏工序。

在石膏工序，向废酸中加入石灰石乳液，并控制一定的 pH 值和反应时间，废酸中的大部分硫酸和氢氧化钙反应生成石膏，部分氟也与氢氧化钙反应生成氟化钙沉淀进入石膏中。反应后液通过浓密机沉降，浓密机底流用离心机和陶瓷过滤机或石膏压滤机分离出石膏，滤液与浓密机上清液汇合后送往污水处理总站。

污酸处理工艺流程见图 1-4。

② 废水处理总站。废水处理站一般采用石灰乳两段中和加铁盐除砷的处理工艺。经过硫化工序和石膏工序处理后，废酸原液中的硫酸、铜及砷的大部分均被除去，剩下含有少量杂质的石膏反应后液与全厂主要工艺污水和受污染的地面水汇合成混合废水，按一定铁/砷的比例加入硫酸亚铁以强化除砷效果。中和工序按一次中和→氧化→二次中和三步进行。在一次中和槽加电石渣浆液，并控制 pH＝7。一次中和反应后液溢流至一组敞开的三联槽，在 pH＝7 的条件下用空气曝气氧化，其中的三价砷氧化为五价砷，二价铁氧化成三价铁，这样更利于砷铁共沉。最后，控制 pH＝9，加入电石渣浆液进行二次中和。

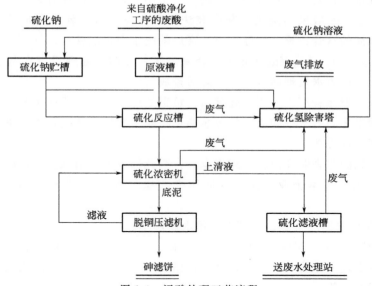

图 1-4　污酸处理工艺流程

为了加速中和反应沉淀物的沉降速度，在二次中和反应后液中加入聚丙烯酰胺凝聚剂，再通过浓密机沉降，底流送真空过滤机和中和压滤机过滤，上清液进入澄清池进一步澄清后通过排放口排放。

废水处理站工艺流程见图 1-5。

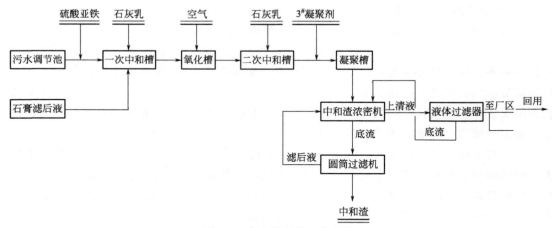

图 1-5　废水处理站工艺流程

2）湿法炼铜废水处理设施

堆浸工程萃余液返回酸性水集水库，实施闭路循环。在实际运行中，少量萃余液进入公司处理站再次回收废水中 Cu 等有价金属，回收后废水采用 HDS 工艺处理达标后排放。HDS 系统在原有的石灰中和系统的基础上新增两个反应槽及底渣回流管路、增加了曝气装置及自动控制系统，解决了长期困扰酸性水处理的结钙问题。

湿法炼铜废水处理工艺流程简图见图 1-6。

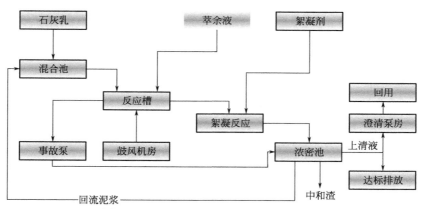

图 1-6　湿法炼铜废水处理工艺流程简图

1.2.4　铜冶炼行业水污染治理先进技术

为提高工业用水重复利用率、减少废水排放量，在国家层面上相继公布了《国家重点行业清洁生产技术导向目录》《清洁生产技术推行方案》《国家鼓励发展的环境保护技术目录》《国家先进污染防治示范技术名录》等文件，从技术层面上进行指导。

（1）国家重点行业清洁生产技术导向目录[4]

该目录涉及的清洁生产技术经过生产实践证明，具有明显的经济效益和环境效益，各地区和有关部门应结合实际，在本行业或同类性质生产装置上推广应用。

《国家重点行业清洁生产技术导向目录》（第二批）相关技术简介见表 1-1。

表 1-1　《国家重点行业清洁生产技术导向目录》（第二批）相关技术简介

有色金属行业		
白银炉炼铜工艺技术	铜冶炼	白银炉炼铜技术是铜精矿焙烧和熔炼相结合的一种方法，是以压缩空气（或富氧空气）吹入熔体中，激烈搅动熔体的动态熔炼为特征。技术特点：炉料制备简单；熔炼炉料效率高；炉渣含三氧化二铁（Fe_2O_3）少，含铜低；能耗低，提高铜回收率；烟尘少，环境污染小。	建一座 $100m^2$ 白银炉投资约 5000 万元，年产粗铜 5 万吨，2 年可收回全部投资，经济效益显著，同时，大大减少了废气、烟尘的排放，具有良好的环境效益。
闪速法炼铜工艺技术	大型铜、镍冶炼	粉状铜精矿经干燥至含水分低于 0.3% 后，由精矿喷嘴高速喷入闪速反应塔中，在塔内的高温和高氧化气氛下精矿迅速完成氧化造渣过程，继而在下部的沉淀池中将铜锍和炉渣澄清分离，含高浓度二氧化硫的冶炼烟气经余热锅炉冷却后送烟气制酸系统。	能耗仅为常规工艺的 1/3～1/2，冶炼过程余热可回收发电；原料中硫的回收率高达 95%；炉体寿命可达 10 年。高浓度烟气便于采用双接触法制酸，转化率 99.5% 以上，尾气中二氧化硫（标态）低于 $300mg/m^3$，减少污染。
诺兰达炼铜技术	年产粗铜 10 万吨以上的铜冶炼行业	该技术的核心是诺兰达卧式可转动的圆筒形炉，炉料从炉子的一端抛撒在熔体表面迅速被熔体浸没而熔于熔池中。液面下面的风口鼓入富氧空气，使熔体剧烈搅动，连续加入炉内的精矿在熔池内产生气、固、液三相反应，生成铜锍、炉渣和烟气，熔炼产物在靠近放渣端沉淀分离，烟气经冷却制酸。	炉体结构简单，使用寿命长，对物料适应性大，金银和铜的回收率高，能生产高品位冰铜。由于没有水冷元件，热损失小，能充分利用原料的化学反应热，综合能耗低。技改投资为国内同类投资的 1/2，经济效益显著。硫实收率大于 96%，具有良好的环境效益。

续表

有色金属行业			
尾矿中回收硫精矿选矿技术	伴生有硫铁矿（黄铁矿）的有色金属硫化矿、贵金属矿及单一硫铁矿等矿产资源和含有硫铁矿的选矿废弃尾矿等	将尾矿库储存选铜尾矿和现产选铜尾矿,电铲采集,运至造浆厂房矿仓,1.2MPa水枪造浆,擦洗机擦洗与粉碎,旋硫器与浓密机分级浓缩至要求浓度后送浮选作业,添加丁基黄药与2#油,产出硫精矿；浸选铜尾矿直接加入硫酸铜(CuSO$_4$)活化,加入丁基黄药与2#油,产出硫精矿。一尾选硫与浸选硫可单选,也可合选。技术关键:尾矿水力造浆技术、擦洗机破碎与擦洗技术、旋流器分级技术、浮选选硫技术、运输、卸车防粘技术。特点是应用范围广,分选效率高	投资1500万元,年产值4253万元,利润535万元,投资回收期小于3年。减少硫渣排放量20%,缓解硫资源紧张的矛盾

（2）清洁生产推行方案

通知要求企业作为应用清洁生产技术的主体,要把应用先进适用的技术实施清洁生产技术改造,作为提升企业技术水平和核心竞争力,从源头预防和减少污染物产生,实现清洁发展的根本途径[5]。

《水污染防治重点行业清洁生产技术推行方案》相关推广技术简介见表1-2。

表1-2 《水污染防治重点行业清洁生产技术推行方案》相关推广技术简介

技术名称	适用范围	技术主要内容	解决的主要问题	应用前景分析
重金属废水生物制剂法深度处理与回用技术	有色重金属冶炼废水、有色金属压延加工废水	重金属废水通过生物制剂多基团的协同配合,形成稳定的重金属配合物,用碱调节pH值,并协同脱钙；由于生物制剂同时兼有高效絮凝作用,当重金属配合物水解形成颗粒后很快絮凝形成胶团,实现重金属离子(铜、铅、锌、镉、砷、汞等)和钙离子的同时高效净化。水解渣通过压滤机压滤后可以作为冶炼的原来对其中的有价金属进行回收	解决了目前化学药剂难以同时深度净化多金属离子的缺陷,实现重金属离子(铜、铅、锌、镉、砷、汞等)和钙离子的同时高效净化	年减少含重金属废水400多万立方米,减排重金属近30t。 按处理14400m³/d废水投资500万元算,需要改造投资约20亿元

（3）国家鼓励发展的环境保护技术目录[6,7]

目录中所列的技术是已经工程实践证明的成熟技术。

2012年《国家鼓励发展的环境保护技术目录》和2015年《国家鼓励发展的环境保护技术目录》相关技术简介见表1-3和表1-4。

表1-3 2012年《国家鼓励发展的环境保护技术目录》相关技术简介

技术名称	工艺路线	主要技术指标	适用范围
电絮凝水处理技术	该技术具有电解氧化还原、絮凝气浮功能,可以氧化有机物、分离重金属氢氧化物絮团,实现降解有机物、去除重金属的目的	污染物原始浓度范围:铜30～150mg/L,铬10～80mg/L,砷10～30mg/L,铅10～50mg/L,镍20～80mg/L。 采用技术后的污染物浓度范围:铜0.1～0.5mg/L,铬低于0.001mg/L,砷低于0.001mg/L,铅低于0.001mg/L,镍0.01～0.2mg/L。 电解停留时间20～90s,总停留时间不超过1h。 设备占地是化学法的20%。铅、镉、锌的去除率>95%,污泥产生量约为化学法的40%	适用于金属表面加工业及电镀、有色金属冶炼业废水的处理

续表

技术名称	工艺路线	主要技术指标	适用范围
有色金属冶炼废水深度处理技术	该技术采用"节水优化管理—分质处理回用—末端废水处理回用"的集成技术	处理后出水水质满足 GB 50050—2007 要求	适用于有色金属冶炼企业废水处理及回收利用
矿山废水膜处理技术	该技术将选矿废水先后经机械过滤器、纤维球过滤器、活性炭过滤器、精密过滤器除去油质、浮选剂和一些难处理的悬浮物,再用高压泵加压进入反渗透膜处理系统	出水可用于选矿新水源,浓水含有重金属,经回收后循环用于选矿	适用于矿山采选废水和尾矿库废水处理
高浓度泥浆法处理重金属废水技术	该技术采用高浓度泥浆法(HDS),向重金属废水中加入石灰浆调整 pH 值,然后加入絮凝剂,在浓密池中进行固液分离,清水回用或排放,部分底浆返回反应池,污泥不需浓缩直接压滤	当进水 Cu 19mg/L,Pd 2mg/L,Cd 0.5mg/L,As 4mg/L 时;出水 Cu 0.11 mg/L,Pd0.08mg/L,Cd0.02mg/L,As0.3mg/L。与常规石灰法(LDS)处理重金属污水相比,该技术处理能力提高 1~2 倍,排泥体积减小,运行费用减少 10% 以上,管道结垢现象明显改善	适用于有色金属(矿山、冶炼、加工)废水处理
重金属废水深度处理及资源回收技术	该技术在常规电化学技术基础上发展了包括立式电化学反应器、反冲洗系统、通风式电絮凝系统、内电解技术、梯形极板、自动控制系统等的电化学重金属废水深度处理技术	当进水 As<100mg/L,Pb<50mg/L,Cr<50mg/L,Hg<10mg/L,Ni<50mg/L,Cd<50mg/L,Cr^{6+}<50mg/L,Zn<500mg/L;出水 As<0.3mg/L,Pb<0.5mg/L,Cr<1.5mg/L,Hg<0.01mg/L,Ni<0.5mg/L,Cd<0.05mg/L,Cr^{6+}<0.3mg/L,Zn<1.5mg/L。重金属去除率大于 99%	适用于采矿、金属冶炼、电镀、化工等行业的重金属废水深度处理
重金属废水电化学处理技术	该技术利用电化学水处理方法,通过直接和间接的氧化还原、凝聚絮凝、吸附降解和协同转化等综合作用,去除重金属废水中的重金属离子、硝酸盐、有机物、胶体颗粒物、细菌、色度、嗅味和其他多种污染物,尤其对重金属和 COD 具有优良的去除效果	废水中六价铬、总铬、COD、镍、锌、铜、氰化物、镉等指标可以达到 GB 21900—2008 中表 2 或表 3 要求	适用于冶金、电镀、电子、电池、皮革制造等行业的重金属废水处理

表 1-4　2015 年《国家鼓励发展的环境保护技术目录》相关技术简介

技术名称	工艺路线	主要技术指标	适用范围
同轴电絮凝重金属废水处理技术	重金属废水进入同轴电絮凝反应器,阳极溶解发生电絮凝反应,重金属等污染物发生氧化还原和絮凝、沉淀等反应,通过气浮分离后砂滤处理排放。占空比高于 50%,电流范围 0~100A,电压范围 1~36V,流量范围 0~90L/h	重金属(如镉、铬、铅、镍、锌及类金属砷等)去除率 95%~99%,黏土、煤、淤泥等悬浮物去除率 99%,磷酸盐去除率 93%	重金属废水处理

(4) 国家先进污染防治示范技术名录[6-8]

目录所列的新技术、新工艺在技术方法上具有创新性,技术指标具有先进性,已基本达到实际工程应用水平。

2012 年《国家先进污染防治示范技术名录》、2015 年《国家先进污染防治示范技术名录》和 2019 年《国家先进污染防治技术目录》相关技术简介见表 1-5～表 1-7。

表 1-5　2012 年《国家先进污染防治示范技术名录》相关技术简介

技术名称	工艺路线	主要技术指标	适用范围
膜法浓缩、回收氰化钠技术	该技术采用膜分离工艺回收浓缩废水中的氰化钠等污染物,达到一定浓度后回收使用	氰化钠原液浓度 2g/L,透析后出水水质与自来水相当,可供冷冻行业生产使用,浓缩液浓度为 10g/L,浓缩倍数 2.5～5 倍	适用于金属冶炼行业
砷铜混合有色冶炼废水处理技术	该技术可使重有色金属冶炼产生的含砷废水资源化,其创新点为:二段中和除杂,回收石膏和重金属;可制备亚砷酸铜,并用于铜电解液净化;可制备三氧化二砷产品;亚砷酸铜经 SO$_2$ 还原、硫酸氧化浸出回收硫酸铜循环利用,有效去除废水中的砷、铜	产品三氧化二砷纯度可达 95%,砷总回收率大于 85%	铜、铅、锌、锑、金、银等冶炼行业以及农药、化工行业的含砷废水处理

表 1-6　2015 年《国家先进污染防治示范技术名录》相关技术简介

技术名称	工艺路线	主要技术指标	适用范围
冶炼烟气污酸中重金属处理及铼酸铵富集技术	在冶炼烟气制酸产生的含酸 5%～10% 污酸中添加专用络合剂,使重金属离子及砷与药剂在反应器内快速反应后进入板框压滤机固液分离。滤液可返回动力波洗涤系统循环使用,也可用于稀酸补充液。滤饼可回收利用提取有价金属(铼酸铵)或外运处置	进水砷 1000mg/L,铜 42.75～156.15mg/L;出水砷<0.5mg/L,铜<0.1mg/L。铅、镉的去除率也达到 90% 以上	冶炼烟气制酸产生的含酸 5%～10% 污酸及有色冶炼(采掘、冶炼)酸性废水的处理
循环冷却水电化学处理技术	通过电化学反应,在反应室(阴极)内壁附近水发生还原反应,水中的结垢物质析出并附着在内壁上,定期去除沉积的水垢,维持循环水水质平衡;在电极(阳极)附近水中的氯离子发生氧化反应产生游离氯(≥0.8mg/L)、OH$^-$ 等物质,持续控制系统中细菌和藻类的滋生	循环水控制指标:浊度≤20mg/L,pH 值为 8.0～8.5,电导率≤5000μS/cm,Cl$^-$≤1000mg/L,钙硬度(以 CaCO$_3$ 计)≤850mg/L,总碱度(以 CaCO$_3$ 计)≤300mg/L,总铁≤1.0mg/L,铜离子≤100μg/L。	淡水循环冷却水处理

表 1-7　2019 年《国家先进污染防治技术目录》相关技术简介

技术名称	工艺路线	主要技术指标	适用范围
树脂基纳米复合吸附剂处理痕量重金属废水技术	利用可再生的负载纳米级水合氧化铁和水合氧化锰颗粒的树脂吸附废水中重金属,吸附剂在酸性或碱性条件下再生,含重金属的脱附液进行进一步处理	铅、镉、砷、锑和铊可达到《地表水环境质量标准》(GB 3838—2002)中Ⅲ类标准值。进水 pH 值控制在 3～12,进水温度低于 80℃	电镀、矿冶等行业含痕量重金属废水深度处理

(5) 节水治污水生态修复先进适用技术指导目录[9]

入选技术均通过工程示范或用户使用等方式得到应用,并进行了第三方监测或检验,具备进一步推广的前景。

《节水治污水生态修复先进适用技术指导目录》相关技术简介见表 1-8。

表 1-8　《节水治污水生态修复先进适用技术指导目录》相关技术简介

技术名称	工艺路线	主要技术指标	适用范围
重金属废水处理及资源回收技术	该技术运用特种膜技术截留小颗粒晶核,并采用脉冲震动体系防止膜堵,处理过程中不加入铁盐、铝盐等絮凝剂,形成的固体悬浮物重金属含量高,易脱水,可直接资源化回收利用	处理出水 Cu≤0.3mg/L,总 Cr≤0.5mg/L,Zn≤1.0mg/L,Ni≤0.1mg/L;处理过程不加入铁盐、铝盐等絮凝剂,形成金属含量高的化合物,易脱水,可直接资源化回收利用,重金属污泥量减少 70%以上;由于不投加絮凝剂,直接处理成本降低20%以上,占地面积节省 70%以上	线路板、电镀、矿山及冶炼等行业重金属废水处理或园区的废水集中处理
同轴电絮凝水处理系统	该技术采用电化学原理,利用特殊的同轴电极结构配以智能化电源,在一个完全封闭的反应器中去除废水中的杂质,产生易去除的不溶解于水的氧化物和氢氧化物。该技术取代了复杂的化学处理法,减少了或完全免去了对酸、氢氧化物、三氧化铁、亚硫酸盐或其他试剂的需求和依赖,处理效果优于常规电絮凝技术	水中的重金属如:砷、镉、铬、铅、镍、锌、钙的去除率可达 95%～99%。以某一示范工程为例,设计规模为 1000m³/d,设计进水砷含量≤100mg/L,出水砷含量≤0.05mg/L,去除率达到 99%,水质稳定达到地表水水质标准Ⅲ类标准。污水处理废水运行成本 4.82 元/m³	有机化工、石油化工、印染、医药、农药等高浓度、毒性大、难生化降解的有机废水处理。
生物制剂深度处理重金属废水及资源化技术	该技术基于细菌代谢产物,得到可深度净化多金属离子的复合配位体水处理剂(生物制剂),解决了目前化学药剂难以同时深度净化多金属离子的问题,出水可回用低质回用,污泥为一种水解渣,可返回生产系统回收有价金属	占地面积为常规工艺的 1/2,现场可实现无人化自动控制管理,综合投资为常规工艺的 80%,运行参数以株冶总废水生物制剂法处理为例(废水中锌 100～400mg/L,钙 200～350mg/L),项目单位运行成本为3.7 元/m³ 废水,出水达到《铅、锌工业污染物排放标准》(GB 25466—2010),Ca²⁺ 浓度低于 50mg/L,年减排重金属废水 400多万立方米,减排重金属近 30t。	含铜、铅、锌、镉、砷、汞、钙、铊等重金属的采选矿及尾矿库废水、有色金属冶炼及压延加工废水、电镀废水、化工重金属废水

1.3　铜冶炼行业水污染防控要求

1.3.1　法律法规和行动计划要求

(1) 中华人民共和国环境保护法 (2014 年修订本)[10]
节选部分相关内容如下。

第六条　一切单位和个人都有保护环境的义务。

地方各级人民政府应当对本行政区域的环境质量负责。

企业事业单位和其他生产经营者应当防止、减少环境污染和生态破坏,对所造成的损害依法承担责任。

公民应当增强环境保护意识,采取低碳、节俭的生活方式,自觉履行环境保护义务。

第四十条　国家促进清洁生产和资源循环利用。

国务院有关部门和地方各级人民政府应当采取措施,推广清洁能源的生产和使用。

企业应当优先使用清洁能源,采用资源利用率高、污染物排放量少的工艺、设备以及废弃物综合利用技术和污染物无害化处理技术,减少污染物的产生。

第四十一条　建设项目中防治污染的设施,应当与主体工程同时设计、同时施工、同时投产使用。防治污染的设施应当符合经批准的环境影响评价文件的要求，不得擅自拆除或者闲置。

第四十二条　排放污染物的企业事业单位和其他生产经营者，应当采取措施，防治在生产建设或者其他活动中产生的废气、废水、废渣、医疗废物、粉尘、恶臭气体、放射性物质以及噪声、振动、光辐射、电磁辐射等对环境的污染和危害。

排放污染物的企业事业单位，应当建立环境保护责任制度，明确单位负责人和相关人员的责任。

重点排污单位应当按照国家有关规定和监测规范安装使用监测设备，保证监测设备正常运行，保存原始监测记录。

严禁通过暗管、渗井、渗坑、灌注或者篡改、伪造监测数据，或者不正常运行防治污染设施等逃避监管的方式违法排放污染物。

第四十三条　排放污染物的企业事业单位和其他生产经营者，应当按照国家有关规定缴纳排污费。排污费应当全部专项用于环境污染防治，任何单位和个人不得截留、挤占或者挪作他用。

依照法律规定征收环境保护税的，不再征收排污费。

第四十四条　国家实行重点污染物排放总量控制制度。重点污染物排放总量控制指标由国务院下达，省、自治区、直辖市人民政府分解落实。企业事业单位在执行国家和地方污染物排放标准的同时，应当遵守分解落实到本单位的重点污染物排放总量控制指标。

对超过国家重点污染物排放总量控制指标或者未完成国家确定的环境质量目标的地区，省级以上人民政府环境保护主管部门应当暂停审批其新增重点污染物排放总量的建设项目环境影响评价文件。

第四十五条　国家依照法律规定实行排污许可管理制度。

实行排污许可管理的企业事业单位和其他生产经营者应当按照排污许可证的要求排放污染物；未取得排污许可证的，不得排放污染物。

第四十六条　国家对严重污染环境的工艺、设备和产品实行淘汰制度。任何单位和个人不得生产、销售或者转移、使用严重污染环境的工艺、设备和产品。

禁止引进不符合我国环境保护规定的技术、设备、材料和产品。

第四十七条　各级人民政府及其有关部门和企业事业单位，应当依照《中华人民共和国突发事件应对法》的规定，做好突发环境事件的风险控制、应急准备、应急处置和事后恢复等工作。

县级以上人民政府应当建立环境污染公共监测预警机制，组织制定预警方案；环境受到污染，可能影响公众健康和环境安全时，依法及时公布预警信息，启动应急措施。

企业事业单位应当按照国家有关规定制定突发环境事件应急预案，报环境保护主管部门和有关部门备案。在发生或者可能发生突发环境事件时，企业事业单位应当立即采取措施处理，及时通报可能受到危害的单位和居民，并向环境保护主管部门和有关部门报告。

突发环境事件应急处置工作结束后，有关人民政府应当立即组织评估事件造成的环境影响和损失，并及时将评估结果向社会公布。

第四十八条　生产、储存、运输、销售、使用、处置化学物品和含有放射性物质的物品，应当遵守国家有关规定，防止污染环境。

第四十九条　各级人民政府及其农业等有关部门和机构应当指导农业生产经营者科学种植和养殖，科学合理施用农药、化肥等农业投入品，科学处置农用薄膜、农作物秸秆等农业废弃物，防止农业面源污染。

　　禁止将不符合农用标准和环境保护标准的固体废物、废水施入农田。施用农药、化肥等农业投入品及进行灌溉，应当采取措施，防止重金属和其他有毒有害物质污染环境。

　　畜禽养殖场、养殖小区、定点屠宰企业等的选址、建设和管理应当符合有关法律法规规定。从事畜禽养殖和屠宰的单位和个人应当采取措施，对畜禽粪便、尸体和污水等废弃物进行科学处置，防止污染环境。

　　县级人民政府负责组织农村生活废弃物的处置工作。

　　第五十条　各级人民政府应当在财政预算中安排资金，支持农村饮用水水源地保护、生活污水和其他废弃物处理、畜禽养殖和屠宰污染防治、土壤污染防治和农村工矿污染治理等环境保护工作。

　　第五十一条　各级人民政府应当统筹城乡建设污水处理设施及配套管网，固体废物的收集、运输和处置等环境卫生设施，危险废物集中处置设施、场所以及其他环境保护公共设施，并保障其正常运行。

　　第五十二条　国家鼓励投保环境污染责任保险。

（2）中华人民共和国水污染防治法[11]

　　节选部分内容如下。

　　第二十一条　直接或者间接向水体排放工业废水和医疗污水以及其他按照规定应当取得排污许可证方可排放的废水、污水的企业事业单位和其他生产经营者，应当取得排污许可证；城镇污水集中处理设施的运营单位，也应当取得排污许可证。排污许可证应当明确排放水污染物的种类、浓度、总量和排放去向等要求。排污许可的具体办法由国务院规定。

　　禁止企业事业单位和其他生产经营者无排污许可证或者违反排污许可证的规定向水体排放前款规定的废水、污水。

　　第二十二条　向水体排放污染物的企业事业单位和其他生产经营者，应当按照法律、行政法规和国务院环境保护主管部门的规定设置排污口；在江河、湖泊设置排污口的，还应当遵守国务院水行政主管部门的规定。

　　第二十三条　实行排污许可管理的企业事业单位和其他生产经营者应当按照国家有关规定和监测规范，对所排放的水污染物自行监测，并保存原始监测记录。重点排污单位还应当安装水污染物排放自动监测设备，与环境保护主管部门的监控设备联网，并保证监测设备正常运行。具体办法由国务院环境保护主管部门规定。

　　应当安装水污染物排放自动监测设备的重点排污单位名录，由设区的市级以上地方人民政府环境保护主管部门根据本行政区域的环境容量、重点水污染物排放总量控制指标的要求以及排污单位排放水污染物的种类、数量和浓度等因素，商同级有关部门确定。

　　第二十四条　实行排污许可管理的企业事业单位和其他生产经营者应当对监测数据的真实性和准确性负责。

　　环境保护主管部门发现重点排污单位的水污染物排放自动监测设备传输数据异常，应当及时进行调查。

第三十条　环境保护主管部门和其他依照本法规定行使监督管理权的部门，有权对管辖范围内的排污单位进行现场检查，被检查的单位应当如实反映情况，提供必要的资料。检查机关有义务为被检查的单位保守在检查中获取的商业秘密。

第三十一条　跨行政区域的水污染纠纷，由有关地方人民政府协商解决，或者由其共同的上级人民政府协调解决。

第三十二条　国务院环境保护主管部门应当会同国务院卫生主管部门，根据对公众健康和生态环境的危害和影响程度，公布有毒有害水污染物名录，实行风险管理。

排放前款规定名录中所列有毒有害水污染物的企业事业单位和其他生产经营者，应当对排污口和周边环境进行监测，评估环境风险，排查环境安全隐患，并公开有毒有害水污染物信息，采取有效措施防范环境风险。

第三十三条　禁止向水体排放油类、酸液、碱液或者剧毒废液。

禁止在水体清洗装贮过油类或者有毒污染物的车辆和容器。

第三十四条　禁止向水体排放、倾倒放射性固体废物或者含有高放射性和中放射性物质的废水。

向水体排放含低放射性物质的废水，应当符合国家有关放射性污染防治的规定和标准。

第三十五条　向水体排放含热废水，应当采取措施，保证水体的水温符合水环境质量标准。

第三十六条　含病原体的污水应当经过消毒处理；符合国家有关标准后，方可排放。

第三十七条　禁止向水体排放、倾倒工业废渣、城镇垃圾和其他废弃物。

禁止将含有汞、镉、砷、铬、铅、氰化物、黄磷等的可溶性剧毒废渣向水体排放、倾倒或者直接埋入地下。

存放可溶性剧毒废渣的场所，应当采取防水、防渗漏、防流失的措施。

第三十八条　禁止在江河、湖泊、运河、渠道、水库最高水位线以下的滩地和岸坡堆放、存贮固体废弃物和其他污染物。

第三十九条　禁止利用渗井、渗坑、裂隙、溶洞，私设暗管，篡改、伪造监测数据，或者不正常运行水污染防治设施等逃避监管的方式排放水污染物。

第四十条　化学品生产企业以及工业集聚区、矿山开采区、尾矿库、危险废物处置场、垃圾填埋场等的运营、管理单位，应当采取防渗漏等措施，并建设地下水水质监测井进行监测，防止地下水污染。

加油站等的地下油罐应当使用双层罐或者采取建造防渗池等其他有效措施，并进行防渗漏监测，防止地下水污染。

禁止利用无防渗漏措施的沟渠、坑塘等输送或者存贮含有毒污染物的废水、含病原体的污水和其他废弃物。

第四十一条　多层地下水的含水层水质差异大的，应当分层开采；对已受污染的潜水和承压水，不得混合开采。

第四十二条　兴建地下工程设施或者进行地下勘探、采矿等活动，应当采取防护性措施，防止地下水污染。

报废矿井、钻井或者取水井等，应当实施封井或者回填。

第四十三条　人工回灌补给地下水，不得恶化地下水质。

第四十四条　国务院有关部门和县级以上地方人民政府应当合理规划工业布局，要求造成水污染的企业进行技术改造，采取综合防治措施，提高水的重复利用率，减少废水和污染物排放量。

第四十五条　排放工业废水的企业应当采取有效措施，收集和处理产生的全部废水，防止污染环境。含有毒有害水污染物的工业废水应当分类收集和处理，不得稀释排放。

工业集聚区应当配套建设相应的污水集中处理设施，安装自动监测设备，与环境保护主管部门的监控设备联网，并保证监测设备正常运行。

向污水集中处理设施排放工业废水的，应当按照国家有关规定进行预处理，达到集中处理设施处理工艺要求后方可排放。

第四十六条　国家对严重污染水环境的落后工艺和设备实行淘汰制度。

国务院经济综合宏观调控部门会同国务院有关部门，公布限期禁止采用的严重污染水环境的工艺名录和限期禁止生产、销售、进口、使用的严重污染水环境的设备名录。

生产者、销售者、进口者或者使用者应当在规定的期限内停止生产、销售、进口或者使用列入前款规定的设备名录中的设备。工艺的采用者应当在规定的期限内停止采用列入前款规定的工艺名录中的工艺。

依照本条第二款、第三款规定被淘汰的设备，不得转让给他人使用。

第四十七条　国家禁止新建不符合国家产业政策的小型造纸、制革、印染、染料、炼焦、炼硫、炼砷、炼汞、炼油、电镀、农药、石棉、水泥、玻璃、钢铁、火电以及其他严重污染水环境的生产项目。

第四十八条　企业应当采用原材料利用效率高、污染物排放量少的清洁工艺，并加强管理，减少水污染物的产生。

第七十六条　各级人民政府及其有关部门，可能发生水污染事故的企业事业单位，应当依照《中华人民共和国突发事件应对法》的规定，做好突发水污染事故的应急准备、应急处置和事后恢复等工作。

第七十七条　可能发生水污染事故的企业事业单位，应当制定有关水污染事故的应急方案，做好应急准备，并定期进行演练。

生产、储存危险化学品的企业事业单位，应当采取措施，防止在处理安全生产事故过程中产生的可能严重污染水体的消防废水、废液直接排入水体。

第七十八条　企业事业单位发生事故或者其他突发性事件，造成或者可能造成水污染事故的，应当立即启动本单位的应急方案，采取隔离等应急措施，防止水污染物进入水体，并向事故发生地的县级以上地方人民政府或者环境保护主管部门报告。环境保护主管部门接到报告后，应当及时向本级人民政府报告，并抄送有关部门。

造成渔业污染事故或者渔业船舶造成水污染事故的，应当向事故发生地的渔业主管部门报告，接受调查处理。其他船舶造成水污染事故的，应当向事故发生地的海事管理机构报告，接受调查处理；给渔业造成损害的，海事管理机构应当通知渔业主管部门参与调查处理。

第七十九条　市、县级人民政府应当组织编制饮用水安全突发事件应急预案。

饮用水供水单位应当根据所在地饮用水安全突发事件应急预案，制定相应的突发事件应急方案，报所在地市、县级人民政府备案，并定期进行演练。

饮用水水源发生水污染事故，或者发生其他可能影响饮用水安全的突发性事件，饮用水供水单位应当采取应急处理措施，向所在地市、县级人民政府报告，并向社会公开。有关人民政府应当根据情况及时启动应急预案，采取有效措施，保障供水安全。

第八十一条　以拖延、围堵、滞留执法人员等方式拒绝、阻挠环境保护主管部门或者其他依照本法规定行使监督管理权的部门的监督检查，或者在接受监督检查时弄虚作假的，由县级以上人民政府环境保护主管部门或者其他依照本法规定行使监督管理权的部门责令改正，处二万元以上二十万元以下的罚款。

第八十二条　违反本法规定，有下列行为之一的，由县级以上人民政府环境保护主管部门责令限期改正，处二万元以上二十万元以下的罚款；逾期不改正的，责令停产整治：

（一）未按照规定对所排放的水污染物自行监测，或者未保存原始监测记录的；

（二）未按照规定安装水污染物排放自动监测设备，未按照规定与环境保护主管部门的监控设备联网，或者未保证监测设备正常运行的；

（三）未按照规定对有毒有害水污染物的排污口和周边环境进行监测，或者未公开有毒有害水污染物信息的。

第八十三条　违反本法规定，有下列行为之一的，由县级以上人民政府环境保护主管部门责令改正或者责令限制生产、停产整治，并处十万元以上一百万元以下的罚款；情节严重的，报经有批准权的人民政府批准，责令停业、关闭：

（一）未依法取得排污许可证排放水污染物的；

（二）超过水污染物排放标准或者超过重点水污染物排放总量控制指标排放水污染物的；

（三）利用渗井、渗坑、裂隙、溶洞，私设暗管，篡改、伪造监测数据，或者不正常运行水污染防治设施等逃避监管的方式排放水污染物的；

（四）未按照规定进行预处理，向污水集中处理设施排放不符合处理工艺要求的工业废水的。

第八十四条　在饮用水水源保护区内设置排污口的，由县级以上地方人民政府责令限期拆除，处十万元以上五十万元以下的罚款；逾期不拆除的，强制拆除，所需费用由违法者承担，处五十万元以上一百万元以下的罚款，并可以责令停产整治。

除前款规定外，违反法律、行政法规和国务院环境保护主管部门的规定设置排污口的，由县级以上地方人民政府环境保护主管部门责令限期拆除，处二万元以上十万元以下的罚款；逾期不拆除的，强制拆除，所需费用由违法者承担，处十万元以上五十万元以下的罚款；情节严重的，可以责令停产整治。

未经水行政主管部门或者流域管理机构同意，在江河、湖泊新建、改建、扩建排污口的，由县级以上人民政府水行政主管部门或者流域管理机构依据职权，依照前款规定采取措施、给予处罚。

第八十五条　有下列行为之一的，由县级以上地方人民政府环境保护主管部门责令停止违法行为，限期采取治理措施，消除污染，处以罚款；逾期不采取治理措施的，环境保护主管部门可以指定有治理能力的单位代为治理，所需费用由违法者承担：

（一）向水体排放油类、酸液、碱液的；

（二）向水体排放剧毒废液，或者将含有汞、镉、砷、铬、铅、氰化物、黄磷等的可

溶性剧毒废渣向水体排放、倾倒或者直接埋入地下的；

（三）在水体清洗装贮过油类、有毒污染物的车辆或者容器的；

（四）向水体排放、倾倒工业废渣、城镇垃圾或者其他废弃物，或者在江河、湖泊、运河、渠道、水库最高水位线以下的滩地、岸坡堆放、存贮固体废弃物或者其他污染物的；

（五）向水体排放、倾倒放射性固体废物或者含有高放射性、中放射性物质的废水的；

（六）违反国家有关规定或者标准，向水体排放含低放射性物质的废水、热废水或者含病原体的污水的；

（七）未采取防渗漏等措施，或者未建设地下水水质监测井进行监测的；

（八）加油站等的地下油罐未使用双层罐或者采取建造防渗池等其他有效措施，或者未进行防渗漏监测的；

（九）未按照规定采取防护性措施，或者利用无防渗漏措施的沟渠、坑塘等输送或者存贮含有毒污染物的废水、含病原体的污水或者其他废弃物的。

有前款第三项、第四项、第六项、第七项、第八项行为之一的，处二万元以上二十万元以下的罚款。有前款第一项、第二项、第五项、第九项行为之一的，处十万元以上一百万元以下的罚款；情节严重的，报经有批准权的人民政府批准，责令停业、关闭。

第八十六条　违反本法规定，生产、销售、进口或者使用列入禁止生产、销售、进口、使用的严重污染水环境的设备名录中的设备，或者采用列入禁止采用的严重污染水环境的工艺名录中的工艺的，由县级以上人民政府经济综合宏观调控部门责令改正，处五万元以上二十万元以下的罚款；情节严重的，由县级以上人民政府经济综合宏观调控部门提出意见，报请本级人民政府责令停业、关闭。

第八十七条　违反本法规定，建设不符合国家产业政策的小型造纸、制革、印染、染料、炼焦、炼硫、炼砷、炼汞、炼油、电镀、农药、石棉、水泥、玻璃、钢铁、火电以及其他严重污染水环境的生产项目的，由所在地的市、县人民政府责令关闭。

第九十一条　有下列行为之一的，由县级以上地方人民政府环境保护主管部门责令停止违法行为，处十万元以上五十万元以下的罚款；并报经有批准权的人民政府批准，责令拆除或者关闭：

（一）在饮用水水源一级保护区内新建、改建、扩建与供水设施和保护水源无关的建设项目的；

（二）在饮用水水源二级保护区内新建、改建、扩建排放污染物的建设项目的；

（三）在饮用水水源准保护区内新建、扩建对水体污染严重的建设项目，或者改建建设项目增加排污量的。

在饮用水水源一级保护区内从事网箱养殖或者组织进行旅游、垂钓或者其他可能污染饮用水水体的活动的，由县级以上地方人民政府环境保护主管部门责令停止违法行为，处二万元以上十万元以下的罚款。个人在饮用水水源一级保护区内游泳、垂钓或者从事其他可能污染饮用水水体的活动的，由县级以上地方人民政府环境保护主管部门责令停止违法行为，可以处五百元以下的罚款。

第九十三条　企业事业单位有下列行为之一的，由县级以上人民政府环境保护主管部门责令改正；情节严重的，处二万元以上十万元以下的罚款：

（一）不按照规定制定水污染事故的应急方案的；

（二）水污染事故发生后，未及时启动水污染事故的应急方案，采取有关应急措施的。

第九十四条　企业事业单位违反本法规定，造成水污染事故的，除依法承担赔偿责任外，由县级以上人民政府环境保护主管部门依照本条第二款的规定处以罚款，责令限期采取治理措施，消除污染；未按照要求采取治理措施或者不具备治理能力的，由环境保护主管部门指定有治理能力的单位代为治理，所需费用由违法者承担；对造成重大或者特大水污染事故的，还可以报经有批准权的人民政府批准，责令关闭；对直接负责的主管人员和其他直接责任人员可以处上一年度从本单位取得的收入百分之五十以下的罚款；有《中华人民共和国环境保护法》第六十三条规定的违法排放水污染物等行为之一，尚不构成犯罪的，由公安机关对直接负责的主管人员和其他直接责任人员处十日以上十五日以下的拘留；情节较轻的，处五日以上十日以下的拘留。

对造成一般或者较大水污染事故的，按照水污染事故造成的直接损失的百分之二十计算罚款；对造成重大或者特大水污染事故的，按照水污染事故造成的直接损失的百分之三十计算罚款。

造成渔业污染事故或者渔业船舶造成水污染事故的，由渔业主管部门进行处罚；其他船舶造成水污染事故的，由海事管理机构进行处罚。

第九十五条　企业事业单位和其他生产经营者违法排放水污染物，受到罚款处罚，被责令改正的，依法做出处罚决定的行政机关应当组织复查，发现其继续违法排放水污染物或者拒绝、阻挠复查的，依照《中华人民共和国环境保护法》的规定按日连续处罚。

第九十六条　因水污染受到损害的当事人，有权要求排污方排除危害和赔偿损失。

由于不可抗力造成水污染损害的，排污方不承担赔偿责任；法律另有规定的除外。

水污染损害是由受害人故意造成的，排污方不承担赔偿责任。水污染损害是由受害人重大过失造成的，可以减轻排污方的赔偿责任。

水污染损害是由第三人造成的，排污方承担赔偿责任后，有权向第三人追偿。

第九十七条　因水污染引起的损害赔偿责任和赔偿金额的纠纷，可以根据当事人的请求，由环境保护主管部门或者海事管理机构、渔业主管部门按照职责分工调解处理；调解不成的，当事人可以向人民法院提起诉讼。当事人也可以直接向人民法院提起诉讼。

第九十八条　因水污染引起的损害赔偿诉讼，由排污方就法律规定的免责事由及其行为与损害结果之间不存在因果关系承担举证责任。

第九十九条　因水污染受到损害的当事人人数众多的，可以依法由当事人推选代表人进行共同诉讼。

环境保护主管部门和有关社会团体可以依法支持因水污染受到损害的当事人向人民法院提起诉讼。

国家鼓励法律服务机构和律师为水污染损害诉讼中的受害人提供法律援助。

第一百条　因水污染引起的损害赔偿责任和赔偿金额的纠纷，当事人可以委托环境监测机构提供监测数据。环境监测机构应当接受委托，如实提供有关监测数据。

第一百零一条　违反本法规定，构成犯罪的，依法追究刑事责任。

（3）中华人民共和国清洁生产促进法[12]
节选部分相关内容如下。

第十八条　新建、改建和扩建项目应当进行环境影响评价，对原料使用、资源消耗、资源综合利用以及污染物产生与处置等进行分析论证，优先采用资源利用率高以及污染物产生量少的清洁生产技术、工艺和设备。

第十九条　企业在进行技术改造过程中，应当采取以下清洁生产措施：

（一）采用无毒、无害或者低毒、低害的原料，替代毒性大、危害严重的原料；

（二）采用资源利用率高、污染物产生量少的工艺和设备，替代资源利用率低、污染物产生量多的工艺和设备；

（三）对生产过程中产生的废物、废水和余热等进行综合利用或者循环使用；

（四）采用能够达到国家或者地方规定的污染物排放标准和污染物排放总量控制指标的污染防治技术。

第二十条　产品和包装物的设计，应当考虑其在生命周期中对人类健康和环境的影响，优先选择无毒、无害、易于降解或者便于回收利用的方案。

企业对产品的包装应当合理，包装的材质、结构和成本应当与内装产品的质量、规格和成本相适应，减少包装性废物的产生，不得进行过度包装。

第二十一条　生产大型机电设备、机动运输工具以及国务院工业部门指定的其他产品的企业，应当按照国务院标准化部门或者其授权机构制定的技术规范，在产品的主体构件上注明材料成分的标准牌号。

第二十六条　企业应当在经济技术可行的条件下对生产和服务过程中产生的废物、余热等自行回收利用或者转让给有条件的其他企业和个人利用。

第二十七条　企业应当对生产和服务过程中的资源消耗以及废物的产生情况进行监测，并根据需要对生产和服务实施清洁生产审核。

有下列情形之一的企业，应当实施强制性清洁生产审核：

（一）污染物排放超过国家或者地方规定的排放标准，或者虽未超过国家或者地方规定的排放标准，但超过重点污染物排放总量控制指标的；

（二）超过单位产品能源消耗限额标准构成高耗能的；

（三）使用有毒、有害原料进行生产或者在生产中排放有毒、有害物质的。

实施强制性清洁生产审核的企业，应当将审核结果向所在地县级以上地方人民政府负责清洁生产综合协调的部门、环境保护部门报告，并在本地区主要媒体上公布，接受公众监督，但涉及商业秘密的除外。

污染物排放超过国家或者地方规定的排放标准的企业，应当按照环境保护相关法律的规定治理。

实施强制性清洁生产审核的企业，应当将审核结果向所在地县级以上地方人民政府负责清洁生产综合协调的部门、环境保护部门报告，并在本地区主要媒体上公布，接受公众监督，但涉及商业秘密的除外。

县级以上地方人民政府有关部门应当对企业实施强制性清洁生产审核的情况进行监督，必要时可以组织对企业实施清洁生产的效果进行评估验收，所需费用纳入同级政府预算。承担评估验收工作的部门或者单位不得向被评估验收企业收取费用。

实施清洁生产审核的具体办法，由国务院清洁生产综合协调部门、环境保护部门会同国务院有关部门制定。

第二十八条　本法第二十七条第二款规定以外的企业，可以自愿与清洁生产综合协调部门和环境保护部门签订进一步节约资源、削减污染物排放量的协议。该清洁生产综合协调部门和环境保护部门应当在本地区主要媒体上公布该企业的名称以及节约资源、防治污染的成果。

第二十九条　企业可以根据自愿原则，按照国家有关环境管理体系等认证的规定，委托经国务院认证认可监督管理部门认可的认证机构进行认证，提高清洁生产水平。

(4) 中华人民共和国循环经济促进法[13]

节选部分相关内容如下。

第十五条　生产列入强制回收名录的产品或者包装物的企业，必须对废弃的产品或者包装物负责回收；对其中可以利用的，由各该生产企业负责利用；对因不具备技术经济条件而不适合利用的，由各该生产企业负责无害化处置。

对前款规定的废弃产品或者包装物，生产者委托销售者或者其他组织进行回收的，或者委托废物利用或者处置企业进行利用或者处置的，受托方应当依照有关法律、行政法规的规定和合同的约定负责回收或者利用、处置。

对列入强制回收名录的产品和包装物，消费者应当将废弃的产品或者包装物交给生产者或者其委托回收的销售者或者其他组织。

强制回收的产品和包装物的名录及管理办法，由国务院循环经济发展综合管理部门规定。

第十六条　国家对钢铁、有色金属、煤炭、电力、石油加工、化工、建材、建筑、造纸、印染等行业年综合能源消费量、用水量超过国家规定总量的重点企业，实行能耗、水耗的重点监督管理制度。

重点能源消费单位的节能监督管理，依照《中华人民共和国节约能源法》的规定执行。

重点用水单位的监督管理办法，由国务院循环经济发展综合管理部门会同国务院有关部门规定。

第十八条　国务院循环经济发展综合管理部门会同国务院生态环境等有关主管部门，定期发布鼓励、限制和淘汰的技术、工艺、设备、材料和产品名录。

禁止生产、进口、销售列入淘汰名录的设备、材料和产品，禁止使用列入淘汰名录的技术、工艺、设备和材料。

第十九条　从事工艺、设备、产品及包装物设计，应当按照减少资源消耗和废物产生的要求，优先选择采用易回收、易拆解、易降解、无毒无害或者低毒低害的材料和设计方案，并应当符合有关国家标准的强制性要求。

对在拆解和处置过程中可能造成环境污染的电器电子等产品，不得设计使用国家禁止使用的有毒有害物质。禁止在电器电子等产品中使用的有毒有害物质名录，由国务院循环经济发展综合管理部门会同国务院生态环境等有关主管部门制定。

设计产品包装物应当执行产品包装标准，防止过度包装造成资源浪费和环境污染。

第二十条　工业企业应当采用先进或者适用的节水技术、工艺和设备，制定并实施节水计划，加强节水管理，对生产用水进行全过程控制。

工业企业应当加强用水计量管理，配备和使用合格的用水计量器具，建立水耗统计和用水状况分析制度。

新建、改建、扩建建设项目，应当配套建设节水设施。节水设施应当与主体工程同时设计、同时施工、同时投产使用。

国家鼓励和支持沿海地区进行海水淡化和海水直接利用，节约淡水资源。

第二十九条　县级以上人民政府应当统筹规划区域经济布局，合理调整产业结构，促进企业在资源综合利用等领域进行合作，实现资源的高效利用和循环使用。

各类产业园区应当组织区内企业进行资源综合利用，促进循环经济发展。

国家鼓励各类产业园区的企业进行废物交换利用、能量梯级利用、土地集约利用、水的分类利用和循环使用，共同使用基础设施和其他有关设施。

新建和改造各类产业园区应当依法进行环境影响评价，并采取生态保护和污染控制措施，确保本区域的环境质量达到规定的标准。

第三十一条　企业应当发展串联用水系统和循环用水系统，提高水的重复利用率。

企业应当采用先进技术、工艺和设备，对生产过程中产生的废水进行再生利用。

第三十二条　企业应当采用先进或者适用的回收技术、工艺和设备，对生产过程中产生的余热、余压等进行综合利用。

建设利用余热、余压、煤层气以及煤矸石、煤泥、垃圾等低热值燃料的并网发电项目，应当依照法律和国务院的规定取得行政许可或者报送备案。电网企业应当按照国家规定，与综合利用资源发电的企业签订并网协议，提供上网服务，并全额收购并网发电项目的上网电量。

第四十二条　国务院和省、自治区、直辖市人民政府设立发展循环经济的有关专项资金，支持循环经济的科技研究开发、循环经济技术和产品的示范与推广、重大循环经济项目的实施、发展循环经济的信息服务等。具体办法由国务院财政部门会同国务院循环经济发展综合管理等有关主管部门制定。

第四十三条　国务院和省、自治区、直辖市人民政府及其有关部门应当将循环经济重大科技攻关项目的自主创新研究、应用示范和产业化发展列入国家或者省级科技发展规划和高技术产业发展规划，并安排财政性资金予以支持。

利用财政性资金引进循环经济重大技术、装备的，应当制定消化、吸收和创新方案，报有关主管部门审批并由其监督实施；有关主管部门应当根据实际需要建立协调机制，对重大技术、装备的引进和消化、吸收、创新实行统筹协调，并给予资金支持。

第四十四条　国家对促进循环经济发展的产业活动给予税收优惠，并运用税收等措施鼓励进口先进的节能、节水、节材等技术、设备和产品，限制在生产过程中耗能高、污染重的产品的出口。具体办法由国务院财政、税务主管部门制定。

企业使用或者生产列入国家清洁生产、资源综合利用等鼓励名录的技术、工艺、设备或者产品的，按照国家有关规定享受税收优惠。

第四十五条　县级以上人民政府循环经济发展综合管理部门在制定和实施投资计划时，应当将节能、节水、节地、节材、资源综合利用等项目列为重点投资领域。

对符合国家产业政策的节能、节水、节地、节材、资源综合利用等项目，金融机构应当给予优先贷款等信贷支持，并积极提供配套金融服务。

对生产、进口、销售或者使用列入淘汰名录的技术、工艺、设备、材料或者产品的企业，金融机构不得提供任何形式的授信支持。

第四十六条　国家实行有利于资源节约和合理利用的价格政策，引导单位和个人节约和合理使用水、电、气等资源性产品。

国务院和省、自治区、直辖市人民政府的价格主管部门应当按照国家产业政策，对资源高消耗行业中的限制类项目，实行限制性的价格政策。

对利用余热、余压、煤层气以及煤矸石、煤泥、垃圾等低热值燃料的并网发电项目，价格主管部门按照有利于资源综合利用的原则确定其上网电价。

省、自治区、直辖市人民政府可以根据本行政区域经济社会发展状况，实行垃圾排放收费制度。收取的费用专项用于垃圾分类、收集、运输、贮存、利用和处置，不得挪作他用。

国家鼓励通过以旧换新、押金等方式回收废物。

第四十七条　国家实行有利于循环经济发展的政府采购政策。使用财政性资金进行采购的，应当优先采购节能、节水、节材和有利于保护环境的产品及再生产品。

第四十八条　县级以上人民政府及其有关部门应当对在循环经济管理、科学技术研究、产品开发、示范和推广工作中做出显著成绩的单位和个人给予表彰和奖励。

企业事业单位应当对在循环经济发展中做出突出贡献的集体和个人给予表彰和奖励。

第四十九条　县级以上人民政府循环经济发展综合管理部门或者其他有关主管部门发现违反本法的行为或者接到对违法行为的举报后不予查处，或者有其他不依法履行监督管理职责行为的，由本级人民政府或者上一级人民政府有关主管部门责令改正，对直接负责的主管人员和其他直接责任人员依法给予处分。

第五十条　生产、销售列入淘汰名录的产品、设备的，依照《中华人民共和国产品质量法》的规定处罚。

使用列入淘汰名录的技术、工艺、设备、材料的，由县级以上地方人民政府循环经济发展综合管理部门责令停止使用，没收违法使用的设备、材料，并处五万元以上二十万元以下的罚款；情节严重的，由县级以上人民政府循环经济发展综合管理部门提出意见，报请本级人民政府按照国务院规定的权限责令停业或者关闭。

违反本法规定，进口列入淘汰名录的设备、材料或者产品的，由海关责令退运，可以处十万元以上一百万元以下的罚款。进口者不明的，由承运人承担退运责任，或者承担有关处置费用。

第五十一条　违反本法规定，对在拆解或者处置过程中可能造成环境污染的电器电子等产品，设计使用列入国家禁止使用名录的有毒有害物质的，由县级以上地方人民政府市场监督管理部门责令限期改正；逾期不改正的，处二万元以上二十万元以下的罚款；情节严重的，依法吊销营业执照。

第五十二条　违反本法规定，电力、石油加工、化工、钢铁、有色金属和建材等企业未在规定的范围或者期限内停止使用不符合国家规定的燃油发电机组或者燃油锅炉的，由县级以上地方人民政府循环经济发展综合管理部门责令限期改正；逾期不改正的，责令拆除该燃油发电机组或者燃油锅炉，并处五万元以上五十万元以下的罚款。

（5）"十三五"生态环境保护规划[14]

节选部分相关内容如下。

以污染源达标排放为底线，以骨干性工程推进为抓手，改革完善总量控制制度，推动行业多污染物协同治污减排，加强城乡统筹治理，严格控制增量，大幅度削减污染物存量，降低生态环境压力。

专栏 1：实施工业污染源全面达标排放计划

工业污染源全面开展自行监测和信息公开。工业企业要建立环境管理台账制度，开展自行监测，如实申报，属于重点排污单位的还要依法履行信息公开义务。实施排污口规范化整治，2018 年底前，工业企业要进一步规范排污口设置，编制年度排污状况报告。排污企业全面实行在线监测，地方各级人民政府要完善重点排污单位污染物超标排放和异常报警机制，逐步实现工业污染源排放监测数据统一采集、公开发布，不断加强社会监督，对企业守法承诺履行情况进行监督检查。2019 年年底前，建立全国工业企业环境监管信息平台。

排查并公布未达标工业污染源名单。各地要加强对工业污染源的监督检查，全面推进"双随机"抽查制度，实施环境信用颜色评价，鼓励探索实施企业超标排放计分量化管理。对污染物排放超标或者重点污染物排放超总量的企业予以"黄牌"警示，限制生产或停产整治；对整治后仍不能达到要求且情节严重的企业予以"红牌"处罚，限期停业、关闭。自 2017 年起，地方各级人民政府要制定本行政区域工业污染源全面达标排放计划，确定年度工作目标，每季度向社会公布"黄牌""红牌"企业名单。环境保护部将加大抽查核查力度，对企业超标现象普遍、超标企业集中地区的地方政府进行通报、挂牌督办。

实施重点行业企业达标排放限期改造。建立分行业污染治理实用技术公开遴选与推广应用机制，发布重点行业污染治理技术。分流域分区域制定实施重点行业限期整治方案，升级改造环保设施，加大检查核查力度，确保稳定达标。以钢铁、水泥、石化、有色金属、玻璃、燃煤锅炉、造纸、印染、化工、焦化、氮肥、农副食品加工、原料药制造、制革、农药、电镀等行业为重点，推进行业达标排放改造。

完善工业园区污水集中处理设施。实行"清污分流、雨污分流"，实现废水分类收集、分质处理，入园企业应在达到国家或地方规定的排放标准后接入集中式污水处理设施处理，园区集中式污水处理设施总排口应安装自动监控系统、视频监控系统，并与环境保护主管部门联网。开展工业园区污水集中处理规范化改造示范。

专栏 2：深入推进重点污染物减排

改革完善总量控制制度。以提高环境质量为核心，以重大减排工程为主要抓手，上下结合，科学确定总量控制要求，实施差别化管理。优化总量减排核算体系，以省级为主体实施核查核算，推动自主减排管理，鼓励将持续有效改善环境质量的措施纳入减排核算。加强对生态环境保护重大工程的调度，对进度滞后地区及早预警通报，各地减排工程、指标情况要主动向社会公开。总量减排考核服从于环境质量考核，重点审查环境质量未达到标准、减排数据与环境质量变化趋势明显不协调的地区，并根据环境保护督查、日常监督检查和排污许可执行情况，对各省（区、市）自主减排管理情况实施"双随机"抽查。大力推行区域性、行业性总量控制，鼓励各地实施特征性污染物总量控制，并纳入各地国民经济和社会发展规划。

推动治污减排工程建设。各省（区、市）要制定实施造纸、印染等十大重点涉水行业专项治理方案，大幅降低污染物排放强度。电力、钢铁、纺织、造纸、石油石化、化工、食品发酵等高耗水行业达到先进定额标准。以燃煤电厂超低排放改造为重点，对电力、钢铁、建材、石化、有色金属等重点行业，实施综合治理，对二氧化硫、氮氧化物、烟粉尘以及重金属等多污染物实施协同控制。各省（区、市）应于 2017 年底前制定专项治理方案并向社会公开，对治理不到位的工程项目要公开曝光。制定分行业治污技术政策，培育示范企业和示范工程。

专栏 3　推动重点行业治污减排

（内容略）

（十五）有色金属行业。

加强富余烟气收集，对二氧化硫含量大于 3.5% 的烟气，采取两转两吸制酸等方式回收。低浓度烟气和制酸尾气排放超标的必须进行脱硫。规范冶炼企业废气排放口设置，取消脱硫设施旁路。

（6）水污染防治行动计划[15]

节选部分内容如下。

① 狠抓工业污染防治。取缔"十小"企业。全面排查装备水平低、环保设施差的小型工业企业。2016 年年底前，按照水污染防治法律法规要求，全部取缔不符合国家产业政策的小型造纸、制革、印染、染料、炼焦、炼硫、炼砷、炼油、电镀、农药等严重污染水环境的生产项目。

② 专项整治十大重点行业。制定造纸、焦化、氮肥、有色金属、印染、农副食品加工、原料药制造、制革、农药、电镀等行业专项治理方案，实施清洁化改造。新建、改建、扩建上述行业建设项目实行主要污染物排放等量或减量置换。2017 年年底前，造纸行业力争完成纸浆无元素氯漂白改造或采取其他低污染制浆技术，钢铁企业焦炉完成干熄焦技术改造，氮肥行业尿素生产完成工艺冷凝液水解解析技术改造，印染行业实施低排水染整工艺改造，制药（抗生素、维生素）行业实施绿色酶法生产技术改造，制革行业实施铬减量化和封闭循环利用技术改造。

③ 集中治理工业集聚区水污染。强化经济技术开发区、高新技术产业开发区、出口加工区等工业集聚区污染治理。集聚区内工业废水必须经预处理达到集中处理要求，方可进入污水集中处理设施。新建、升级工业集聚区应同步规划、建设污水、垃圾集中处理等污染治理设施。2017 年年底前，工业集聚区应按规定建成污水集中处理设施，并安装自动在线监控装置，京津冀、长三角、珠三角等区域提前一年完成；逾期未完成的，一律暂停审批和核准其增加水污染物排放的建设项目，并依照有关规定撤销其园区资格。

（7）长江保护修复攻坚战行动计划[16]

加强工业污染治理，有效防范生态环境风险。具体内容如下：

① 优化产业结构布局。加快重污染企业搬迁改造或关闭退出，严禁污染产业、企业向长江中上游地区转移。长江干流及主要支流岸线 1 公里范围内不准新增化工园区，依法淘汰取缔违法违规工业园区。以长江干流、主要支流及重点湖库为重点，全面开展"散乱污"涉水企业综合整治，分类实施关停取缔、整合搬迁、提升改造等措施，依法淘汰涉及污染的落后产能。加强腾退土地污染风险管控和治理修复，确保腾退土地符合规划用地土壤环境质量标准。2020 年年底前，沿江 11 省市有序开展"散乱污"涉水企业排查，积极推进清理和综合整治工作。

② 规范工业园区环境管理。新建工业企业原则上都应在工业园区内建设并符合相关

规划和园区定位，现有重污染行业企业要限期搬入产业对口园区。工业园区应按规定建成污水集中处理设施并稳定达标运行，禁止偷排漏排。加大现有工业园区整治力度，完善污染治理设施，实施雨污分流改造。组织评估依托城镇生活污水处理设施处理园区工业废水对出水的影响，导致出水不能稳定达标的，要限期退出城镇污水处理设施并另行专门处理。依法整治园区内不符合产业政策、严重污染环境的生产项目。2020 年年底前，国家级开发区中的工业园区（产业园区）完成集中整治和达标改造。

③ 强化工业企业达标排放。制定造纸、焦化、氮肥、有色金属、印染、农副食品加工、原料药制造、制革、农药、电镀十大重点行业专项治理方案，推动工业企业全面达标排放。深入推进排污许可证制度，2020 年年底前，完成覆盖所有固定污染源的排污许可证核发工作。

④ 推进"三磷"综合整治。组织湖北、四川、贵州、云南、湖南、重庆等省市开展"三磷"（即磷矿、磷肥和含磷农药制造等磷化工企业、磷石膏库）专项排查整治行动，磷矿重点排查矿井水等污水处理回用和监测监管，磷化工重点排查企业和园区的初期雨水、含磷农药母液收集处理以及磷酸生产环节磷回收，磷石膏库重点排查规范化建设管理和综合利用等情况。2019 年上半年，相关省市完成排查，制定限期整改方案，并实施整改。2020 年年底前，对排查整治情况进行监督检查和评估。

⑤ 加强固体废物规范化管理。实施打击固体废物环境违法行为专项行动，持续深入推动长江沿岸固体废物大排查，对发现的问题督促地方政府限期整改，对发现的违法行为依法查处，全面公开问题清单和整改进展情况。建立部门和区域联防联控机制，建立健全环保有奖举报制度，严厉打击固体废物非法转移和倾倒等活动。2020 年年底前，有效遏制非法转移、倾倒、处置固体废物案件高发态势。深入落实《禁止洋垃圾入境推进固体废物进口管理制度改革实施方案》。

⑥ 严格环境风险源头防控。开展长江生态隐患和环境风险调查评估，从严实施环境风险防控措施。深化沿江石化、化工、医药、纺织、印染、化纤、危化品和石油类仓储、涉重金属和危险废物等重点企业环境风险评估，限期治理风险隐患。在主要支流组织调查，摸清尾矿库底数，按照"一库一策"开展整治工作。

1.3.2　铜冶炼行业产业政策和规划的要求

(1) 产业结构调整指导目录（2019 年本）[17]

1）限制类

单系列 10 万吨/年规模以下粗铜冶炼项目（再生铜项目及氧化矿直接浸出项目除外）。

2）淘汰类

① 鼓风炉、电炉、反射炉炼铜工艺及设备；

② 无烟气治理措施的再生铜焚烧工艺及设备；

③ 50t 以下传统固定式反射炉再生铜生产工艺及设备。

(2) 铜冶炼行业规范条件[18]

1）资源综合利用

① 铜冶炼企业应具备生产废水回用系统，含重金属废水及其他外排废水必须达标排放，排水量必须达到国家相关标准的单位产品基准排水量等要求。鼓励铜冶炼企业建设伴

生稀贵金属综合回收利用装置。铜冶炼企业应加大对铜冶炼渣的资源综合利用力度，有效提高冶炼过程中产生的废弃物的资源利用效率。工艺过程中有利用价值的余热应采取直接或间接的方式合理利用。鼓励有条件的企业开展冶炼烟气洗涤污酸、砷烟尘等的资源化利用。

② 利用铜精矿的铜冶炼企业的水循环利用率应达到 98% 以上，吨铜新水消耗应在 16t 以下，铜冶炼生产工艺的硫捕集率必须达到 99% 以上，硫回收率必须达到 97.5% 以上。

③ 利用含铜二次资源的铜冶炼企业的水循环利用率应达到 98% 以上。

2）环境保护

① 铜冶炼企业必须遵守环境保护相关法律、法规和政策，应建立、实施并保持满足 GB/T 24001 要求的环境管理体系，并鼓励通过环境管理体系第三方认证。

② 铜冶炼企业必须按《排污单位自行监测技术指南 有色金属冶炼》（HJ 989）等相关标准规范开展自行监测，具备完善配套的污染物在线监测设施并与生态环境主管部门指定的监管机构联网运行，鼓励开展厂内降尘监测；必须按规定取得排污许可证后，方可排放污染物，并在生产经营中严格落实排污许可证规定的环境管理要求。

③ 铜冶炼企业必须完善清污分流和雨污分流设施，治理设施齐备，运行维护记录齐全，污染防治设施与主体生产设施同步运行，化学需氧量、氨氮、二氧化硫、氮氧化物、颗粒物、重金属、二噁英等污染物排放不得超过国家或地方的相关污染物排放标准，排放总量不超过生态环境主管部门核定的总量控制指标，实施特别排放地区的企业应达到排放限值要求，鼓励未在特别排放限值地区的铜冶炼企业执行相关特别排放限值标准（要求）。

④ 鼓励大型骨干铜冶炼企业自建二次资源回收利用系统，鼓励有条件的铜冶炼企业利用铜熔炼系统及与其配套的污染物防治设施，处理电子废物和其他含铜及稀贵金属的固体废物。

⑤ 铜冶炼企业的固体废物贮存、利用、处置应当符合国家有关标准规范的要求，严格执行危险废物管理计划、申报登记、转移联单、经营许可等管理制度，并应通过全国固体废物管理信息系统如实填报固体废物产生、贮存、转移、利用、处置的相关信息。

⑥ 铜冶炼企业申请规范当年及上一年度未发生重大环境污染事件或生态破坏事件。

（3）有色金属工业发展规划（2016—2020 年）[19]

促进绿色可持续发展部分具体内容如下。

1）积极发展绿色制造

坚持源头减量、过程控制、末端循环的理念，增强绿色制造能力，提高全流程绿色发展水平。鼓励利用现有先进的矿铜、矿铅冶炼工艺设施处理废杂铜、废蓄电池铅膏，支持铅冶炼与蓄电池联合生产。实施绿色制造体系建设试点示范，实施排污许可证制度，推进企业全面达标排放。加强清洁生产审核，组织编制重点行业清洁生产技术推行方案，推进企业实施清洁生产技术改造。推动节能减排以及低碳技术和产品普及应用，支持高载能产业利用局域电网消纳可再生能源，推进有色金属行业绿色低碳转型。

2）大力发展循环经济

提高尾矿资源、井下热能的综合利用和熔炼渣、废气、废液和余热资源化利用水平。充分利用"互联网＋"，依托"城市矿产"示范基地和进口再生资源加工园区，创新回收模式，完善国内回收和交易体系，突破再生资源智能化识别分选、冶金分离、杂质控制和有毒元素无害化处理等共性关键技术和装备，提高有价元素回收和保级升级再利用水平。完善高铝粉煤灰提取氧化铝及固废处理工艺技术，为高铝粉煤灰资源经济性、规模化开发利用提供技术储备。

　　3）加强重金属污染防治

　　严禁在环境敏感区域、重金属污染防治重点区域及大气污染防治联防联控重点地区新建、扩建增加重金属排放的项目。推进重金属污染区域联防联控，以国家重点防控区及铅锌、铜、镍、二次有色金属资源冶炼等企业为核心，以铅、砷、镉、汞和铬等Ⅰ类重金属污染物综合防治为重点，严格执行国家约束性减排指标，确保重金属污染物稳定、达标排放。鼓励在有色金属工矿区和冶炼区周边土壤污染严重地区开展重金属污染现状调查，在有色金属企业聚集区集中建设重金属固废处理处置中心。锑冶炼企业应配套建设砷碱渣无害化处理生产线，支持企业处理社会遗留砷碱渣等危险废物。推进资源枯竭地区的老工业区、独立工矿区改造转型，加大历史遗留问题突出、生态严重破坏、重金属污染风险隐患较大地区的综合整治。

1　绿色发展工程专栏

　　循环经济：以"城市矿产"示范基地和进口再生资源加工园区为重点，加快高值再生产业化基地建设。支持以废杂铜为原料生产高值铜加工产品，支持废旧易拉罐保级利用示范工程的建设和推广，支持利用现有矿铜、铅、锌冶炼技术和装备处理含铅、含铜、含锌二次资源，在二次锌资源企业推广窑渣回收设施、余热回收利用系统、尾气脱硫系统等。支持以矿山废渣为复垦土壤基质的综合利用示范工程建设。支持建设黄金尾矿、氧化尾渣等固体废弃物二次利用工程。在氧化铝厂区或赤泥库附近建设赤泥资源综合利用工程。

　　节能减排：推广大型高效节能自动化采选装备以及新型高效药剂，低品位铝土矿生产氧化铝高效节能技术，铝电解槽、镁冶炼、海绵钛、氧氯化锆节能减排技术等，支持利用局域电网消纳绿色可再生能源。

　　清洁生产：在湖南、广西、贵州等锑冶炼集中地区开展砷碱渣集中收集和无害化处理工程，对新产生砷碱渣全部进行无害化处理和利用，到2020年消纳现有集中入库堆放的砷碱渣。实施烟气脱硫、脱硝、除尘改造工程，推广不锈钢滤网脉冲反吹清灰电除尘器。开展工业污染土地、废弃地治理。重点推广重金属废水生物制剂法深度处理与回用技术、黄金冶炼氧化废水无害化处理技术、采矿废水生物制剂协同氧化深度处理与回用技术等。冶炼企业要实现雨污分流、清污分流，加强废水深度处理和中水回用技术改造，降低水耗。

　　绿色产品：在全社会积极推广轻量化交通运输工具，如铝合金运煤列车、铝合金油罐车、铝合金半挂车、铝合金货运集装箱、铝合金新能源汽车、铝合金乘用车等，到2020年实现30%的油罐车、挂车、铁路货运列车采用铝合金车体。

1.3.3　铜冶炼行业污染物排放标准的要求

　　铜、镍、钴工业污染物排放标准[20]由环境保护部2010年9月10日批准，从2010年10月1日起开始实施。

　　该标准规定了铜、镍、钴工业企业水污染物和大气污染物排放限值、监测和监控要求，以及标准的实施与监督等相关规定。

　　新建企业自2010年10月1日起，现有企业自2012年1月1日起，执行表1-9规定的水污染物排放限值。

表 1-9 新建企业水污染物排放浓度限值及单位产品基准排水量

单位：mg/L（pH值除外）

序号	污染物项目	限值		污染物排放监控位置
		直接排放	间接排放	
1	pH 值	6～9	6～9	企业废水总排放口
2	悬浮物	80（采选）	200（采选）	
		30（其他）	140（其他）	
3	化学需氧量（COD$_{Cr}$）	100（湿法冶炼）	300（湿法冶炼）	
		60（其他）	200（其他）	
4	氟化物（以 F 计）	5	15	
5	总氮	15	40	
6	总磷	1	2	
7	氨氮	8	20	
8	总锌	1.5	4	
9	石油类	3	15	
10	总铜	0.5	1	
11	硫化物	1	1	
12	总铅	0.5		生产车间或设施废水排放口
13	总镉	0.1		
14	总镍	0.5		
15	总砷	0.5		
16	总汞	0.05		
17	总钴	1		
单位产品基准排水量	选矿/（m³/t 原矿）	1		排水量计量位置与污染物排放监控位置一致
	铜冶炼/（m³/t 铜）	10		
	镍冶炼/（m³/t 镍）	15		
	钴冶炼/（m³/t 钴）	30		

　　根据环境保护工作的要求，在国土开发密度已经较高、环境承载能力开始减弱，或环境容量较小、生态环境脆弱，容易发生严重环境污染等问题而需要采取特别保护措施的地区，应严格控制企业的污染物排放行为，在上述地区的企业执行水污染物特别排放限值，见表1-10。执行水污染物特别排放限值的地域范围、时间由国务院环境保护行政主管部门或省级人民政府规定。

表 1-10 水污染物特别排放限值　　单位：mg/L（pH值除外）

序号	污染物项目	限值		污染物排放监控位置
		直接排放	间接排放	
1	pH 值	6～9	6～9	企业废水总排放口
2	悬浮物	30（采选）	80（采选）	
		10（其他）	30（其他）	
3	化学需氧量（COD$_{Cr}$）	50	60	

续表

序号	污染物项目	限值		污染物排放监控位置
		直接排放	间接排放	
4	氟化物（以 F 计）	2	5	企业废水总排放口
5	总氮	10	15	
6	总磷	0.5	1	
7	氨氮	5	8	
8	总锌	1	1.5	
9	石油类	1	3	
10	总铜	0.2	0.5	
11	硫化物	0.5	1	
12	总铅	0.2		生产车间或设施废水排放口
13	总镉	0.02		
14	总镍	0.5		
15	总砷	0.1		
16	总汞	0.01		
17	总钴	1		
单位产品基准排水量	选矿/（m³/t 原矿）	0.8		排水量计量位置与污染物排放监控位置一致
	铜冶炼（m³/t 铜）	8		
	镍冶炼（m³/t 镍）	12		
	钴冶炼（m³/t 钴）	16		

1.3.4　铜冶炼行业排污许可的要求

《排污许可证申请与核发技术规范 有色金属工业——铜冶炼》[21] 标准规定了铜冶炼排污单位排污许可证申请与核发的基本情况填报要求、许可排放限值确定和实际排放量核算方法、合规判定方法以及自行监测、环境管理台账与排污许可证执行报告等环境管理要求，提出了铜冶炼行业污染防治可行技术及运行管理要求。

1.3.4.1　许可排放限值

（1）许可排放浓度

排污单位水污染物许可排放浓度依据 GB 25467 确定，许可排放浓度为日均浓度（pH值为任何一次监测值）。有地方排放标准要求的，按照地方排放标准确定。

若排污单位在同一个废水排放口排放两种或两种以上工业废水，且每种废水同一种污染物执行的排放标准不同时，则应执行各限值要求中最严格的许可排放浓度。

（2）许可排放量

废水许可排放量污染因子为化学需氧量、氨氮、总铅、总砷、总汞、总镉。

对位于《"十三五"生态环境保护规划》等文件规定的总磷、总氮总量控制区域内的铜冶炼排污单位，还应分别申请总磷及总氮年许可排放量。地方环保部门另有规定的从其规定。

水污染物年许可排放量根据水污染物许可排放浓度限值、单位产品基准排水量和产能核定。

主要排放口年许可排放量用下式计算：

$$D_i = C_i QR \times 10^{-6} \tag{1-1}$$

式中　D_i——主要排放口第 i 种水污染物年许可排放量，t/a；

　　　C_i——第 i 种水污染物许可排放浓度限值，mg/L；

　　　R——主要产品年产能，t/a；

　　　Q——主要排放口单位产品基准排水量，m^3/t 产品，取值参见表 1-11。

铜冶炼排污单位总铅、总砷、总镉、总汞年许可排放量为车间或生产装置排放口年许可排放量，化学需氧量和氨氮年许可量在企业废水总排放口许可年排放量，按照公式(1-1)进行核算，其中 C_i 取值参照 GB 25467 中污染因子浓度，基准排水量 Q 参考表 1-11。

表 1-11　铜冶炼排污单位基准排水量表　　　　　　　单位：m^3/t

序号	排放口	排放口类型	基准排水量
1	车间或生产装置排放口	主要排放口	2
2	企业废水总排放口	主要排放口	10

1.3.4.2　自行监测要求

排污单位均需在废水总排放口、雨水排放口设置监测点位，生活污水单独排入水体的须在生活污水排放口设置监测点位[22]。

涉及监控位置为车间或生产设施废水排放口的，采样点位一律设在车间或车间处理设施排放口或专门处理此类污染物设施的排口。

排污单位废水排放监测点位、指标及最低监测频次按照表 1-12 执行。

表 1-12　排污单位废水监测点位、指标及最低监测频次

污染源		排放口类型	监测因子	监测频次
产污环节	监测点位			
废水	车间或生产装置排放口	主要排放口	总砷、总铅、总镉、总汞	日
			总镍、总钴	月
	企业废水总排放口	主要排放口	pH 值、流量、化学需氧量、氨氮	自动监测
			总磷	日（自动监测①）
			总氮	日②
废水	企业废水总排放口	主要排放口	总砷、总铅、总镉、总汞	日
			总锌、总铜、总镍、总钴	月
			悬浮物、氟化物、石油类、硫化物	季度
	生活污水排放口		流量、pH 值、悬浮物、化学需氧量、氨氮、总氮、总磷、五日生化需氧量、动植物油	月
	雨水排放口		pH 值、化学需氧量、悬浮物、石油类	日③

① 水环境质量中总磷实施总量控制区域，总磷需采取自动监测。

② 水环境质量中总氮实施总量控制区域，总氮最低监测频次按日执行，待自动监测技术规范发布后需采取自动监测。

③ 雨水排放口有流动水排放时按日监测。若监测一年无异常情况，可放宽至每季度开展一次监测。

1.3.4.3　环境管理台账要求

废水环保设施台账应包括所有环保设施的运行参数及排放情况等，废水治理设施包括废水处理能力（t/d）、运行参数（包括运行工况等）、废水排放量、废水回用量、污泥产生量及运行费用（元/t）、出水水质（各因子浓度和水量等）、排水去向及受纳水体、排入的污水处理厂名称等。

1）污染治理设施运行状况

按照排污单位生产班次记录，每班次记录 1 次。非正常工况按照工况期记录，每工况期记录 1 次，非正常工况开始时刻至工况恢复正常时刻为一个记录工况期。

2）污染物产排情况

连续排放污染物的，按班次记录，每班次记录 1 次。非连续排放污染物的，按照产排污阶段记录，每个产排阶段记录 1 次。安装自动监测设施的按照自动监测频率记录 DCS 上保存自动监测记录。

3）药剂添加情况

采用批次投放的，按照投放批次记录，每投放批次记录 1 次。采用连续加药方式的，每班次记录 1 次。

1.3.4.4　合规性判定要求

合规是指铜冶炼排污单位许可事项和环境管理要求符合排污许可证规定。

许可事项合规是指铜冶炼排污单位排放口位置和数量、排放方式、排放去向、排放污染物种类、排放限值符合许可证规定。其中，排放限值合规是指铜冶炼排污单位污染物实际排放浓度和排放量满足许可排放限值要求，无组织排放满足无组织排放监管措施要求，环境管理要求合规是指铜冶炼排污单位按许可证规定落实自行监测、台账记录、执行报告、信息公开等环境管理要求。

铜冶炼排污单位可通过环境管理台账记录、按时上报执行报告和开展自行监测、信息公开，自证其依证排污，满足排污许可证要求。环境保护主管部门可依据排污单位环境管理台账、执行报告、自行监测记录中的内容，判断其污染物排放浓度和排放量是否满足许可排放限值要求，也可通过执法监测判断其污染物排放浓度是否满足许可排放限值。

（1）排放限值合规性判定

排污单位各废水排放口污染物（pH 值除外）的排放浓度达标是指"任一有效日均值（pH 值除外）均满足许可排放浓度要求"。

1）执法监测。按照监测规范要求获取的执法监测数据超标的，即视为超标。根据 HJ/T 91 确定监测要求。

2）排污单位自行监测

① 自动监测。按照本标准 7.5.1 要求获取的自动监测数据计算得到有效日均浓度值（除 pH 值外）与许可排放浓度限值进行对比，超过许可排放浓度限值的，即视为超标。对于应当采用自动监测而未采用的排放口或污染物，即认为不合规。

对于自动监测，有效日均浓度是对应于以每日为一个监测周期获得的某个污染物的多个有效监测数据的平均值。在同时监测污水排放流量的情况下，有效日均值是以流量为权的某个污染物的有效监测数据的加权平均值；在未监测污水排放流量的情况下，有效日均值是某个污染物的有效监测数据的算术平均值。

自动监测的有效日均浓度应根据 HJ/T 355 和 HJ/T 356 等相关文件确定。

② 手工监测。对于未要求采用自动监测的排放口或污染物，应进行手工监测。按照本标准 7.2 和 7.5.2 要求进行手工监测，当日各次监测数据平均值或当日混合样监测数据（除 pH 值外）超标即视为超标。

③ 若同一时段的执法监测数据与排污单位自行监测数据不一致，执法监测数据符合法定的监测标准和监测方法的，以该执法监测数据为准。

（2）排放量合规判定

铜冶炼排污单位污染物的排放量合规是指：

① 废水污染物年实际排放量满足各自的年许可排放量要求，年许可排放量是正常情况和非正常情况排放量之和。

② 废水污染物各主要排放口实际排放量之和满足主要排放口的许可排放量。

③ 对于特殊时段有许可排放量要求的排污单位，排放口实际排放量之和不得超过特殊时期许可排放量。

（3）环境管理要求合规判定

环境保护主管部门依据排污许可证中的管理要求以及铜冶炼行业相关技术规范，审核环境管理台账记录和许可证执行报告，检查排污单位是否按照自行监测方案开展自行监测；是否按照排污许可证中环境管理台账记录要求记录相关内容、记录频次、形式是否满足许可证要求；是否按照许可证要求定期上报执行报告，上报内容是否符合要求等；是否按照许可证要求定期开展信息公开；是否满足特殊时段污染防治要求。

1.3.5 铜冶炼行业清洁生产的要求

（1）清洁生产标准 铜冶炼业

该标准[23]由环境保护部 2010 年 2 月 1 日批准，从 2010 年 5 月 1 日起开始实施。

该标准规定了铜冶炼业清洁生产的一般要求。本标准将清洁生产标准指标分成五类，即生产工艺与装备要求、资源能源利用指标、污染物产生指标（末端处理前）、废物回收利用指标和环境管理要求。

铜冶炼企业清洁生产技术指标要求（节选）见表 1-13。

表 1-13 铜冶炼业清洁生产技术指标要求（节选）

清洁生产指标等级		一级	二级	三级
生产工艺与装备要求				
主体冶炼工艺		采用富氧闪速熔炼或富氧熔池熔炼工艺		采用不违背《铜冶炼行业准入条件》的冶炼工艺
资源能源利用指标				
单位产品新水耗量/(m³/t)		≤20	≤23	≤25
污染物产生指标（末端处理前）				
废水	单位产品废水产生量/(m³/t)	≤15	≤18	≤20
	单位产品化学需氧量产生量/(g/t) 闪速熔炼	≤3500	≤4000	≤5500
	熔池熔炼	≤700	≤900	≤1100

续表

清洁生产指标等级	一级	二级	三级
废物回收利用指标			
工业用水重复利用率/%	≤97	≤96	≤95
生产作业面废水	处理后回用		进入废水处理系统
生产区初期雨水	处理后回用		进入废水处理系统

(2) 清洁生产标准 铜电解业

该标准[24]由环境保护部 2010 年 2 月 1 日批准,从 2010 年 5 月 1 日起开始实施。

该标准规定了铜电解业清洁生产的一般要求。本标准将清洁生产标准指标分成五类,即生产工艺与装备要求、资源能源利用指标、污染物产生指标(末端处理前)、废物回收利用指标和环境管理要求。

铜电解企业清洁生产技术指标要求(节选)见表 1-14。

表 1-14 铜电解企业清洁生产技术指标要求(节选)

清洁生产指标等级		一级	二级	三级
资源能源利用指标				
单位产品新水耗量/(m³/t)		≤3.5	≤4	≤5
污染物产生指标(末端处理前)				
废水	单位产品废水产生量/(m³/t)	≤1.2	≤1.5	≤2
	单位产品化学需氧量产生量/(g/t)	≤60	≤70	≤90
	单位产品铜产生量/(g/t)	≤0.23	≤0.25	≤0.28
	单位产品铅产生量/(g/t)	≤3.2	≤3.5	≤4
	单位产品镍产生量/(g/t)	≤0.08	≤0.085	≤0.1
	单位产品砷产生量/(g/t)	≤16	≤18	≤20
废物回收利用指标				
电解槽冲洗及阴极铜表面冲洗水		沉淀后回用至电解液循环系统,循环使用		

(3) 铜冶炼行业清洁生产评价指标体系(征求意见稿)

该标准[25]由国家发展和改革委员会、生态环境部和工业和信息化部共同发布,在 2019 年 7 月开始征求意见。

该标准规定了铜冶炼企业清洁生产的一般要求。本指标体系将清洁生产标准指标分为六类,即生产工艺及装备指标、资源能源消耗指标、资源综合利用指标、污染物产生指标、原料与产品特征指标、清洁生产管理指标。

粗铜火法冶炼企业评价指标项目、权重及基准值见表 1-15。

表 1-15 粗铜火法冶炼企业评价指标项目、权重及基准值

序号	一级指标	一级指标权重值	二级指标	指标单位	二级指标权重值	Ⅰ级基准值	Ⅱ级基准值	Ⅲ级基准值
1	生产工艺及装备指标	0.30	* 熔炼工艺	—	0.2	闪速熔炼或熔池熔炼		富氧鼓风炉
2			吹炼工艺	—	0.1	连吹炉或转炉		

续表

序号	一级指标	一级指标权重值	二级指标		指标单位	二级指标权重值	Ⅰ级基准值	Ⅱ级基准值	Ⅲ级基准值
3	生产工艺及装备指标	0.30	制酸工艺		—	0.2	二转二吸制酸,转化率≥99.6%,低浓度二氧化硫烟气制酸		二转二吸或其他符合国家产业政策的工艺
4			*生产规模（单系统）		万吨	0.2	≥12		≥10
5			自动化控制		—	0.1	计算机全自动化控制		半自动化控制
6			余热利用装置		—	0.1	采用高效的余热换热器,余热用于发电	采用高效的余热换热器,余热用于供给热水或热空气	
7			废气的收集与处理		—	0.1	炉体密闭化,具有防止废气逸出措施。在易产生废气无组织排放的位置设有废气收集装置,并配套净化设施		
8	资源能源消耗指标	0.16	*单位产品综合能耗		kgce/t（粗铜）	0.5	≤150	≤180	≤240
9			单位产品耐火材料消耗		kgce/t（粗铜）	0.3	≤10	≤15	≤50
10			*单位产品新鲜水耗		m³/t（粗铜）	0.2	≤12	≤15	≤18
11	资源综合利用指标	0.2	*冶炼综合回收率	铜	%	0.4	≥98.5	≥98	≥97
12				硫	%	0.2	≥99.5	≥98	≥97.5
13			*工业用水重复利用率		%	0.1	≥99.5	≥98	≥97
14 15			污酸综合利用率		%	0.1	≥98	≥96	≥95
15			工业固体废物综合利用率	砷滤饼	%	0.1	企业内部综合利用,利用率≥90	委托处置,综合利用率≥70	
16				其他工业固体废物	%	0.1	≥95	≥85	≥75
17	污染物产生指标	0.2	废水	单位产品废水的产生量	m³/t（粗铜）	0.1	≤8	≤10	≤12
18				*单位产品As的产生量	g/t（粗铜）	0.1	≤6	≤8	≤10
19				*单位产品Pb的产生量	g/t（粗铜）	0.1	≤5	≤8	≤10
20				*单位产品Cd的产生量	g/t（粗铜）	0.1	≤1.5	≤2.5	≤3.5
21			废气	*单位产品二氧化硫的产生量（制酸后）	kg/t（粗铜）	0.1	≤12	≤16	≤20
22				*单位产品氮氧化物的产生量	kg/t（粗铜）	0.05	≤0.8	≤1	≤3

续表

序号	一级指标	一级指标权重值	二级指标		指标单位	二级指标权重值	Ⅰ级基准值	Ⅱ级基准值	Ⅲ级基准值
23	污染物产生指标	0.2	废气	单位产品烟尘的产生量	kg/t（粗铜）	0.1	≤5	≤10	≤20
24				*单位产品As的产生量	g/t（粗铜）	0.1	≤35	≤50	≤70
25				*单位产品Pb的产生量	g/t（粗铜）	0.1	≤80	≤120	≤160
26			废渣	单位产品废渣的产生量	t/t（粗铜）	0.05	≤0.78	≤1.2	≤1.6
27				废渣含铜率	%	0.05	≤0.8	≤1.2	≤2
28				*单位产品砷滤饼的产生量	t/t（粗铜）	0.05	≤0.02	≤0.03	≤0.04
29	原料与产品特征指标	0.04	铜精矿		—	0.3	达到 YS/T 318 标准要求		
30			粗铜		—	0.4	达到 YS/T 70 一级品要求	达到 YS/T 70 二级品要求	
31			硫酸		—	0.3	达到 GB/T 534 优等品要求	达到 GB/T 534 一等品要求	
32	清洁生产管理指标	0.10	*环境政策、法律法规标准执行情况		—	0.1	生产规模、工艺和装备符合产业政策要求，污染物排放达到排放标准，符合总量控制和排污许可证管理要求，严格执行建设项目环境影响评价制度和建设项目环保"三同时"制度		
33			*固体废物处理处置		—	0.1	对没有综合利用的固体废物进行性质鉴别，根据鉴别的结果，依据 GB 18597、GB 18599 等的要求分类进行处置		
34			*组织机构		—	0.1	建立健全专门环保管理机构，配备专职管理人员，开展环境保护和清洁生产有关工作		
35			*清洁生产审核		—	0.1	按政府规定要求，制订有清洁生产审核工作计划，对铜冶炼全流程（全工序）定期开展清洁生产审核活动		
36			环保设施运行管理		—	0.1	排水实行清污分流、雨污分流。环保设施正常运行，无跑、冒、滴、漏现象，设立环保标识，环保设施运行台账齐全。安装污染物排放自动监控设备，并与环境保护主管部门的监控设备联网，并保证设备正常运行。		
37			环境管理体系		—	0.1	按照 GB/T 24001 建立并有效运行环境管理体系，并通过第三方认证		
38			能源管理体系		—	0.1	按照 GB/T 23331 建立并有效运行能源管理体系，并通过第三方认证		
39			*排污口管理		—	0.1	排污口设置符合《排污口规范化整治技术要求（试行）》相关要求		
40			环境应急		—	0.1	编制环境风险应急预案，并进行备案，定期开展环境风险应急演练，可及时应对重大环境污染事故发生		

续表

序号	一级指标	一级指标权重值	二级指标	指标单位	二级指标权重值	Ⅰ级基准值	Ⅱ级基准值	Ⅲ级基准值
41	清洁生产管理指标	0.10	企业计量器具配备管理	—	0.05	符合国家标准 GB 17167 与 GB 24789 的要求		
42			环境信息公开	—	0.05	按照《企业事业单位环境信息公开办法》要求公开环境信息		

注：1. 带 * 的指标为限定性指标。
2. 污染物产生指标中废气的相关指标均指废气制酸后的相关指标。
3. 单位能耗计算按照 GB 21248 铜冶炼企业单位产品能耗消耗限额第 5 款统计范围、计算方法及计算范围计算。

铜精炼企业评价指标项目、权重及基准值见表 1-16。

表 1-16 铜精炼企业评价指标项目、权重及基准值

序号	一级指标	一级指标权重值	二级指标		指标单位	二级指标权重值	Ⅰ级基准值	Ⅱ级基准值	Ⅲ级基准值
1	生产工艺装备指标	0.30	火法精炼	精炼工艺	—	0.15	火法精炼直接产精铜，或粗铜经火法精炼后铸成阳极板再行电解		
2				精炼设备	—	0.15	回转炉		反射炉
3				浇铸设备	—	0.1	连续浇铸	自动定量浇铸	圆盘浇铸
4			电解精炼	电解槽材质	—	0.1	无衬聚合物混凝土电解槽		混凝土结构，内衬软聚氯乙烯塑料、玻璃钢或 HDPE 膜防腐
5				压滤设备	—	0.1	选用能满足企业正常生产的浆泵；高压隔膜压滤机		
6			废气的收集与处理		—	0.1	具有防止废气逸出措施。在易产生废气无组织排放的位置设有废气收集净化装置		
7			酸雾的收集与处理		—	0.1	设有酸雾收集、处理装置		
8			防腐防渗措施		—	0.1	生产车间地面采取防渗、防漏、和防腐措施；污水系统具备防腐防渗措施		
9			自动化程度		—	0.1	计算机全自动化控制		半自动化控制
10			余热利用装置		—	0.1	具有余热锅炉或其他余热利用装置		
11	资源与能源消耗指标	0.16	* 单位产品综合能耗		kgce/t（阴极铜）	0.3	≤100		≤140
12			单位产品电耗		kW·h/t（阴极铜）	0.2	≤230	≤260	≤280
13			单位产品新鲜水耗		m³/t（阴极铜）	0.2	≤3	≤4	≤5
14			电流效率		%	0.2	≥98	≥95	≥93
15			残极率		%	0.1	≤14	≤15	≤18
16	资源综合利用指标	0.2	* 铜冶炼综合回收率		%	0.3	≥99.8	≥99.7	≥99.6

续表

序号	一级指标	一级指标权重值	二级指标	指标单位	二级指标权重值	Ⅰ级基准值	Ⅱ级基准值	Ⅲ级基准值
17	资源综合利用指标	0.2	*工业用水重复利用率	%	0.3	≥99.5	≥98	≥97
18			工业固体废物综合利用率	%	0.2	≥95	≥85	≥75
19			电解液循环利用率	%	0.2	≥99.5		
20	污染物产生指标	0.2	废水	单位产品废水产生量	m³/t（阴极铜）	0.1	≤2	≤2.5	≤3
21				*废水中单位产品 As 的产生量	mg/t（阴极铜）	0.1	≤2	≤4	≤6
22				*废水中单位品 Pb 的产生量	g/t（阴极铜）	0.1	≤2.0	≤2.5	≤3.0
23				*废水中单位产品 Cd 的产生量	g/t（阴极铜）	0.1	≤0.8	≤1.0	≤1.2
24			废气	单位产品烟尘产生量	kg/t（阴极铜）	0.15	≤0.08	≤0.2	≤0.4
25				单位产品二氧化硫的产生量*	kg/t（阴极铜）	0.15	≤0.4	≤0.6	≤0.8
26				*单位产品氮氧化物的产生量	kg/t（阴极铜）	0.1	≤0.2	≤0.5	≤0.8
27				酸雾的产生量	mg/m³	0.05	≤20	≤45	
28			固废	单位产品阳极泥产生量	%	0.05	≤0.3	≤0.5	≤0.8
29				单位产品炉渣产生量	%	0.05	≤1.5	≤3	≤5.0
30				炉渣中含铜率	%	0.05	≤15	≤25	≤35
31	原料与产品特征指标	0.04	阴极铜	—	1.0	符合 GB/T 467 的质量标准		
32	清洁生产管理指标	0.10	*环境政策、法律法规标准执行情况	—	0.1	生产规模、工艺和装备符合产业政策要求,污染物排放达到排放标准、符合总量控制和排污许可证管理要求,严格执行建设项目环境影响评价制度和建设项目环保"三同时"制度		

续表

序号	一级指标	一级指标权重值	二级指标	指标单位	二级指标权重值	Ⅰ级基准值	Ⅱ级基准值	Ⅲ级基准值
33	清洁生产管理指标	0.10	*固体废物处理处置	—	0.1	对没有综合利用的固体废物进行性质鉴别,根据鉴别的结果,依据 GB 18597、GB 18599 等的要求分类进行处置		
34			组织机构	—	0.1	建立健全专门环保管理机构,配备专职管理人员,开展环境保护和清洁生产有关工作		
35			清洁生产审核	—	0.1	按政府规定要求,制订有清洁生产审核工作计划,对铜冶炼全流程(全工序)定期开展清洁生产审核活动		
36			环保设施运行管理	—	0.1	排水实行清污分流、雨污分流。环保设施正常运行,无跑、冒、滴、漏现象,设立环保标识,环保设施运行台账齐全。安装污染物排放自动监控设备,并与环境保护主管部门的监控设备联网,并保证设备正常运行		
37			环境管理体系	—	0.1	按照 GB/T 24001 建立并有效运行环境管理体系,并通过第三方认证		
38			能源管理体系	—	0.1	按照 GB/T 23331 建立并有效运行能源管理体系,并通过第三方认证		
39			*排污口管理	—	0.1	排污口设置符合《排污口规范化整治技术要求(试行)》相关要求		
40			环境应急	—	0.1	编制环境风险应急预案,并进行备案,定期开展环境风险应急演练,可及时应对重大环境污染事故发生		
41			企业计量器具配备管理	—	0.05	符合国家标准 GB 17167 与 GB 24789 的要求		
42			环境信息公开	—	0.05	按照《企业事业单位环境信息公开办法》要求公开环境信息		

注:1. 带 * 的指标为限定性指标。
2. 污染物产生指标中废气的相关指标均指废气制酸后的相关指标。
3. 单位能耗计算按照 GB 21248 铜冶炼企业单位产品能耗消耗限额第5款统计范围、计算方法及计算范围计算。

铜湿法冶炼企业评价指标项目、权重及基准值见表1-17。

表 1-17 铜湿法冶炼企业评价指标项目、权重及基准值

序号	一级指标	一级指标权重值	二级指标	指标单位	二级指标权重值	Ⅰ级基准值	Ⅱ级基准值	Ⅲ级基准值
1	生产工艺装备指标	0.30	湿法炼铜工艺	—	0.2	直接浸出-萃取-电积		焙烧-浸出-萃取-电积
2			浸出工艺	—	0.2	搅拌浸出		原地堆浸
3			萃取工艺	—	0.2	混合澄清萃取箱	离心萃取器	萃取塔
4			酸雾的收集与处理	—	0.2	设有酸雾收集、处理装置		

续表

序号	一级指标	一级指标权重值	二级指标	指标单位	二级指标权重值	Ⅰ级基准值	Ⅱ级基准值	Ⅲ级基准值
5	生产工艺装备指标	0.30	废气的收集与处理	—	0.1	具有防止废气逸出措施。在易产生废气无组织排放的位置设有废气收集净化装置		
6			防腐防渗措施	—	0.1	生产车间地面采取防渗、防漏、和防腐措施；污水系统具备防腐防渗措施		
7	资源与能源消耗指标	0.16	单位产品电耗	kW·h/t（阴极铜）	0.2	≤1800	≤2500	≤3000
8			单位产品酸耗	t/t（阴极铜）	0.2	≤1.0	≤1.2	≤1.6
9			单位产品萃取剂耗	kg/t（阴极铜）	0.2	≤3	≤5	≤8
10			单位产品新鲜水耗	m³/t（阴极铜）	0.2	≤4	≤10	≤16
11			铜浸出率	%	0.3	≥98	≥90	≥85
12	资源综合利用指标	0.2	*铜冶炼综合回收率	%	0.3	≥96	≥90	≥84
13			*工业用水重复利用率	%	0.2	≥99.5	≥98	≥97
14			工业固体废物综合利用率	%	0.2	≥95	≥85	≥75
15			浸出液循环利用率		0.1	≥98	≥95	
16			萃取液循环利用率		0.1	≥98	≥95	
17			电积母液循环利用率	%	0.1	≥96	≥95	≥94
18	污染物产生指标	0.2	单位产品电解废液的产生量	m³/t（阴极铜）	0.2	≤1.8	≤2	≤2.5
19			浸出渣中含铜	%	0.1	≤0.5	≤0.8	≤1.5
20			单位产品阳极泥产生量	%	0.1	≤0.8	≤1.0	≤1.4
21			酸雾的产生量	mg/m³	0.2	≤20	≤45	
22			单位产品废水量	m³/t（阴极铜）	0.1	≤4	≤5	≤6
23			*废水中单位产品 As 的产生量	mg/t（阴极铜）	0.1	≤10	≤14	≤18
24			*废水中单位产品 Pb 的产生量	g/t（阴极铜）	0.1	≤4.5	≤5.0	≤5.5
25			废水中单位产品 Cd 的产生量*	g/t（阴极铜）	0.1	≤1.2	≤1.5	≤1.8

续表

序号	一级指标	一级指标权重值	二级指标	指标单位	二级指标权重值	Ⅰ级基准值	Ⅱ级基准值	Ⅲ级基准值
26	原料与产品特征指标	0.04	阴极铜	—	1.0	符合 GB/T 467 的质量标准		
27			*环境政策、法律法规标准执行情况	—	0.1	生产规模、工艺和装备符合产业政策要求,污染物排放达到排放标准,符合总量控制和排污许可证管理要求,严格执行建设项目环境影响评价制度和建设项目环保"三同时"制度		
28			*固体废物处理处置	—	0.1	对没有综合利用的固体废物进行性质鉴别,根据鉴别的结果,依据 GB 18597、GB 18599 等的要求分类进行处置		
29			组织机构	—	0.1	建立健全专门环保管理机构,配备专职管理人员,开展环境保护和清洁生产有关工作		
30			清洁生产审核	—	0.1	按政府规定要求,制订有清洁生产审核工作计划,对铜冶炼全流程(全工序)定期开展清洁生产审核活动		
31	清洁生产管理指标	0.10	环保设施运行管理	—	0.1	排水实行清污分流、雨污分流。环保设施正常运行,无跑、冒、滴、漏现象,设立环保标识,环保设施运行台账齐全。安装污染物排放自动监控设备,并与环境保护主管部门的监控设备联网,并保证设备正常运行		
32			环境管理体系	—	0.1	按照 GB/T 24001 建立并有效运行环境管理体系,并通过第三方认证		
33			能源管理体系	—	0.1	按照 GB/T 23331 建立并有效运行能源管理体系,并通过第三方认证		
34			*排污口管理	—	0.1	排污口设置符合《排污口规范化整治技术要求(试行)》相关要求		
35			环境应急	—	0.1	编制环境风险应急预案,并进行备案,定期开展环境风险应急演练,可及时应对重大环境污染事故发生		
36			企业计量器具配备管理	—	0.05	符合国家标准 GB 17167 与 GB 24789 的要求		
37			环境信息公开	—	0.05	按照《企业事业单位环境信息公开办法》要求公开环境信息		

注：1. 带 * 的指标为限定性指标。
2. 污染物产生指标中废气的相关指标均指废气制酸后的相关指标。
3. 单位能耗计算按照 GB 21248 铜冶炼企业单位产品能耗消耗限额第 5 款统计范围、计算方法及计算范围计算。

1.3.6　铜冶炼行业污染防治技术政策的要求

(1) 砷污染防治技术政策[26]

1) 清洁生产

① 鼓励优先开采和使用砷含量低的矿石和燃煤;生产或进口的铜、铅、锌、锡、锑和金等精矿中砷含量应满足相关精矿标准和国家政策要求。

② 含砷精矿以及含砷危险废物在收集、运输、贮存时,应采取密闭或其他防漏散、

防飞扬措施。

③ 鼓励有色金属冶炼企业采用符合一、二级清洁生产标准的冶炼工艺，硫化铜和硫化铅精矿采用闪速熔炼、富氧熔池熔炼等工艺及装备；硫化锌精矿采用常规湿法冶金、氧压浸出等工艺及装备。

④ 铜、铅、锌、锡、锑、金等精矿冶炼过程中回收伴生有价元素时，应严格控制含砷物料污染。

⑤ 铜、铅、锡、镍等电解精炼过程中产生的阳极泥，鼓励采用富氧底吹熔炼炉、卡尔多炉等先进炉窑回收金、银等。回收前鼓励源头除砷及砷无害化处理。

⑥ 控制铜、锌、锡、锑、镉、铟等金属冶炼过程中砷化氢的产生；砷化氢气体应采用吸收、吸附等方法处理。

2）污染治理

① 含砷烟尘应采用袋式除尘、湿式除尘、静电除尘等及其组合工艺进行高效净化。

② 涉砷企业生产区初期雨水、地面冲洗水、车间生产废水、渣场渗滤液在其产生车间或生产设施中应单独收集、分质处理或回用，实现循环利用或达标排放；生产车间或生产设施排放口废水中砷含量应达到国家排放标准要求。

③ 有色金属采选行业含砷废水应采用氧化沉淀、混凝沉淀、吸附、生物制剂等方法或组合工艺处理并循环利用。

④ 有色金属冶炼行业污酸和含砷废水应采用硫化沉淀、石灰-铁盐共沉淀、硫化-石灰中和、高浓度泥浆-铁盐法、生物制剂、电絮凝等方法或组合工艺处理。

(2) 汞污染防治技术政策[27]

铜铅锌及黄金冶炼行业汞污染防治相关内容如下。

① 铜铅锌冶炼过程产生的含汞废气宜采用波立顿脱汞法、碘络合-电解法、硫化钠-氯络合法和直接冷凝法等烟气脱汞工艺。

宜采用袋式除尘、电袋复合除尘和湿法脱硫、制酸等烟气净化协同脱汞技术。

② 金矿焙烧过程应加强对高温静电除尘器等烟气处理设施的运行管理，提高协同脱汞效果。

③ 烟气净化过程产生的废水、冷凝器密封用水和工艺冷却水宜采用化学沉淀法、吸附法和膜分离法等组合处理工艺。

④ 冶炼渣和烟气除尘灰应采用密闭蒸馏或高温焙烧等方法回收汞，烟气净化处理后的残余物属于危险废物的应交具有相应能力的持危险废物经营许可证单位进行处置。

⑤ 降低硫酸中的汞含量宜采用硫化物除汞、硫代硫酸钠除汞及热浓硫酸除汞等技术。

⑥ 严格执行副产品硫酸含汞量的限值标准，加强对进入硫酸蒸气以及其他含汞废物中汞的跟踪管理。

1.3.7　铜冶炼污染防治最佳可行技术指南要求

铜冶炼污染防治最佳可行技术指南[28]以当前技术发展和应用状况为依据，可作为铜冶炼项目污染防治工作的参考技术资料。

铜冶炼废水污染防治最佳可行技术组合见图 1-7 和图 1-8。

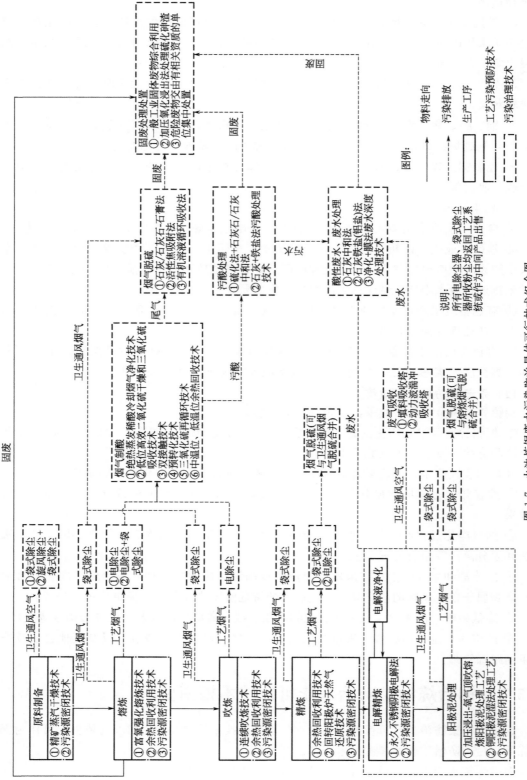

图 1-7 火法炼铜废水污染防治最佳可行技术组合图

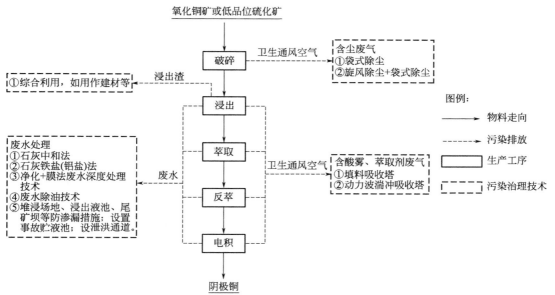

图 1-8　湿法炼铜废水污染防治最佳可行技术组合图

（1）硫化法＋石灰石中和法处理污酸

1）最佳可行工艺参数

硫化反应槽 pH 值控制范围小于 2，中和槽 pH 值控制范围为 2～3。

2）污染物消减及排放

去除率：Cu96%～98%；As96%～98%。

3）二次污染及防治措施

硫化渣主要成分为 CuS 和 As_2S_3，属危险固体废物，可用于回收砷、铜等重金属。石膏渣主要成分为 $CaSO_4$，无毒无害，可作为生产水泥的添加剂。硫化反应槽和硫化浓密机溢出的 H_2S 气体需采用 NaOH 溶液喷淋吸收，生成的 Na_2S 溶液用作硫化法处理废水的药剂。

4）技术经济适用性

建设投资高，运行成本高。

（2）石灰＋铁盐法处理污酸

1）最佳可行工艺参数

一段石膏生产阶段 pH 值为 2～3，二段氧化沉砷阶段 pH 值为 3～5。

2）污染物消减及排放

脱砷率达到 98% 以上

3）二次污染及防治措施

砷渣中砷的含量较高，可用于回收砷。石膏渣主要成分为硫酸钙，可作为生产水泥的添加剂。

4）技术经济适用性

建设投资适中，运行成本较高。

（3）石灰中和法处理污水

1）最佳可行工艺参数

金属氢氧化物的形成条件和存在状态与 pH 值有直接关系。氢氧化物沉淀法的关键是要控制好 pH 值。处理单一重金属离子污水要求的 pH 值如表 1-18 所列。

表 1-18　处理单一重金属离子污水要求的 pH 值

金属离子	Cd^{2+}	Co^{2+}	Cr^{3+}	Cu^{2+}	Fe^{3+}	Zn^{2+}	Pb^{2+}
pH 值	11～12	9～12	7～8.5	7～12	>4	9～10	9～10

2）污染物消减及排放

去除率：Cu98％～99％；As98％～99％；F80％～99％；其他金属离子 98％～99％。

3）二次污染及防治措施

中和渣的属性需经过鉴别，并根据其性质和类别确定处理处置方式。

4）技术经济适用性

适用于铜冶炼厂酸性废水及污酸处理后水的处理。

（4）石灰-铁盐（铝盐）法处理污水

1）最佳可行工艺参数

中和反应 pH 值控制范围为 9～11。

2）污染物消减及排放

去除率：Cu98％～99％；As98％～99％；F80％～99％；其他金属离子 98％～99％。

3）二次污染及防治措施

中和渣的属性需经过鉴别，并根据其性质和类别确定处理处置方式。

4）技术经济适用性

适用于铜冶炼厂酸性废水及污酸处理后水的处理。

（5）净化＋膜法废水深度处理技术

1）最佳可行工艺参数

pH 值控制范围为 6～9。

2）污染物消减及排放

出水 SS 低于 5mg/L，脱盐率达到 75％。

3）二次污染及防治措施

沉淀渣属一般固体废物，送渣场堆存。除盐产生的浓盐水回用于冲渣等，不外排。

4）技术经济适用性

适用于污水处理后废水的深度处理。

（6）废水除油技术

1）最佳可行工艺参数

含油废水先经隔油池回收浮油，再进行第二步油水分离。

2）污染物消减及排放

出水含油低于 5mg/L。

3）二次污染及防治措施

隔油池浮油打捞回用，粗粒化油水分离器回收有机相。

4）技术经济适用性

该技术适用于萃余液、反萃废水等含油废水的处理。

1.3.8　铜冶炼行业废水治理工程技术规范要求

本标准[29]用于铜冶炼废水治理工程的建设与运行管理，可作为铜冶炼建设项目环境影响评价、环境保护设施设计、施工、验收及运行管理的参考依据。

标准中总体要求中一般规定如下。

① 铜冶炼企业建设与运行应遵守国家和地方相关法律法规、产业政策、排放许可制和行业污染防治政策等管理要求，并积极推行清洁生产、提高资源能源利用率。

② 铜冶炼企业建设涉及重金属等有毒有害物质的生产装置、贮罐和管道，或者污水调节池、处理池和应急池等存在土壤污染风险的设施，应当按照国家有关标准和规范要求，设计建设和安装有关防腐蚀、防泄漏设施和泄露监测装置，防止污染土壤和地下水。

③ 铜冶炼废水治理工程应符合经批准的环境影响评价文件的要求，并应与主体工程同时设计、同时施工、同时投产使用。

④ 废水中含汞、铅、镉、六价铬、砷等第一类污染物时，应在车间或生产设施废水排放口处。

⑤ 废水处理后外排水中污染物浓度应达到 GB 25467 及地方排放标准的要求，还应满足主要污染物总量控制、排污许可的要求。

⑥ 铜冶炼废水治理工程应设置事故应急防范设施。

⑦ 铜冶炼废水治理工程应采取二次污染防治措施，防止废水处理过程中产生的废气、废水、废渣对环境造成污染。

⑧ 企业应按照《排污口规范化整治技术要求（试行）》以及 GB 25467 中有关排污口规范化设置的相关规定设置废水排放口。

1.3.9　国家节水行动方案要求

工业节水减排部分要求如下[30]。

1）大力推进工业节水改造

完善供用水计量体系和在线监测系统，强化生产用水管理。大力推广高效冷却、洗涤、循环用水、废污水再生利用、高耗水生产工艺替代等节水工艺和技术。支持企业开展节水技术改造及再生水回用改造，重点企业要定期开展水平衡测试、用水审计及水效对标。对超过取水定额标准的企业分类分步限期实施节水改造。到 2020 年，水资源超载地区年用水量 1 万立方米及以上的工业企业用水计划管理实现全覆盖。

2）推动高耗水行业节水增效

实施节水管理和改造升级，采用差别水价以及树立节水标杆等措施，促进高耗水企业加强废水深度处理和达标再利用。严格落实主体功能区规划，在生态脆弱、严重缺水和地下水超采地区，严格控制高耗水新建、改建、扩建项目，推进高耗水企业向水资源条件允许的工业园区集中。对采用列入淘汰目录工艺、技术和装备的项目，不予批准取水许可；未按期淘汰的，有关部门和地方政府要依法严格查处。到 2022 年，在火力发电、钢铁、纺织、造纸、石化和化工、食品和发酵等高耗水行业建成一批节水型企业。

3）积极推行水循环梯级利用

推进现有企业和园区开展以节水为重点内容的绿色高质量转型升级和循环化改造，加快节水及水循环利用设施建设，促进企业间串联用水、分质用水，一水多用和循环利用。新建企业和园区要在规划布局时，统筹供排水、水处理及循环利用设施建设，推动企业间的用水系统集成优化。到 2022 年，创建 100 家节水标杆企业、50 家节水标杆园区。

<h2 style="text-align:center">参考文献</h2>

[1] 国家统计局.2019 年 12 月份规模以上工业增加值增长 6.9％〔DB/OL〕.http：//www.stats.gov.cn/tjsj/zxfb/202001/t20200117 _ 1723387.html/，2020-01-17.

[2] 杨晓松等编著.有色金属冶炼重点行业重金属污染控制与管理 [M].北京：中国环境出版社，2014.

[3] 王绍文，邹元龙，杨晓莉等.冶金工业废水处理技术及工程实例 [M].北京：化学工业出版社，2009.

[4] 发展改革委公告〔2003〕第 21 号，国家重点行业清洁生产技术导向目录（第二批）[S].2003.

[5] 工信部联节〔2016〕275 号，水污染防治重点行业清洁生产技术推行方案 [S].2016.

[6] 环保部公告〔2012〕39 号，《国家鼓励发展的环境保护技术目录》和《国家先进污染防治示范技术名录》[S].2012.

[7] 环保部公告〔2015〕82 号，《国家鼓励发展的环境保护技术目录》和《国家先进污染防治示范技术名录》[S].2015.

[8] 环保部公告〔2020〕2 号，《国家先进污染防治技术目录》[S].2020.

[9] 关于发布《节水治污水生态修复先进适用技术指导目录》的通知，《节水治污水生态修复先进适用技术指导目录》[S].2015.

[10] 中华人民共和国主席令 [2014] 9 号，《中华人民共和国环境保护法》[S].2014.

[11] 中华人民共和国主席令 [2017] 70 号，《中华人民共和国水污染防治法》[S].2017.

[12] 中华人民共和国主席令 [2012] 54 号，《中华人民共和国清洁生产促进法》[S].2012.

[13] 中华人民共和国主席令 [2018] 16 号，《中华人民共和国循环经济促进法》[S].2018.

[14] 国发〔2016〕65 号，《"十三五"生态环境保护规划》[S].2016.

[15] 国发〔2015〕17 号，《水污染防治行动计划》[S].2015.

[16] 环水体〔2018〕181 号，《长江保护修复攻坚战行动计划》[S].2018.

[17] 国家发改委令〔2019〕29 号，《产业结构调整指导目录（2019 年本）》[S].2019.

[18] 工信部公告〔2019〕35 号，《铜冶炼行业规范条件》[S].2019.

[19] 工信部规〔2016〕316 号，《有色金属工业发展规划（2016—2020 年）》[S].2016.

[20] GB 25467—2010.

[21] HJ 863.3—2017.

[22] HJ 989—2018.

[23] HJ 558—2010.

[24] HJ 559—2010.

[25] 国家发展改革委办公厅关于征求铜冶炼行业等 16 项清洁生产评价指标体系（征求意见稿）意见的函，铜冶炼行业清洁生产评价指标体系（征求意见稿）[S].2019.

[26] 环保部公告 [2015] 90 号，砷污染防治技术政策 [S].2015.

[27] 环保部公告 [2015] 90 号，汞污染防治技术政策 [S].2015.

[28] 环保部公告 [2015] 24 号，铜冶炼污染防治最佳可行技术指南（试行）[S].2015.

[29] HJ 2059—2018.

[30] 发改环资规 [2019] 695 号，《国家节水行动方案》[S].2019.

第**2**章
铜冶炼行业水污染源解析

针对铜冶炼重点行业典型生产工艺和规模，有针对性地确定调查的重点企业，调研范围涵盖了闪速熔炼、熔池熔炼和湿法炼铜全部主流工艺[1-7]。

2.1 工艺产排污节点分析

2.1.1 闪速熔炼—转炉吹炼—火法精炼—电解精炼工艺产排污节点分析

2.1.1.1 企业概况

A 铜业有限公司的主要产品是阴极铜、硫酸、硫酸镍。采用闪速熔炼工艺制铜，生产规模为阴极铜 35 万吨/年，粗硫酸镍 1314 吨/年；制酸采用动力波洗涤＋一级干燥二次吸收、高浓度"3＋1"两次转化工艺生产规模为硫酸 107 万吨/年。

2.1.1.2 生产工艺流程

（1）熔炼

1）精矿运输、配料及干燥工序

铜精矿和石英砂分别从码头和采购点用汽车运至精矿库，并按不同矿种在精矿库各仓内分别贮放。设于精矿库内桥式抓斗吊车将各矿种分别抓运到给料斗，由胶带运输机送到配料仓顶，由胶带卸料机分别卸于 11 个配料仓内。然后，按生产要求选定矿种及给料比例，由配料仓下胶带运输机和计量装置按设定的配料量给出各矿料量，再由集中胶带运输机运至振动筛，以除去矿料中混入的块料或其他杂物。经过筛分的混合矿由胶带运输至干燥管进行干燥。经过干燥后的混合矿料含水达到 0.3％以下，经过沉尘室、除尘器将混合矿捕集于干矿中间仓内，经给矿耐磨阀，贮于闪速炉顶干矿仓，作为下道工序——闪速熔炼的入炉原料，干燥烟气再经过电除尘器除尘后达标排放。

2）闪速炉熔炼工序

通过向炉内鼓入富氧空气，对入炉燃料进行氧化。入炉料在闪速炉内进行的主要物理化学变化有燃料的燃烧、硫与铁的氧化反应和造渣。

入炉料主要是硫化矿，其主要矿物组成是 FeS_2、$CuFeS_2$、CuS、ZnS、PbS 等。在闪速炉内首先进行的是高价硫化物的离解，或高价硫化物的离解和高价硫化物的氧化同时进行，然后是低价硫化物的氧化和造渣。

3）电炉贫化工序

从闪速炉沉淀池排出的闪速炉渣含铜较高，可达 0.8%～1.1%，为了有效地回收这部分资源，提高铜的回收率，需将炉渣进行贫化。另外，还有冶炼过程中产生的一些固体冰铜。

闪速炉渣中的铜以机械夹杂、化学溶解及成氧化物结合态炉渣等形态存在。为了在电炉内让其充分沉淀分离，还需加入还原剂——固体冰铜和块煤，使渣中的氧化态铜还原成 Cu 或 Cu_2S，沉淀进入冰铜相，从而使铜和炉渣得到分离。加入电炉内的块煤还可作为辅助燃料加热炉渣。加入的还原剂还可将渣中的 Fe_3O_4 部分地还原成 FeO 以减少渣中含 Fe_3O_4 量，减少渣的黏度和密度，有利于铜的沉降分离。

从闪速炉沉淀池排渣口排出的闪速炉渣经电炉收渣口入电炉内贫化，同时在电炉顶的加料管加入固体冰铜和块煤。由于炉内热量的损失和融化固体冰铜，需不断地对炉内溶体加热，炉内设置 3 根加热电极。经贫化后的炉渣，由炉渣口排出，经水淬后由链斗捞渣机捞出送渣场临时堆存或外售。贫化产出的冰铜从电炉冰铜口排出，送往转炉吹炼。

4）转炉吹炼工序

转炉吹炼就是通过鼓入空气，加入石英石溶剂，将冰铜中的硫、铁和其他杂质氧化除去，得到粗铜，同时将贵金属进一步富集于铜中。

转炉吹炼为周期作业，第一周期为造渣期，主要是 FeS 氧化成 FeO 与 SiO_2 造渣；第二周期为造铜期，主要是 Cu_2S 氧化，获得粗铜。全部过程是一个自热过程，冰铜中 Fe 和 S 的氧化造渣等反应放热提供了吹炼过程对热量的需要。为了控制炉温，延长炉寿命，在吹炼过程中，根据不同的周期及其剩余热量，加入适量的含铜冷料，如残极、包壳、烟尘块、精炼炉渣、废杂铜等。

5）阳极炉精炼工序

阳极炉精炼主要是进一步除去粗铜中的杂质，产出化学成分和物理规格均符合电解精炼所需要的阳极板，贵金属仍富集在阳极铜中。

火法精炼主要有氧化和还原两个过程。氧化是利用杂质对氧的亲和力大于铜对氧的亲和力，且杂质氧化物不溶于液态金属铜这一原理，将杂质造渣除去；在用液化石油气还原时，主要是利用氢气和一氧化碳将氧化亚铜还原为铜。

企业工艺流程见图 2-1。

（2）制酸

烟气首先在一级动力波洗涤器（一段逆喷）中被绝热冷却和洗涤除杂质，通过一级动力波气液分离槽进行气液分离，分离后的气体进入气体冷却塔进行进一步冷却及除杂。从气体冷却塔出来的烟气绝大部分烟尘、砷等杂质已被清出，同时烟气温度降低，进入二级动力波洗涤器（一段逆喷），进一步除氟后进入两级铅电除雾除下酸雾，烟气中夹带的少量尘、砷等杂质也进一步被清除，净化后的烟气送往干吸工段。

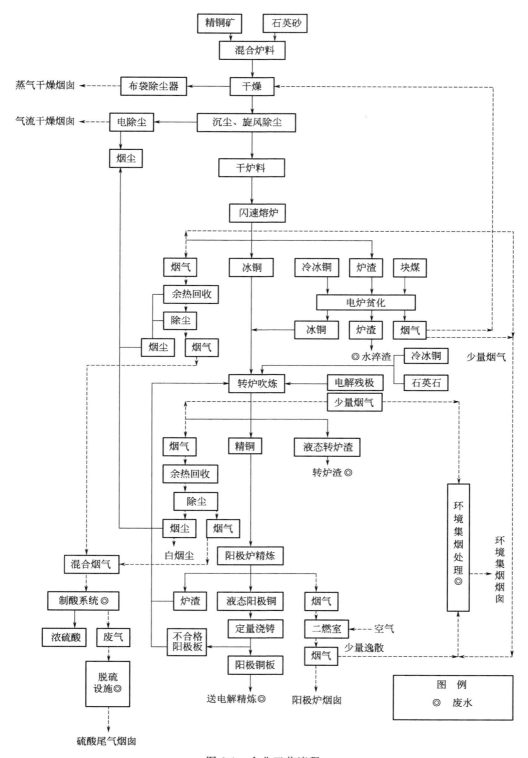

图 2-1　企业工艺流程

干吸工段采用了常规的一级干燥、二级吸收，循环酸泵后冷却与双接触转化工艺相对应的工艺流程。来自净化工段的烟气由干燥塔的下部进入，自下而上与自上而下喷淋的95％浓硫酸充分接触，经丝网扑沫器，使出口烟气含水（标态）≤0.1g/m³ 后进入 SO₂ 鼓风机；干燥循环酸由塔底部流出，从卧式泵槽蝶型封头的下部进入泵槽，通过浓硫酸泵打入板式浓硫酸冷却器经冷却水间接冷却后，进入干燥塔中循环使用。来自一次转化的 SO₃ 烟气由中间吸收塔的下部进入，自下而上与自上而下的喷淋的 98.01％浓硫酸充分接触，吸收烟气中的 SO₃ 生产硫酸，烟气经纤维除雾器后由尾气烟囱排空，Ⅰ系列硫酸尾气烟囱设有脱硫效率为 90％的石灰-石膏法脱硫装置。中间吸收塔和最终吸收塔循环酸分别由底部流出，从卧式泵槽型封头的下部进入共用泵槽，然后由泵打入板式浓酸冷却器经冷却水间接冷却后，进入中间吸收和最终吸收塔中循环使用。成品酸由最终吸收塔底部出酸产出，由成品中间槽补充水量控制成品中间槽酸浓度，然后送至酸库。

制酸工艺流程见图 2-2。

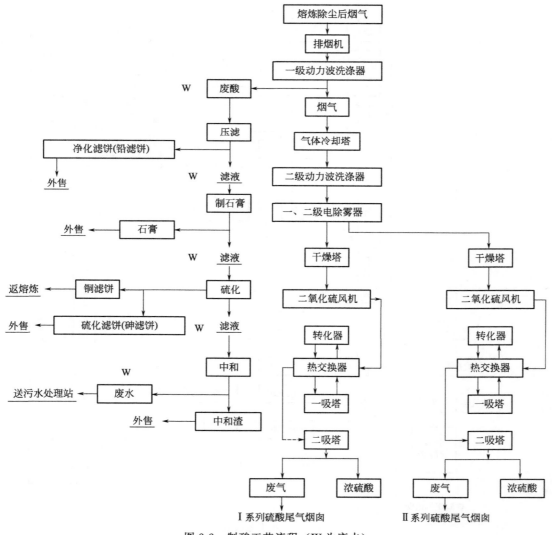

图 2-2　制酸工艺流程（W 为废水）

（3）电解

1）电解工段

电解所需阳极铜和始极片分别经阳极加工机组和始极片加工机组整形处理后获得高平整度和垂直度，并在电解槽内按 105mm 极距均匀排列，通入直流电，达一定周期后即得电铜和残极；分别经高压热水洗涤、堆垛和计量后分送成品库和转炉工段。阳极铜所含的贵金属及部分杂质落入槽底形成阳极泥，经压滤脱液（脱液返回电解）后外销。

2）净液工段

电解系统需净化的电解液输送至净液工段废电解液贮槽，然后泵送至蒸发高位槽，电解液由高位槽连续自流至循环泵进口再压送至板式真空蒸发器组进行连续蒸发浓缩。蒸发后液由循环泵连续泵送至水冷结晶槽，多台水冷结晶槽阶梯布置连续作业，结晶浆液由较低的水冷结晶槽自流至带式真空过滤机进行分离，过滤液流入结晶母液槽，分离出的粗硫酸铜包装入库外售。生产过程根据实际情况，部分硫酸铜重溶后加入少量脱铜终液后返回电解工段。

结晶母液泵送至板式换热器加热后至脱铜电解高位槽，由高位槽按主、辅给液量自流进入各脱铜电解槽。溢流出的脱铜终液自流入贮槽，一部分返回电解工段，一部分送脱镍工序回收镍。脱铜电解前几槽吊出的阴极经过洗涤、堆剁后由叉车返熔炼系统，后几槽阴极人工清理表面沉积物后返熔炼系统。出槽时上清液排至上清液贮槽，经过滤后返回电解槽，排出的黑铜泥浆经溜槽至过滤分离器，滤液进地坑，由泵送至压滤机进行过滤，滤液再随上清液一起过滤后返回电解槽，分离出黑铜粉送黑铜粉堆存间待处理或出售。

电解车间和净液车间工艺流程见图 2-3 和图 2-4。

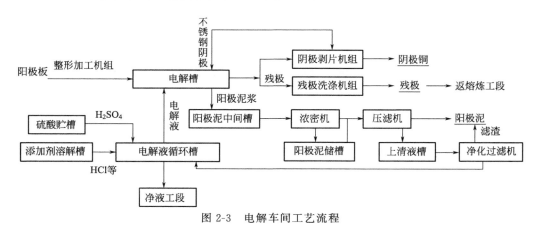

图 2-3　电解车间工艺流程

2.1.1.3　废水主要排放节点

A 公司生产过程中产生废水主要有污酸、熔炼场面水、脱硫废水、电解废水、循环冷却水及生活污水。公司现有工程生产废水采取"清污分流"的方式排放，厂区废水分为 3 个排水系统自流排至厂外。

系统 1 为动力车间与熔炼的冷却水即南厂区废水排放口，主要是循环冷却水。

系统 2 为北厂区的雨水、办公楼生活污水、电解车间与制氧站循环水排水，即北厂区废水排放口。

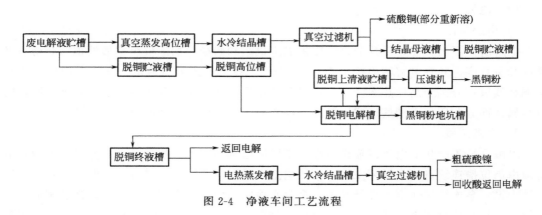

图 2-4　净液车间工艺流程

系统 3 为熔炼场面水、污酸后液、电解等废水，该废水经废水处理站处理达标后和硫酸车间循环水、脱硫废水电化学出水一起排放。

公司现有废水处理设施主要有废酸处理站、废水处理总站、电化学废水处理系统和生活污水处理设施。

（1）废酸处理站

污酸废水是指制酸车间硫酸净化工段产生的废水，主要污染成分包括硫酸和铜、砷、镉、氟等金属离子，污酸采用硫化-石膏处理工艺，含有大量杂质的废酸原液首先进入硫化工序，在废酸中加入 Na_2S，即产生 H_2S；H_2S 再与废酸中的铜和砷反应，生成硫化物的沉淀。硫化反应后液通过浓密机沉降，浓密机底流用铜砷压滤机过滤分离出铜砷滤饼，压滤机滤液与浓密机上清液汇合后送往石膏工序。

在石膏工序，向废酸中加入石灰石乳液，并控制一定的 pH 值和反应时间，废酸中的大部分硫酸和碳酸钙反应生成石膏，部分氟也与碳酸钙反应生成氟化钙沉淀进入石膏中。反应后液通过浓密机沉降，浓密机底流用离心机和陶瓷过滤机或石膏压滤机分离出石膏，滤液与浓密机上清液汇合后送往污水处理总站。

（2）废水处理总站

废水处理站采用石灰乳两段中和加铁盐除砷的处理工艺。经过硫化工序和石膏工序处理后，废酸原液中的硫酸、铜及砷的大部分均被除去，剩下含有少量杂质的石膏反应后液与全厂主要工艺污水和受污染的场面水汇合成混合废水，按铁/砷＝10 的比例加入硫酸亚铁以强化除砷效果。中和工序按一次中和→氧化→二次中和三步进行。在一次中和槽加电石渣浆液，并控制 pH＝7。一次中和反应后液溢流至一组敞开的三联槽，在 pH＝7 的条件下，用空气曝气氧化，其中的三价砷氧化为五价砷，二价铁氧化成三价铁，这样更利于砷铁共沉。最后，控制 pH＝9～11，加入电石渣浆液进行二次中和。为了加速中和反应沉淀物的沉降速度，在二次中和反应后液中加入聚丙烯酰胺凝聚剂，再通过浓密机沉降，底流送真空过滤机和中和压滤机过滤，上清液进入澄清池进一步澄清后与硫酸循环水、电化学处理出水一起排放。

废水处理工艺流程见图 2-5。

（3）电化学废水处理系统

脱硫废水中的污染成分来自于烟气，主要包括铜、砷、锌、镁和铅等金属离子，及大量的二氧化硫溶于水形成的亚硫酸根离子等。脱硫废水采用电化学工艺进行处理，处理后通过总排放口排放。

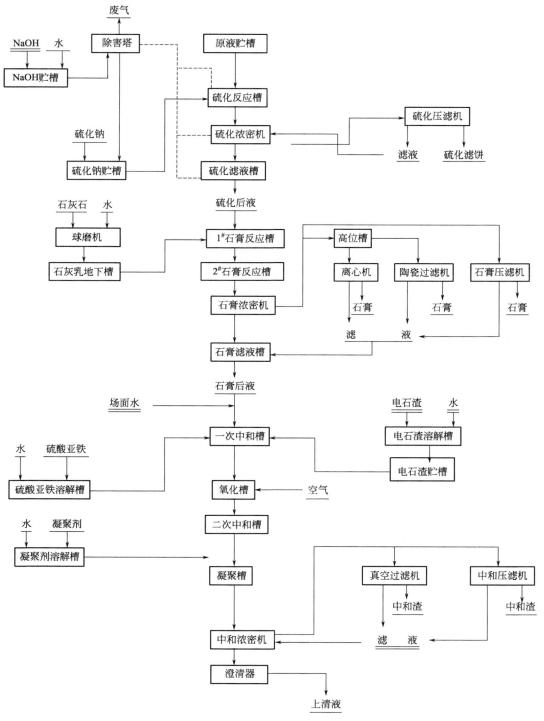

图 2-5　废水处理工艺流程

(4) 生活污水处理系统

生活污水来自于厂区的办公生活用水，该污水采用化粪池处理，处理后排放。

2.1.1.4 废水污染源识别

为进行废水污染源识别，分别对各排放口及各排水节点取样开展废水量分析，结果如表 2-1 和表 2-2 所列。

表 2-1 总排放口及各排水节点废水量表

监测点位 水量	水量/(t/d)
硫化后液	960
石膏后液	960
中和后液	1200
硫酸循环水池溢出液	3080
电化学进口	720
电化学出口	720
总排口	5000

表 2-2 公司废水污染物达标排放情况

排放口编号	污染物名称	排放浓度/(mg/L)	排放标准/(mg/L)
总排放口	pH 值	7.35	6～9
	化学需氧量	38.1	60
	总汞	<0.00005	0.05
	总镉	<0.002	0.1
	总砷	0.043	0.5
	总铅	<0.06	0.5
	总铜	0.069	0.5
	总锌	0.04	1.5
	氨氮	0.365	8
	硫化物	0.69	1

结合表中数据和前期水量调研，对总排放口进行水平衡分析如图 2-6 所示。

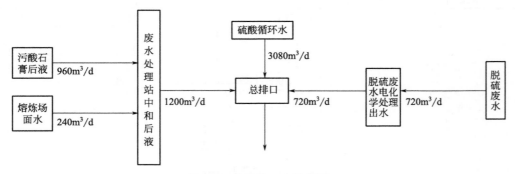

图 2-6 总排放口水平衡图

2.1.2 闪速熔炼—闪速吹炼—火法精炼—电解精炼工艺产排污节点分析

2.1.2.1 企业概况

企业采用"闪速熔炼—闪速吹炼—阳极炉精炼—大极板电解—动力波洗涤净化、两转两吸制酸"工艺处理铜精矿，年产能产阴极铜 40 万吨、硫酸 145 万吨、黄金 6.06 吨、白银 180.8 吨。

2.1.2.2 生产工艺流程

B 铜业分公司工艺采取"铜精矿蒸汽干燥—闪速熔炼—闪速吹炼—阳极炉精炼—大极板 PC 电解—动力波稀酸洗涤净化、两转两吸制酸"工艺。

(1) 熔炼

熔炼工艺流程及其污染源分布详见图 2-7。

1）配料工序

设置 22 个 200t 的配料仓，其中 16 个用于铜精矿，3 个用于石英砂，2 个用于闪速熔炼渣经选矿后的渣精矿，1 个用于吹炼渣。每个配料仓下都配置了定量电子配料秤，采用计算机在线控制自动配料，使闪速炉炉料配料精度达到 1/100。配料后的精矿由胶带运输机送往干燥工序。

2）精矿干燥

精矿干燥采用蒸汽干燥工艺。建有 2 台能力为 150t/h 的蒸汽干燥机，以闪速炉余热锅炉产出的蒸汽为热源，炉料在蒸汽干燥机内停留 1～1.5h，水分从 8%～10% 干燥到 0.3%。蒸汽干燥机排出的含尘烟气［浓度（标态）100～300g/m³］首先进入沉尘室收集大量精矿烟尘，随后再经布袋除尘器除尘后，通过高出干燥厂房 10m 的排气筒排出。收集的精矿烟尘与干燥后的精矿混合送入精矿中间仓贮存。

中间仓内的精矿分别流入互相独立的两组高压输送罐内，在无水压缩空气的作用下，精矿与压缩空气的混合物通过输送管道输送至闪速熔炼炉炉顶的干矿仓。干矿仓贮存量为 600t。

3）闪速炉熔炼工序

贮存在闪速熔炼炉炉顶干矿仓的炉料经失重计量装置计量后，由给料螺旋连续给入闪速熔炼炉精矿喷嘴，在分散风与工艺风共同作用下，物料从精矿喷嘴喷出后呈高度弥散状态，在反应塔的高温空间中迅速完成熔炼反应。在一定氧气浓度下，熔炼反应完全可以自热进行，热量不足时由氧油烧咀补充一部分热量。反应塔的工艺风为常温富氧空气。

反应生成的熔体在沉淀池内分离成冰铜（含铜 70%）和炉渣（含铜 2.3%）。

冰铜定期通过溜槽流入冰铜粒化装置。粒化装置采用高压水将高温的冰铜熔体粒化成 1～2mm 的固体冰铜粒。粒化装置还配有斗式提升机，脱水（循环使用）后的冰铜粒用胶带运输机输送到冰铜贮存仓。冰铜粒化装置产生的大量水蒸气由强制通风设施捕集后排放。

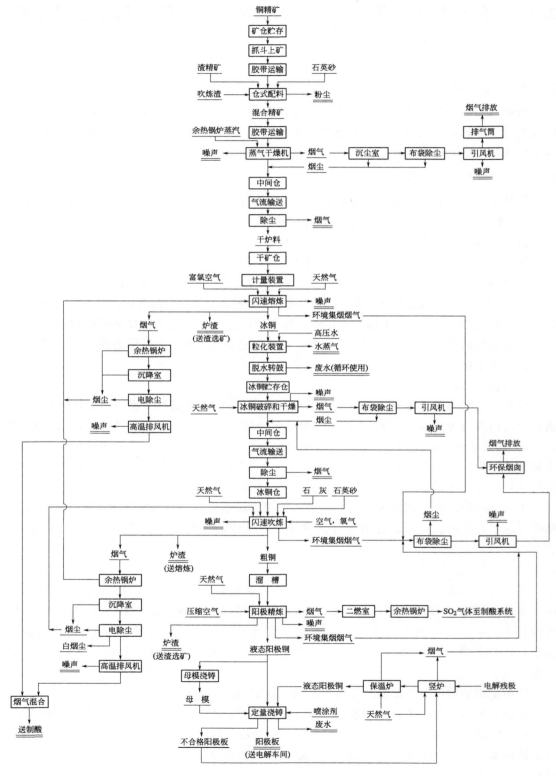

图 2-7 熔炼工艺流程及其污染源分布

炉渣流入 11m 的渣包，用专用渣包车运至缓冷场缓冷后送渣选矿车间处理。渣选矿选出的渣精矿（含铜 28％）返回闪速熔炼炉，渣选尾矿（含铜 0.4％，主要成分为 Fe 和 SiO_2），外售给水泥厂作为配料。

4）闪速炉吹炼工序

闪速吹炼炉以闪速熔炼炉产出的冰铜为原料，其反应过程与闪速熔炼炉相似。贮存在四个贮仓内的冰铜由设在仓下的电子皮带秤定量给出并送到冰铜磨碎机磨碎，由干燥机（以天然气为燃料）干燥。获得的冰铜粉用气流输送到闪速吹炼炉顶的冰铜仓。石灰熔剂及烟尘等配料采用气流输送到闪速吹炼炉顶。冰铜、石灰、烟尘各自配备有失重计量装置，分别计量后加入闪速吹炼炉。

冰铜粉熔剂由中央冰铜喷嘴喷入闪速吹炼炉，在反应塔内与鼓入的富氧空气完成吹炼反应。反应生成的熔体在沉淀池内分离成粗铜（含铜 98.2％～98.5％）和炉渣（含铜 20％）。粗铜定期通过溜槽流入回转式阳极炉。炉渣经高压水粒化、脱水后返回闪速熔炼炉。

5）阳极炉精炼工序

来自吹炼工段的粗铜在阳极炉内经氧化期、还原期和保温期等作业周期得阳极铜（含 Cu99.5％），阳极精炼以天然气为燃料，氧化期鼓入压缩空气，将铜液中残留的硫和各种杂质元素氧化后脱去；在还原期鼓入天然气，将被过量空气氧化的少量铜还原。精炼得到的铜液经浇铸机铸出的合格阳极板运往电解车间，不合格阳极板和电解工段返回的残极送竖炉熔化后再浇铸。

（2）制酸系统

制酸工艺段主要包括烟气净化、干吸、转化等工序，其工艺流程及污染源分布详见图 2-8。

1）烟气净化

净化采用稀酸洗涤绝热蒸发工艺，其流程为"一级动力波洗涤器＋气体冷却塔＋二级动力波洗涤器＋二级电除雾器"。

烟气首先进入一级动力波洗涤器的反向喷射筒，与由大口径喷嘴逆向喷入的液体相撞，迫使液体呈辐射状自里向外射向筒壁，这样在气-液界面处建立起具有一定高度的泡沫区。根据气液的相对动量，泡沫柱沿筒体上下移动，烟气与大面积且不断更新的液体表面接触，在泡沫区即发生粒子的捕集及气体的吸收，相应进行热量的传递，从而达到烟气的净化和烟气温度的降低。随后烟气和循环液进入气液分离槽进行气-液分离，经分离后的气体进入气体冷却塔。洗涤液大部分直接进入一级动力波洗涤器循环使用，少部分洗涤液引入圆锥沉降槽进行液-固分离，从而减少由于循环液中含固量增大而造成对设备、管道的磨损及管道的堵塞。圆锥沉降槽中的上清液流入上清液贮槽，大部分泵入顶部高位槽，作为事故喷嘴和顶部溢流堰使用，少部分泵送废酸处理系统。圆锥沉降槽的底流定期泵入铅压滤机进行固-液分离，回收铅滤饼。

在一级动力波洗涤器中已近饱和的烟气进入气体冷却塔进行气水分离，为排出系统的热量，在气体冷却塔循环泵后设置稀酸板式冷却器，用循环水间接冷却。经冷却后的稀酸进入气体冷却塔分酸槽自上往下淋洒，使烟气进一步降温、降尘，出口烟气温度降至 40℃以下。冷凝下来的水分，通过循环泵出口管上设置的管线串入一级高效洗涤器。

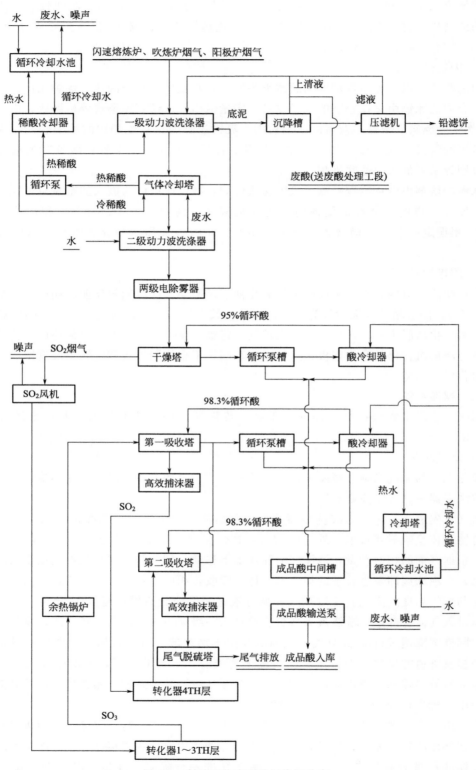

图 2-8 制酸工艺流程及污染源分布

气体冷却塔出来的烟气进入二级动力波洗涤器反向喷射筒，通过一段喷嘴逆向喷射循环液，按一级动力波洗涤器的洗涤原理和过程，在二级动力波洗涤器中进一步使残留在烟气中的 As、F 等杂质除去。净化系统的补充水由此加入，并通过循环泵出口设置的管线串入气体冷却塔。

经二级动力波洗涤器出来的烟气进入一级和二级电除雾器，酸雾被除去，烟气净化出口的酸雾量（标态）≤5mg/m³，然后通过烟气管道进入干吸系统的干燥塔。

2）干吸（干燥、吸收）

采用低位高效的干吸工艺对净化后的烟气进行干燥，并将转化后生成的 SO₃ 烟气吸收，制取硫酸产品。为一级干燥、两次吸收工艺。

来自烟气净化工序二级电除雾器的烟气由干燥塔的下部进入，与自上而下喷淋的95%硫酸通过填料层充分接触，利用浓硫酸的吸水性，将烟气中的水分干燥到（标态）0.1g/m³ 以下；干燥后的烟气通过设置在干燥塔顶部的不锈钢金属丝网捕沫器除去夹带的酸沫后，由 SO₂ 主鼓风机送转化工序。干燥循环酸自干燥塔的底部流入干燥循环泵槽，然后由泵打入 AP 酸冷却器，与冷却水间接换热后，再经干燥塔分酸装置分酸后循环使用。

来自转化工序的一次转化烟气（97%的 SO₂ 已被转化成 SO₃，温度约190℃）进入第一吸收塔，用98.3%硫酸吸收 SO₃ 后，经设置在中间吸收塔顶部的高效纤维捕沫器除去雾粒后送往二次转化。一吸塔循环酸自一吸塔的底部流入一吸塔循环泵槽，然后由泵打入 AP 酸冷却器，与冷却水间接换热后，再经第一吸收塔分酸装置分酸后循环使用。

来自转化工序的二次转化烟气（累计99.8%以上的 SO₂ 已被转化成 SO₃，温度约180℃）进入第二吸收塔，同样采用98.3%硫酸吸收。二次吸收后（总吸收率>99.99%）的尾气经高效纤维捕沫器除去雾粒后，由硫酸烟囱（$H=100m$，$\Phi=2300mm$）排入环境。二吸塔循环酸自吸收塔的底部流入二吸塔循环泵槽，然后由泵打入 AP 酸冷却器，与冷却水间接换热后再经第二吸收塔分酸装置分酸后循环使用。

串酸方式：干燥酸通过干燥塔循环泵，在经酸冷却器前，串至第一吸收塔入口酸管道；一吸塔酸通过一吸塔循环泵，在经酸冷却器后，串至干燥塔循环泵槽；二吸塔酸通过二吸塔循环泵，在经酸冷却器前，串至成品酸中间槽，再经成品酸输送泵送入成品酸冷却器，与冷却水间接换热后，送往酸库的成品酸贮槽。

3）转化工序

从 SO₂ 鼓风机来的冷 SO₂ 混合烟气进入冷热交换器，和 1# 余热锅炉出来的烟气换热后进入转化器的第Ⅰ内热交换器，由转化一层出口的烟气换热升温到395℃左右，进入转化器第Ⅰ触媒层进行氧化反应。通过调节由 2# 余热锅炉出口引出的循环风量（经三层转化的一次气），将一层出口烟气温度控制在620℃左右。反应后的热 SO₃ 烟气经第Ⅰ内热交换器换热到440℃左右进入转化器第Ⅱ触媒层进行氧化反应。反应后537℃左右的热SO₃ 烟气经第Ⅱ内热交换器冷却到450℃进入转化器第Ⅲ触媒层进行氧化反应。此时91%～92%的 SO₂ 被转化成 SO₃ 气体，烟气温度为484℃左右，进入 2# 余热锅炉回收热量。2# 余热锅炉出口的烟气温度为280℃左右，由高温循环风机引出一小部分烟气进入转化一层，其余进入 2# 省煤器进一步降温至240℃，然后进入冷再热交换器换热到165℃左右进入一吸塔。吸收 SO₃ 后的二次冷 SO₂ 混合烟气进入冷再热交换器换热后，首先进入转化器的第Ⅳ内热交换器与第四层出口烟气换热，然后进入转化器的第Ⅱ内热交换器与第二层出口烟气进一步换热，升温至 415℃左右进入转化器第Ⅳ触媒层进行氧化反应。反应后 458℃左右的热 SO₃ 烟气经转化器的第Ⅳ内热交换器冷却到 380℃左右进入转化器第Ⅴ触媒层❶进行氧化反应。经二次转化后 SO₂ 总转化率≥99.87%，温度为 382℃左右，进入 1# 余热锅炉和省煤器回收热量。1# 省煤器出口烟气温度为 280℃左右，进入冷热交换器进一步降温至 158℃左右送往二吸塔，吸收其中的 SO₃，经二次转化后 SO₂ 总转化率≥99.87%。

(3) 电解工段

电解工段采用不锈钢阴极法。其工艺流程及污染源分布详见图 2-9。

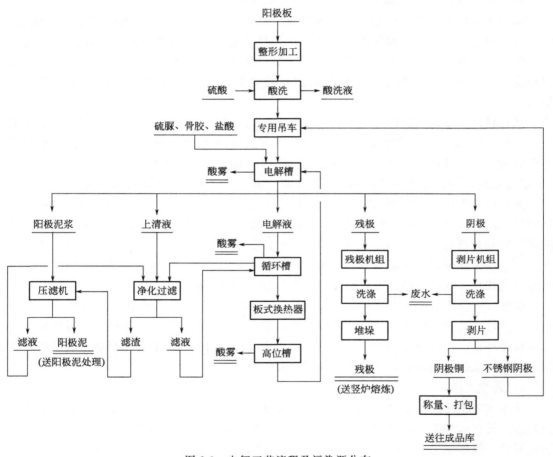

图 2-9 电解工艺流程及污染源分布

由阳极炉工段产出的合格阳极板经阳极整形排板机组矫耳、铣耳、压平、排板后按极距 100mm 排列，由半自动专用吊车吊入电解槽。与此同时，可重复使用的不锈钢阴极板也按极距 100mm 排列吊入电解槽，在注入电解液（温度 65℃，含铜 40～50g/L）和接通直流电源（槽电压 0.4V，电流密度 300A/m²）后，即开始电解作业。电解作业的阴极周

---

❶ 触媒层，指催化剂层。

期 10d，阳极周期 20d。经过一个阴极周期的阴极由吊车送至阴极洗涤剥片机组，剥下的阴极铜经称量打包贴标签后送成品库，不锈钢阴极经重新排板吊回电解槽。残阳极经残极洗涤堆垛机组处理后由叉车送至熔炼车间。

电解液由循环槽经液下循环泵泵至板式换热器加热至 65℃ 左右后进入高位槽。电解液由高位槽经分液包自流至各个电解槽。电解槽供液采用槽底中央给液方式，由槽面两端溢流出的电解液汇总后返回循环槽。为保证电解液的洁净度，配备了专用的净化过滤机，循环系统每天抽取电解液循环量的 25% 经净化过滤机过滤后，返回循环系统。根据电解液中杂质的情况，每天抽取部分电解液送净液工段处理，保证电解系统电解液中铜及杂质浓度不超过极限值。

出装槽时，上清液流入上清液贮槽，全部经净化过滤机过滤后返回循环系统；排出的阳极泥浆经溜槽至阳极泥地坑，经浓密机沉降分离后再经压滤机压滤，滤液流入上清液储槽，再经净化过滤机过滤后返回循环系统；滤渣即为阳极泥，由稀贵金属公司处理，回收贵金属。

（4）净液工段

主要处理从电解工段抽取的不洁电解液，在脱除杂质后将其返回电解工段循环使用。采用真空蒸发浓缩、水冷结晶生产粗硫酸铜-诱导法脱铜及杂质-电热蒸发浓缩、水冷结晶生产粗硫酸镍的工艺流程。

净液工段的工艺流程及其污染源分布如图 2-10 所示。

净液系统每天从电解工段抽取 300m³ 电解液进入脱铜电积高位槽，经板式换热器加热后进入高位槽，高位槽中的电解液流入一次脱铜电解槽，经电解产出标准电铜，在脱铜的同时脱除砷、锑和铋等杂质。一次电积后液泵送到真空蒸发器组进行连续蒸发浓缩。蒸发后液送至水冷结晶槽，多台水冷结晶槽阶梯布置连续作业，结晶浆液由较低的水冷结晶槽自流至带式真空过滤机进行分离，过滤液流入结晶母液，分离出的粗硫酸铜。结晶母液泵送至板式换热器加热到约 60℃ 后至脱铜电解槽。脱铜电解槽 88 个分成 10 组，每组 8 个，呈阶梯布置，溶液由高端进低端出。脱铜电解每组上段 3 槽的阴极每 9 天出槽一次，吊出的阴极经过洗涤、堆剁后由叉车返熔炼系统，下段 5 槽的阴极每 3 天一次出槽，人工清理表面沉积物后返熔炼系统。出槽时上清液排至上清液贮槽，经过滤后返脱铜电解槽，排出的阳极泥经溜槽至地坑，由泵送至压滤机进行过滤，滤液随上清液一起过滤后返回脱铜电解槽，分离出黑铜粉，脱铜终液返回电解工段。

脱铜电解产出的黑铜板（含铜 90%）送奥炉处理，黑铜粉（含铜 50%）返回闪速熔炼车间；滤液送至二次脱铜电解槽，见图 2-10。

（5）渣选矿车间

碎磨采用液压破碎+一段粗碎+半自磨+球磨工艺流程；浮选采用两段选别工艺，即一段浮选直接得最终精矿，二段浮选泡沫产品经过三次精选得最终精矿，两次扫选后抛尾，中矿循序返回；精、尾矿的脱水采用常规的浓密-过滤两段脱水工艺流程，含水 12% 左右的铜精矿用汽车运至冶炼厂的精矿仓，含水 10%～12% 的尾矿，含铁约 40%，可作为水泥厂的掺和料。

渣选矿工艺流程详见图 2-11。

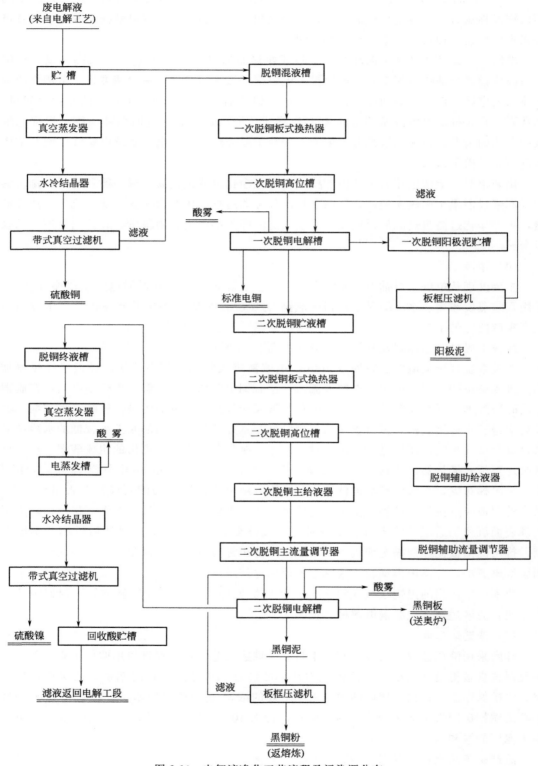

图 2-10　电解液净化工艺流程及污染源分布

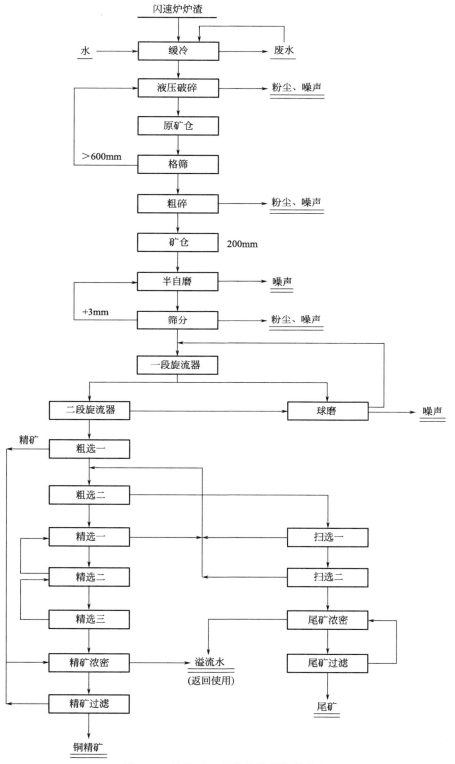

图 2-11　渣选矿工艺流程及污染源分布

2.1.2.3 废水来源及处理设施

B公司产生的废水可分为污酸、含重金属离子酸性废水、职工生活污水。

(1) 废酸处理

废酸处理系统采用 Na_2S 法处理工艺，回收废酸中的砷和铜等有价重金属元素，废酸处理工艺流程及污染源分布详见图 2-12。

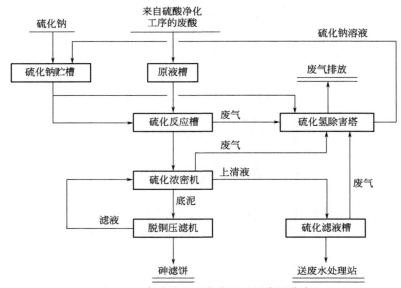

图 2-12 废酸处理工艺流程及污染源分布

来自硫酸净化工序的废酸置于原液槽，由原液槽用泵泵入硫化反应槽，并加入 Na_2S 溶液在搅拌的情况下进行充分反应，反应后液流入硫化浓密机进行沉降分离，浓密机中的上清液流入硫化滤液槽，并用泵送至废水处理工序。浓密机底流主要是硫化反应生成的 Cu_2S 和 As_2S_3 等通过压滤机给液泵泵入脱硫压滤机进行固液分离，过滤液返回硫化浓密机，压滤渣送硫化滤饼库贮存。

(2) 含重金属离子酸性废水

含重金属离子酸性废水主要有冰铜水淬废水、闪速吹炼渣水淬废水、废酸处理排出液、电解及净液工段排出的酸碱废水、化验室废水（车间出口处设中和池预处理）、全厂可能被烟尘和酸污染场地的场面废水（包括平时的冲洗水和下雨初期收集的雨水）等。

废水处理站采用石灰石-石灰两段中和处理工艺（见图 2-13），废水处理达到《污水综合排放标准》一级标准后回用于废水处理站的石灰石乳浆化、电石渣浆化药剂配置和冰铜水淬及闪速吹炼炉渣水淬，不外排。

(3) 职工生活污水

生活污水经厂内化粪池预处理后进入园区污水处理厂处理达到《城镇污水处理厂污染物排放标准》（GB 18918—2002）一级标准 B 标准后排放。

2.1.2.4 废水污染源识别

为进行废水污染源识别，分别对各排放口及排水节点进行分析，结果如表 2-3 所列。

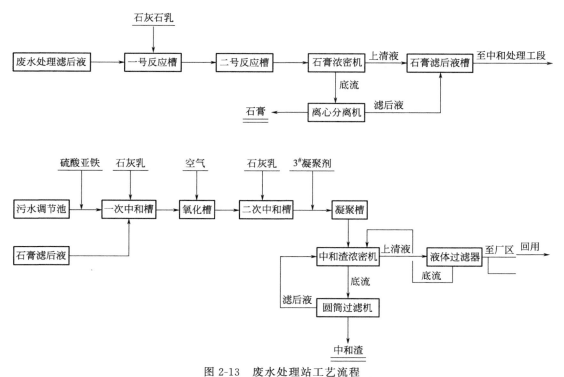

图 2-13　废水处理站工艺流程

表 2-3　各排水节点废水产生量表

污染源		主要 污染因子	产生量 /(m³/d)	处理方式	排放量 /(m³/d)	备注
含重金属酸性废水	废酸处理排出液	Cu、Zn、Cd、As、F、H₂SO₄	1120	"双闪区"的硫酸净化工段产出的废酸先经污酸处理装置处理后,用石灰石中和废酸处理滤后液中大部分游离硫酸,再与其他废水混合采用石灰石-石灰两段中和法处理后全部回用于冲渣、润湿道路降尘等,不外排	—	
	化验室废水	pH 值	5		—	
	冰铜水淬废水	Cu、As	474		—	冰铜水淬废水和吹炼渣水淬废水未单独计量
	吹炼渣水淬废水	Cu、As			—	
	场面废水	Cu、Zn、Pb、As			—	
	废水处理站	—	750		—	废水处理过程中药剂配制带入的水
生活污水		COD、BOD₅、NH₃-N	504	生活污水经地埋式污水处理装置处理后大部分回用于厂区绿化,道路洒水和绿化等,剩余部分通过厂外改道后的排污沟排入长江	200	
循环水系统排水		Ca、Mg	4000	通过厂外改道后的排污沟排入长江	4000	
备注		环评中提出的电解、净液碱性废水和净液酸性废水实际未产生				

结合表中数据和前期水量调研，进行水平衡分析如图 2-14 所示。

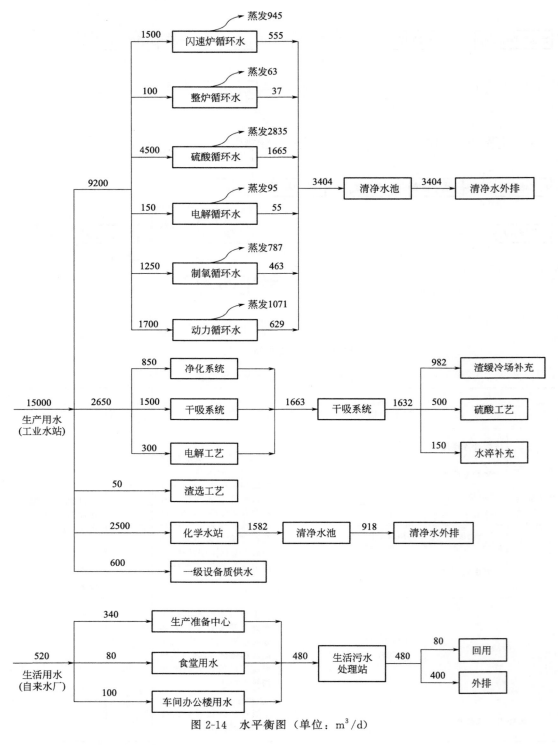

图 2-14　水平衡图（单位：m³/d）

废水的监测结果见表 2-4～表 2-6。

表 2-4　公司生产废水污染物达标排放情况

监测频次：4 次/d

监测项目	生产废水处理站进口（★1）					生产废水处理站出口（★2）					去除率/%	GB 8978—1996 中表 1	达标情况	GB 25467—2010 中表 2	达标情况
监测批次	1	2	3	4	日均值	1	2	3	4	日均值					
pH 值	6.6	6.6	6.6	6.6	6.6	7.3	7.3	7.4	7.4	7.3~7.4	—	—	—	—	—
SS/(mg/L)	4956	4096	3665	3664	4095	42	35	48	37	41	99.00	—	—	—	—
COD/(mg/L)	187	184	183	174	182	98.8	100	96.4	94.8	97.5	46.43	—	—	—	—
硫化物/(mg/L)	5.03	4.75	4.96	4.88	4.91	0.68	0.70	0.56	0.77	0.68	86.15	—	—	—	—
氟化物/(mg/L)	18.5	18.9	19.1	19.0	18.9	8.78	8.04	8.20	7.05	8.02	57.57	—	—	—	—
石油类/(mg/L)	3.24	3.67	2.81	3.15	3.22	3.33	3.19	2.76	3.42	3.18	—	—	—	—	—
Hg/(μg/L)	1.69	2.81	2.89	1.77	2.29	<0.05	<0.05	<0.05	<0.05	<0.05	98.91	50	达标	50	达标
As/(mg/L)	2.49	2.43	2.8	2.62	2.59	0.034	0.031	0.021	0.027	0.028	98.92	0.5	达标	0.5	达标
Cu/(mg/L)	1.14	1.78	1.56	1.50	1.50	0.006	0.005	0.020	0.008	0.010	99.33	—	—	—	—
Pb/(mg/L)	0.56	1.34	1.16	1.05	1.03	<0.010	<0.060	<0.060	<0.060	<0.060	97.09	1.0	达标	0.5	达标
Zn/(mg/L)	4.87	4.40	4.45	4.55	4.57	<0.002	<0.002	<0.002	<0.002	<0.002	99.98	—	—	—	—
Ni/(mg/L)	0.125	0.140	0.130	0.155	0.138	<0.010	0.018	0.015	0.017	0.017	87.68	1.0	达标	0.5	达标
Cr/(mg/L)	0.165	0.265	0.305	0.265	0.250	0.017	0.028	0.023	0.022	0.023	90.80	1.5	达标	—	—
Cd/(mg/L)	4.42	4.51	4.54	4.58	4.51	<0.002	<0.002	<0.002	<0.002	<0.002	99.98	0.1	达标	0.1	达标

续表

监测频次	4 次/d											去除率/%	GB 8978—1996 中表 1	达标情况	GB 25467—2010 中表 2	达标情况
监测位置	生产废水处理站进口(★1)					生产废水处理站出口(★2)										
监测批次	1	2	3	4	日均值	1	2	3	4	日均值						
pH 值	6.6	6.5	6.6	6.6	6.5~6.6	7.1	7.1	7.1	7.1	7.1	—	—	—	—	—
SS/(mg/L)	4045	3669	3762	4071	3887	32	37	35	37	41	98.95	—	—	—	—
COD/(mg/L)	166	164	160	152	161	91.7	94.1	90.1	88.5	97.5	39.44	—	—	—	—
硫化物/(mg/L)	4.61	4.75	4.54	4.68	4.65	0.35	0.42	0.56	0.36	0.68	85.38	—	—	—	—
氟化物/(mg/L)	37.1	37.1	37.1	37.0	37.1	6.28	6.16	6.01	6.01	8.02	78.38	—	—	—	—
石油类/(mg/L)	2.96	2.78	3.01	2.71	2.87	2.81	3.16	3.21	2.99	3.18	—	—	—	—	—
Hg/(μg/L)	2.77	2.24	2.33	2.18	2.38	<0.05	<0.05	<0.05	<0.05	<0.05	98.95	50	达标	50	达标
As/(mg/L)	1.71	1.95	1.98	1.53	1.79	0.011	0.011	0.03	0.039	0.028	98.44	0.5	达标	0.5	达标
Cu/(mg/L)	0.56	0.55	0.565	0.625	0.575	0.016	0.012	0.015	0.015	0.010	98.26	—	—	—	—
Pb/(mg/L)	0.235	0.325	0.205	0.305	0.268	<0.060	<0.060	<0.060	0.064	<0.060	88.81	1.0	达标	0.5	达标
Zn/(mg/L)	2.59	2.48	2.42	2.45	2.49	<0.002	<0.002	<0.002	<0.002	<0.002	99.96	—	—	—	—
Ni/(mg/L)	0.225	0.165	0.225	0.175	0.198	0.022	0.036	0.022	0.019	0.017	91.41	1.0	达标	0.5	达标
Cr/(mg/L)	0.155	0.155	0.19	0.155	0.164	0.023	0.03	0.019	0.020	0.023	85.98	1.5	达标	—	—
Cd/(mg/L)	2.66	2.94	2.86	2.95	2.85	<0.002	<0.002	<0.002	<0.002	<0.002	99.96	0.1	达标	0.1	达标

监测项目

表 2-5 公司生活废水污染物达标排放情况

监测项目	生活污水处理站进口(★3) 1	2	3	4	日均值	生活污水处理站出口(★4) 1	2	3	4	日均值	GB 8978—1996 中表1	达标情况	GB 25467—2010 中表2	达标情况	GB 18918—2002 一级B	达标情况
pH 值	7.7	7.6	7.6	7.6	7.6~7.7	7.8	7.8	8.0	8.0	7.8~8.0	6~9	达标	6~9	达标	6~9	达标
SS/(mg/L)	<5	<5	<5	<5	<5	<5	<5	<5	<5	<5	70	达标	30	达标	20	达标
COD/(mg/L)	37.9	34.0	31.6	29.2	33.2	21.3	23.7	24.5	25.3	23.7	100	达标	60	达标	60	达标
BOD_5/(mg/L)	6.61	6.83	6.31	5.72	6.37	5.22	6.35	5.84	5.64	5.76	20	达标	—	—	20	达标
LAS/(mg/L)	0.099	0.097	0.083	0.078	0.089	0.067	0.073	0.062	0.058	0.07	5.0	达标	1.0	达标	1.0	达标
硫化物/(mg/L)	0.13	0.35	0.28	0.38	0.29	0.31	0.64	0.82	0.89	0.67	1.0	达标	—	—	—	—
氟化物/(mg/L)	0.35	0.366	0.367	0.364	0.36	0.39	0.394	0.409	0.357	0.3875	10	达标	5	达标	—	—
氨氮/(mg/L)	1.57	1.57	2.92	2.95	2.25	0.092	0.108	0.098	0.119	0.104	15	达标	8	达标	8	达标
动植物油/(mg/L)	0.24	0.15	0.37	0.22	0.25	0.21	0.35	0.28	0.22	0.27	10	达标	—	—	3	达标
石油类/(mg/L)	2.19	2.22	2.56	2.31	2.32	1.27	1.18	1.93	1.56	1.485	5	达标	3.0	达标	3	达标
Hg/(μg/L)	<0.05	<0.05	<0.05	<0.05	<0.05	<0.05	<0.05	<0.05	<0.05	<0.05	—	—	—	—	1.0	达标
As/(mg/L)	0.043	0.038	0.041	0.041	0.041	0.049	0.048	0.049	0.047	0.048	0.5	达标	0.5	达标	0.1	达标
Cu/(mg/L)	0.08	0.087	0.079	0.074	0.08	0.075	0.069	0.074	0.072	0.0725	—	—	0.5	达标	—	—
Pb/(mg/L)	<0.060	<0.060	<0.060	<0.060	<0.060	<0.060	<0.060	<0.060	<0.060	<0.060	2.0	达标	—	—	0.1	达标
Zn/(mg/L)	0.067	0.059	0.062	0.058	0.062	0.023	0.024	0.014	0.019	0.020	—	—	1.5	达标	—	—
Ni/(mg/L)	0.042	0.046	0.031	0.045	0.041	<0.010	<0.010	0.013	<0.010	<0.010	—	—	—	—	—	—
Cr/(mg/L)	0.013	0.014	0.015	0.019	0.015	0.010	<0.010	<0.010	<0.010	<0.010	—	—	—	—	0.1	达标
Cd/(mg/L)	0.014	0.013	0.013	0.011	0.013	0.007	0.006	0.008	0.007	0.007	—	—	—	—	0.01	达标

注:监测频次为 4 次/d。

续表

监测频次	4 次/d										GB 8978—1996 中表1	达标情况	GB 25467—2010 中表2	达标情况	GB 18918—2002 一级B	达标情况
监测位置	生活污水处理站进口(★3)					生活污水处理站出口(★4)										
监测批次 / 监测项目	1	2	3	4	日均值	1	2	3	4	日均值						
pH值	7.6	7.5	7.5	7.5	7.5~7.6	7.8	7.8	7.8	7.9	7.8~7.9	6~9	达标	6~9	达标	6~9	达标
SS/(mg/L)	6	6	5	7	6	<5	<5	<5	<5	<5	70	达标	30	达标	20	达标
COD/(mg/L)	28.5	27.7	24.5	22.1	25.7	20.6	25.3	24.7	26.1	24.2	100	达标	60	达标	60	达标
BOD$_5$/(mg/L)	6.23	5.03	5.54	5.64	5.61	5.46	4.12	4.99	4.27	4.71	20	达标	—	—	20	达标
LAS/(mg/L)	0.077	0.073	0.068	0.081	0.075	0.063	0.071	0.056	0.054	0.061	5.0	达标	—	—	1.0	达标
硫化物/(mg/L)	0.14	0.27	0.28	0.18	0.22	0.70	0.77	0.56	0.49	0.63	1.0	达标	1.0	达标	—	—
氟化物/(mg/L)	0.293	0.316	0.325	0.328	0.316	0.373	0.370	0.356	0.357	0.364	10	达标	5	达标	—	—
氨氮/(mg/L)	3.56	3.53	3.58	3.54	3.55	0.223	0.185	0.229	0.234	0.218	15	达标	8	达标	8	达标
总磷/(mg/L)	0.503	0.509	0.529	0.525	0.517	0.513	0.511	0.477	0.485	0.497	0.5	达标	1.0	达标	1.0	达标
动植物油/(mg/L)	0.37	0.29	0.18	0.25	0.27	0.17	0.15	0.42	0.31	0.26	10	达标	—	—	3	达标
石油类/(mg/L)	2.77	2.51	3.02	1.96	2.57	2.03	2.15	2.18	2.71	2.27	5	达标	3.0	达标	3	达标
Hg/(μg/L)	<0.05	<0.05	<0.05	<0.05	<0.05	<0.05	<0.05	<0.05	<0.05	<0.05	—	—	—	—	1.0	达标
As/(mg/L)	0.036	0.036	0.040	0.040	0.038	0.048	0.049	0.044	0.043	0.046	—	—	0.5	达标	0.1	达标
Cu/(mg/L)	0.073	0.080	0.074	0.078	0.076	0.067	0.065	0.065	0.066	0.066	0.5	达标	—	—	—	—
Pb/(mg/L)	<0.060	<0.060	<0.060	<0.060	<0.060	<0.060	<0.060	<0.060	<0.060	<0.060	—	—	—	—	0.1	达标
Zn/(mg/L)	0.052	0.053	0.053	0.055	0.053	0.016	0.014	0.015	0.012	0.014	2.0	达标	1.5	达标	—	—
Ni/(mg/L)	0.024	0.032	0.024	0.019	0.025	0.012	0.017	<0.010	0.014	0.014	—	—	—	—	—	—
Cr/(mg/L)	0.022	0.014	0.017	0.014	0.017	<0.010	0.017	0.01	0.011	0.013	—	—	—	—	0.1	达标
Cd/(mg/L)	0.009	0.010	0.012	0.006	0.009	0.007	0.007	0.007	0.003	0.006	—	—	—	—	0.01	达标

表 2-6　公司废水总排口污染物达标排放情况

监测位置	厂区总排口					公司废水总排口（★5）					GB8978—1996 中表1	达标情况	GB25467—2010 中表2	达标情况	GB18918—2002 一级B	达标情况
监测频次	4 次/d					4 次/d										
监测批次 / 监测项目	1	2	3	4	日均值	1	2	3	4	日均值						
pH 值	7.8	8.0	8.0	8.0	7.8~8.0	7.6	7.6	7.6	7.6	7.6	6~9	达标	6~9	达标	6~9	达标
SS/(mg/L)	<5	<5	<5	<5	<5	<5	<5	<5	<5	<5	70	达标	30	达标	20	达标
COD/(mg/L)	28.5	29.2	30	26.9	28.7	26.1	25.3	23.7	21.3	24.1	100	达标	60	达标	60	达标
BOD₅/(mg/L)	5.46	5.63	5.62	4.56	5.32	4.86	4.98	4.41	5.41	4.92	20	达标	—	达标	20	达标
LAS/(mg/L)	0.067	0.061	0.053	0.058	0.060	0.063	0.051	0.054	0.057	0.056	5.0	达标	1.0	达标	1.0	达标
硫化物/(mg/L)	0.42	0.49	0.59	0.77	0.57	0.56	0.7	0.49	0.42	0.54	1.0	达标	5	达标	—	—
氟化物/(mg/L)	0.41	0.354	0.351	0.349	0.366	0.604	0.623	0.399	0.391	0.504	10	达标	8	达标	—	—
氨氮/(mg/L)	0.704	0.688	0.666	0.677	0.684	0.447	0.464	0.655	0.644	0.553	15	达标	8	达标	8	达标
动植物油/(mg/L)	0.17	0.15	0.42	0.31	0.26	0.38	0.21	0.16	0.11	0.22	10	达标	—	—	3	达标
石油类/(mg/L)	1.91	2.39	2.40	1.27	1.99	2.78	2.61	2.18	2.39	2.49	5	达标	3.0	达标	3	达标
Hg/(μg/L)	0.212	0.022	0.358	0.484	0.269	0.774	0.876	0.044	0.154	0.462	—	—	—	—	1.0	达标
As/(mg/L)	0.057	0.046	0.038	0.049	0.048	0.066	0.067	0.060	0.059	0.063	0.5	达标	0.5	达标	0.1	达标
Cu/(mg/L)	0.064	0.048	0.046	0.04	0.050	0.058	0.055	0.056	0.05	0.055	—	—	—	—	—	—
Pb/(mg/L)	<0.060	<0.060	<0.060	<0.060	<0.060	<0.060	<0.060	<0.060	<0.060	<0.060	—	达标	1.5	达标	0.1	达标
Zn/(mg/L)	0.058	0.044	0.043	0.047	0.048	0.075	0.077	0.073	0.076	0.075	2.0	达标	—	—	—	—
Ni/(mg/L)	<0.010	0.012	0.016	0.017	0.015	0.036	0.025	0.022	0.021	0.026	—	—	—	—	—	—
Cr/(mg/L)	0.019	<0.010	0.013	0.017	0.016	0.026	0.018	0.013	0.019	0.019	0.5	达标	—	—	0.1	达标
Cd/(mg/L)	0.009	0.008	0.008	0.010	0.009	0.013	0.007	0.010	0.011	0.010	0.1	达标	—	—	0.01	达标

2.1.3 熔池熔炼—转炉吹炼—火法精炼—电解精炼工艺产排污节点分析

2.1.3.1 企业概况

C 冶炼厂以生产电解铜为主，副产工业硫酸，采用"奥炉熔炼—PS 转炉吹炼—阳极炉精炼—小极板电解"的工艺制铜，生产规模为阴极铜 15 万吨/年；制酸采用"两转两吸"工艺，生产规模为 56.5 万吨/年。

2.1.3.2 生产工艺流程

(1) 奥炉熔炼

铜精矿、石英石、石灰石、块煤及返回的烟尘经圆盘制粒机混合制成粒，由加料系统加入奥炉，同时向炉内鼓入含氧 45% 左右的富氧空气进行熔炼，生成冰铜与炉渣的混合物，由溢流堰连续排出进入贫化电炉，进行澄清分离，分离后的冰铜品位在 45%～55% 之间。奥斯麦特炉内控制在微负压操作下，生成的烟气经余热锅炉产生含铜返料回用，烟气进电除尘器后进一步除尘，产生烟尘返回烟灰料仓，烟气进入制酸系统制酸。由奥斯麦特炉生成的冰铜与熔渣的混合物由溢流堰、溜槽注入贫化电炉，进行铜渣分离，冰铜由铜口放出，经行车送转炉吹炼。铜渣水淬后送到磨料车间进一步加工。

(2) 转炉吹炼

贫化电炉产出的冰铜进入转炉吹炼，转炉吹炼为周期性作业。第一周期为造渣期，主要是 FeS 氧化生成的 FeO 和 SiO_2 造渣，造渣期是分批地往炉内加入冰铜，并添加熔剂和放渣。第二周期为造铜期，主要是 Cu_2S 的氧化及 Cu_2S 与 Cu_2O 交互反应，获得粗铜。

转炉吹炼过程是一个自热过程，过程所需的热量全靠冰铜中的铁和硫以及其他杂质的氧化、造渣等反应所放出的热量来供给，为控制炉温，在吹炼过程中应加入适量含铜冷料。

转炉吹炼产出的粗铜以熔体状态直接送阳极炉火法精炼，液体转炉渣运往转炉渣场，转炉烟气经除尘系统除尘后用于生产硫酸。

(3) 阳极炉精炼

火法精炼采用固定式阳极炉，粗铜由粗铜包子送入炉中，残极和废阳极熔化后也送入炉中。精炼所需热量由天然气燃烧提供。固定阳极炉精炼过程也是周期性作业，主要分为氧化期、还原期和浇铸期。

氧化期由风口鼓入压缩空气，完成粗铜氧化和造渣过程，精炼渣扒出炉后送转炉处理。氧化除渣后进入还原期，此时向进风口喷入天然气作为还原剂，将氧化期生成的氧化铜还原成铜，产出阳极铜（含铜 99.5%）。阳极铜从放铜口放出，经定量浇铸包流入圆盘浇铸机铸成阳极板，经检验合格后送电解精炼车间。

(4) 电解精炼

电解精炼是铜从阳极上溶解、在阴极上析出的过程。将铜熔炼车间产的阳极板经人工排板后装入阳极洗槽，经清洗后入电解槽进行电解。产出阴极铜（含铜 99.5%）经阴极槽清洗后送至成品库。电解后的残极洗涤后返回熔炼车间的阳极精炼炉。

电解过程中所产出的阳极泥，在阳极泥浆化槽中浆化后用压滤机过滤，所得阳极泥滤饼送稀贵金属公司阳极泥处理车间回收贵金属。

（5）两转两吸制酸工艺

来自除尘工序的烟气进入动力波洗涤器及气体组合塔，烟气在此与稀酸接触进行绝热蒸发冷却。烟气温度降低，烟气中的大部分尘粒及杂质进入洗涤酸中，含有酸雾的烟气通过电除雾器，完成除雾过程，烟气得到净化。

来自净化工序的饱和湿烟气通过 SO_2 风机抽至干燥塔，与塔内的浓硫酸逆流接触，烟气中水蒸气在填料表面冷凝后进入循环酸中，出塔后的干燥烟气被干燥至含水蒸气（标态）只有 $0.1g/m^3$ 以下，经 SO_2 风机送至转化器进行一次转化反应，一次转化后的烟气送至一吸塔中自下而上从填料层中穿过与上部喷淋下来的 $98.2\%\sim98.6\%$ 硫酸逆流接触，烟气中的 SO_3 被吸收，生成 H_2SO_4。从一吸塔出来的烟气仍含有部分未转化的 SO_2 和少量的 SO_3，再次送入转化器进行二次转化，二次转化后的烟气送至二吸塔，完成第二次转化和吸收过程，吸收后的尾气经尾气烟囱（$H=120m$，$\Phi=4000mm$）排放。

冶炼过程中产出二氧化硫高温烟气经余热锅炉降温、电除尘后送制酸系统，经净化、干燥、转化、吸收等工序后产出 98% 的浓硫酸。制酸尾气由制酸净化工序产出的污酸经污酸处理设施处理，处理后液与其他生产污水汇入污水处理站处理达标后回用。污酸处理工段产出石膏和硫化渣，污水处理工段产出中和渣，其中石膏作为副产品外售，中和渣送至现有渣场填埋。

冶炼厂主要生产工艺流程及产污节点见图 2-15。

2.1.3.3　废水来源及处理设施

C 冶炼厂的污水主要包括污酸污水、地面冲洗水、脱硫废水、循环冷却水和生活污水。

（1）污酸污水

污酸来自于制酸车间，主要污染成分包括硫酸和铜、砷、锌等重金属离子。污酸采用硫化-石膏处理工艺，污酸原液首先进入硫化工序，在废酸中加入 Na_2S，即产生 H_2S；H_2S 再与废酸中的铜和砷反应，生成硫化物的沉淀。

硫化反应后液通过硫化浓密机进行沉降，浓密机底流用板框压滤机过滤分离出铜砷滤饼，浓密机上清液送往石膏工序。

在石膏工序，向废酸中加入石灰石乳液，并控制一定的 pH 值和反应时间，废酸中的大部分硫酸和碳酸钙反应生成石膏，部分氟也与碳酸钙反应生成氟化钙沉淀进入石膏中。

反应后液通过浓密机沉降，浓密机底流用板框压滤机分离出石膏滤饼，石膏浓密机上清液与全厂主要工艺污水和受污染的场面水汇合成混合废水进入污水站调节池进行进一步处理。

（2）地面冲洗水

主要来源于电解车间地面冲洗水、化学水站排放的酸碱污水、硫酸及酸库区域地面冲洗水，这些污水与污酸硫化石膏处理后的上清液通过地上管道或沟渠运送到污水生产废水处理站处理，采用两段电石渣乳液中和＋亚铁盐除砷工艺处理。

污水站处理按一次中和→氧化→二次中和三步进行。在一次中和槽加电石渣浆液和硫酸亚铁，并控制 pH＝6～9。

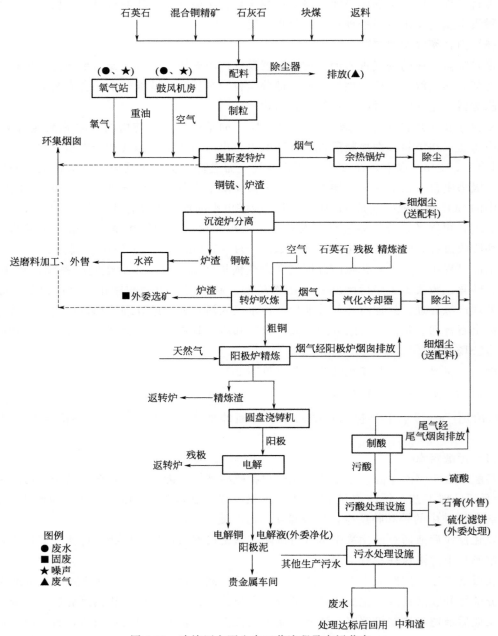

图 2-15　冶炼厂主要生产工艺流程及产污节点

一次中和反应后液溢流至一组敞开的三联槽，用空气曝气氧化，其中的三价砷氧化为五价砷，二价铁氧化成三价铁，这样更利于砷铁共沉。最后，控制 pH＝9～11，加入电石渣浆液进行二次中和。

为了加速中和反应沉淀物的沉降速度，在二次中和反应后液中加入聚丙烯酰胺凝聚剂，再通过浓密机沉降，底流通过离心机分离出中和泥，上清液进澄清池进一步澄清后排放。

（3）脱硫废水

脱硫废水中的污染成分来自于烟气，主要包括铜、砷、锌和铅等金属离子，及大量的二氧化硫溶于水形成的 SO_3^{2-} 等。脱硫废水与硫化-石膏处理后的污酸进入污水站调节池一并处理。

（4）循环冷却水

循环冷却水排污主要来自熔炼系统循环冷却水、阳极炉系统循环冷却水和制氧系统循环冷却水、硫酸系统循环冷却水的溢流水以及制冰机房水等，这部分水主要是温度升高，属清净下水，经总排放口外排。

（5）生活污水处理

生活污水来自于厂区办公生活用水，该废水化粪池处理设施处理后与循环冷却水混合后外排。

冶炼厂废水处理工艺流程如图 2-16 所示。

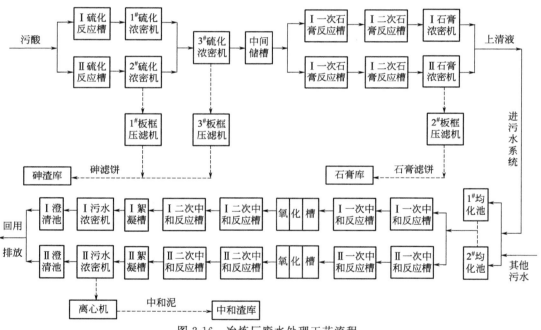

图 2-16　冶炼厂废水处理工艺流程

2.1.3.4　废水污染源识别

为进行废水污染源识别，分别对各排放口及排水节点取样开展废水量分析，结果如表 2-7 和表 2-8 所列。

表 2-7　总排放口废水来源

废水名称	水量/(t/d)
硫酸系统循环水	4000
废水处理站出水	1700
合计	5700

表 2-8 废水处理站废水来源

废水名称	水量/(t/d)
污酸处理后液	600
地面冲洗水	800
脱硫废水	300
合计	1700

结合表中数据和前期水量调研，对总排放口进行水平衡分析如图 2-17 所示。

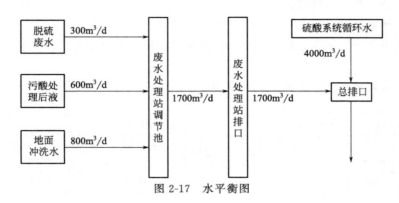

图 2-17 水平衡图

污染物排放情况见表 2-9～表 2-11。

表 2-9 公司污酸废水污染物达标排放情况

监测点位	流量/(m³/d)	废水水质/(mg/L)					
		pH 值	总砷	总汞	总镉	总铬	六价铬
进口	300	1.3	22.1	0.45	0.43	8.2	1.12
出口	300	7.2	0.455	0.032	0.083	1.23	0.38

表 2-10 公司污水处理站污染物达标排放情况

监测点位	流量/(m³/d)	废水水质/(mg/L)							
		SS	COD	BOD₅	铜	锌	铅	镉	砷
进口	1080	135	128	19.2	17	126	0.82	0.086	0.394
出口	1080	28	56	8.9	0.17	1.26	0.168	0.017	0.073

表 2-11 公司总排口污染物达标排放情况

监测点位	流量/(m³/d)	废水水质/(mg/L)			
		pH 值	COD	SS	NH₃-N
平均值	6051	7.81	22.14	14.31	2.57
(GB 25467—2010) 排放标准	—	6～9	60	30	8
达标情况	—	达标	达标	达标	达标

注：总排口水质重金属监测均低于检出限，故未在上表中列出。

2.1.4　熔池熔炼—熔池吹炼—火法精炼—电解精炼工艺产排污节点分析

2.1.4.1　企业概况

D 公司具有年产 10 万吨阴极铜，37 万吨硫酸的生产能力。主要工艺为：铜精矿配料—顶吹炉熔炼—顶吹炉间断吹炼—回转式阳极炉精炼—永久不锈钢阴极电解精炼—生产阴极铜；冶炼烟气经动力波稀酸洗涤净化、两转两吸制酸工艺生产硫酸。

2.1.4.2　生产工艺流程

铜业分公司的主工艺为：铜精矿配料—顶吹炉熔炼—顶吹炉间断吹炼—回转式阳极炉精炼—永久不锈钢阴极电解精炼—生产阴极铜；冶炼烟气经动力波稀酸洗涤净化、两转两吸制酸工艺生产硫酸。

企业总工艺流程见图 2-18。

铜冶炼生产工艺过程主要包括熔炼、电解、净液、阳极泥、制酸等工艺。

（1）熔炼工艺段

1）精矿库贮存与配料

由汽车运送进厂的铜精矿和石英熔剂贮存在精矿库。配料作业在精矿库内完成，在精矿库内配置有上料仓，每个料仓下均配备了给料胶带和计量胶带。

2）粉煤制备

粉煤制备设置 1 台立式磨机。来自堆场的烟煤，通过圆盘给料机、运输皮带给入立式磨机。经热风炉加热，燃烧产生的热风兑入氮气或压缩空气鼓入立式磨机作为热源，夹带粉煤的热风从立式磨机出来后送除尘系统处理，粉煤被收集到送粉煤仓内，最后通过气流输送至熔炼炉和吹炼炉炉顶粉煤仓。

3）顶吹熔炼

炉料经熔炼炉顶的加料孔加入炉内熔炼。熔炼产物有铜锍、炉渣和烟气。前两者以混合熔体的形式，通过排放口和溜槽，连续地流入沉降电炉分离。烟气经余热锅炉回收余热后，烟气温度降至 350℃左右，与此同时，烟气中所带烟尘也大量沉降下来；余热锅炉排出烟气进入电除尘器净化，经电除尘净化后的烟气，由熔炼排风机送至制酸工艺段。余热锅炉收集的烟尘与电除尘一、二、三电场捕集的烟尘一起，由气力输送系统将其返回到精矿库内。而电除尘四电场的烟尘因含对系统运行有害的成分，即铜烟尘，由气流运输送入铜烟尘仓。

4）沉降电炉

顶吹熔炼炉的混合熔体在沉降电炉内澄清分离，再经粒化、脱水，形成固体铜锍堆存于圆形铜锍仓内。

电炉渣冷却初碎后进入渣选矿系统处理，渣精矿返回原料库，产生尾渣。电炉烟气经电除尘器除尘后由风机送制酸系统处理。

5）顶吹吹炼炉

来自铜锍仓的固体铜锍分批加入顶吹吹炼炉。从固体铜锍与硅石熔剂、燃料煤等一起

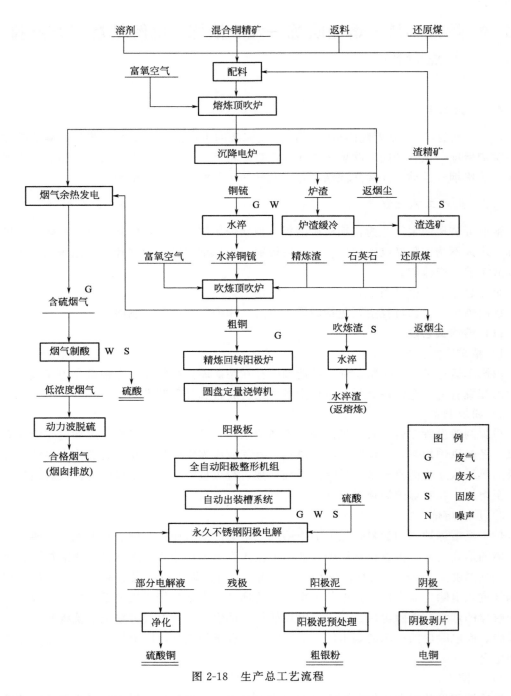

图 2-18 生产总工艺流程

进炉内开始，用浸入式喷枪将足够的富氧空气加入炉内与炉料反应，温度控制在 1250～1300℃，产出金属铜，直接进入回转式阳极炉精炼。

吹炼渣水淬后返回顶吹熔炼炉。吹炼烟气经余热锅炉回收余热后，烟气进入电除尘器净化后与熔炼系统的烟气汇合后送制酸工序。余热锅炉收集的烟尘与电除尘器-电场捕集的烟尘一起，返回精矿库内。

6）阳极精炼与浇铸

顶吹吹炼炉产出的粗铜直接加入阳极炉精炼。阳极炉以柴油为燃料，在氧化期鼓入压缩空气，将铜液中残留的硫和各种杂质元素氧化后脱去；在还原期鼓入固体还原剂，将被过量空气氧化的少量铜还原。精炼得到的铜液经浇铸机铸出的合格阳极板用叉车运往电解车间，不合格阳极板和电解车间返回的电解残极则送往阳极炉熔化后再浇铸。精炼渣冷却破碎后送奥斯麦特吹炼炉；阳极炉烟气经二次燃烧、布袋除尘后送环集脱硫系统采用石灰-石膏法脱硫处理达标后排放。

铜熔炼生产工艺流程见图 2-19。

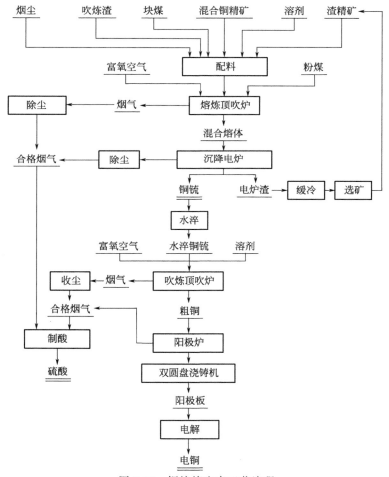

图 2-19　铜熔炼生产工艺流程

（2）电解工艺段

采用永久不锈钢阴极电解工艺，即 ISA 法电解。

阳极炉精炼系统产出的合格的阳极板经阳极加工机组矫耳、铣耳、压平、排板后按极距 100mm 排列，由专用吊车吊入电解槽。经过一个 10d 的阴极周期，剥下的阴极铜经称量打包送成品库，不锈钢阴极吊回电解槽。残阳极经残极洗涤堆垛机组处理后由叉车送至熔炼车间。

电解液由高位槽经分液包自流至各个电解槽。从循环系统每天抽取循环量的 30% 电解液经净化过滤机过滤后，返回循环系统。根据电解液成分每天抽取部分电解液送净液工段处理，保证电解系统电解液中铜及杂质浓度不超过极限值。

出装槽时，上清液流入上清液贮槽，全部经净化过滤机过滤后返回循环系统；排出的阳极泥浆经溜槽至阳极泥地坑，经浓密机沉降分离后再经压滤机压滤，滤液流入上清液贮槽，再经净化过滤机过滤后返回循环系统；滤渣即为阳极泥。

（3）净液工段

净液主要是处理从电解工段抽取的不洁电解液，在脱除杂质后将其返回电解工段循环使用。

电解工段定期抽取部分电解液送净液工段，其中部分电解液经真空蒸发器蒸发浓缩、水冷结晶槽结晶产出硫酸铜，硫酸铜料浆由真空带式过滤机固液分离，产出的副产品粗硫酸铜。

分离后的结晶母液送脱铜电解，在脱铜的同时脱除砷、锑、铋等杂质。脱铜终液部分返回电解系统，产出的黑铜粉料浆则经板框压滤机压滤后产出黑铜粉；脱铜电积反应过程产生少量酸雾；

另有部分脱铜终液送脱镍工序，经电热蒸发、水冷结晶槽后，产出的粗硫酸镍结晶料浆经固液分离，为副产品粗硫酸镍；滤液返电解系统；电热蒸发过程产生的酸雾经酸雾净化塔处理后排空。

铜电解生产工艺流程见图 2-20。

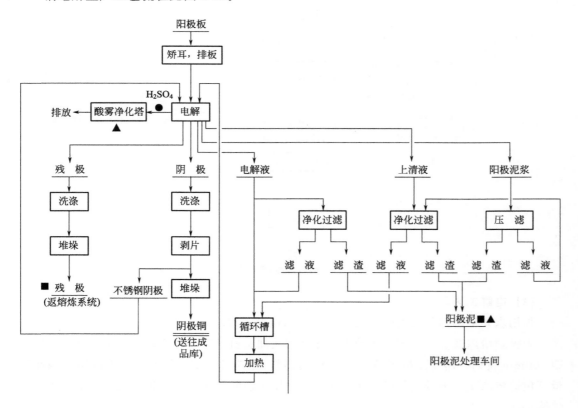

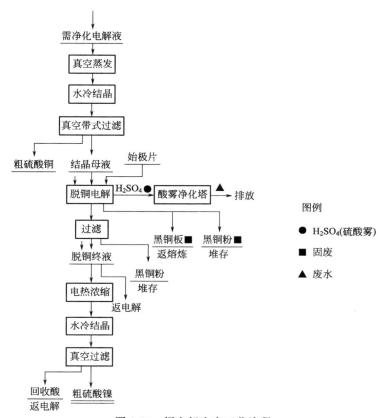

图 2-20　铜电解生产工艺流程

（4）阳极泥处理

阳极泥处理采用湿法处理工艺。电解车间所产出的阳极泥与硫酸均匀混合后，加入到回转窑中进行硫酸化焙烧。其气相产物为二氧化硒和二氧化硫，其固相产物为焙烧渣。气相产物中的二氧化硒和二氧化硫在水中吸收，同时发生反应，生产粗硒和硫酸溶液，少量的二氧化硫经尾气吸收塔，被氢氧化钠溶液吸收；硫酸溶液经过滤与粗硒分离后作为酸浸分铜的试剂。焙烧渣经酸浸分铜、铜粉置换后得到副产品粗银粉，置换所得到的置换后液返回电解车间净液工序处理，产生的废水泵至分公司生产废水处理站处理。

阳极泥处理生产工艺流程见图 2-21。

（5）制酸工艺段

来自奥斯麦特熔炼和吹炼炉等的混合烟气净化后送干吸工序。

1）净化工序

净化采用的是稀酸洗涤绝热蒸发工艺，其流程为一级动力波洗涤器—气体冷却塔—二级动力波洗涤器——一级电除雾器—二级电除雾器。

流程中的稀酸洗涤液大部分直接进入一级动力波洗涤器循环使用，少部分引入圆锥沉降槽进行固液分离。圆锥沉降槽中的上清液大部分循环使用，少部分送废酸处理工序进行硫化处理，处理后产生废水送废水处理工序，产生的渣为砷滤饼；圆锥沉降槽底流（含铅）经压滤后产生铅滤饼。

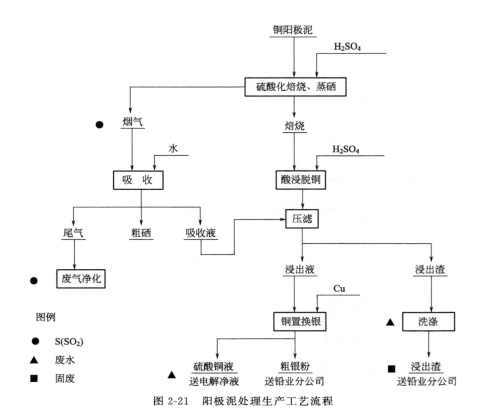

图 2-21　阳极泥处理生产工艺流程

2）干吸工序

该工序采用低位高效的干吸工艺对净化后的烟气进行干燥，并将经转化工序生成的 SO_3 烟气吸收，制取硫酸产品。采用一级干燥、两级吸收、循环泵后冷却工艺与双接触转化工艺相对应。

来自烟气净化工序二级电除雾器的烟气进入干燥塔的下部，自下往上流动与自上往下喷淋的 $93\%H_2SO_4$ 通过填料层充分接触，利用浓硫酸吸水的性质，将其净化后烟气中的水分干燥下。经干燥后的烟气通过塔顶的不锈钢金属丝网捕沫器除去酸沫后，由 SO_2 鼓风机送转化工序。

干燥循环酸由塔底泵入酸冷却器，经冷却后循环使用。

来自转化工序的一次转化烟气进入第一吸收塔，在用 98％硫酸吸收 SO_3 后，经设置在一吸塔顶部的高效捕沫器除去雾粒后送往二次转化。一吸塔循环酸自一吸塔的底部流入一吸塔循环泵槽，然后由泵打入酸冷却器，与冷却水间接换热后再经第一吸收塔分酸装置分酸后循环使用。

来自二次转化的烟气进入二吸塔，同样采用 98％硫酸吸收，吸收后的烟气经烟气管道进入吸收塔，通过氢氧化钠碱液法进一步脱硫处理，最后由 90m 高的尾气烟囱排入大气。

3）转化工序

采用 3+2 式五段接触转化工艺，同时考虑低温位热的回收利用。从 SO_2 主鼓风机送来的冷 SO_2 混合烟气，依次进入第Ⅲ热交换器和第Ⅰ热交换器，分别被在第Ⅲ触媒层和第Ⅰ触媒层完成氧化反应后的热烟气加热到 420℃，后进入转化器的第Ⅰ触媒层进行第一段氧化反应；生成的热 SO_3 烟气在经第Ⅰ热交换器换热到 435℃ 后，进入转化器的第Ⅱ触媒层进行第二段氧化反应；生成的热 SO_3 烟气在经第Ⅱ热交换器换热到 435℃ 后，进入转化器的第Ⅲ触媒层进行第三段氧化反应。完成三段氧化（即一次转化）的烟气（95%～96.5% 的 SO_2 被转化成 SO_3，烟气温度约 453℃）经第Ⅲ冷热交换器冷却至 305℃ 左右进入低温热管锅炉回收热量。热管锅炉出口的烟气温度为 190℃ 左右进入一吸收塔吸收 SO_3，吸收后的二次冷 SO_2 混合烟气，依次进入第Ⅴ热交换器和第Ⅱ热交换器，分别被在第Ⅳ触媒层和第Ⅱ触媒层完成氧化反应后的热烟气加热到 425℃；然后进入转化器第Ⅳ触媒层进行第四段氧化反应（即二次转化）。经二次转化的烟气（SO_2 总转化率 ＝99.8%）经第Ⅳ热交换器换热到 164℃，送第二吸收塔。

烟气制酸生产工艺流程见图 2-22。

2.1.4.3　废水的来源和污染治理措施

(1) 废水来源

D 公司的主要废水包括污酸、生产废水、较清洁生产废水和生活污水。

1) 污酸

来源于制酸车间净化工段洗涤烟气的过程，进入污酸废水处理站采用硫化法脱砷处理，设计处理规模 352m³/d。首先经脱吸后送往原液槽，由原液槽用泵打入硫化反应槽，并加入 Na_2S 溶液在搅拌的情况下进行充分反应，反应后液流入硫化浓密机进行沉降分离，浓密机中的上清液流入硫化滤液槽，并用泵送至厂废水处理站。

2) 生产废水

经污酸废水处理站处理后的水、电解车间生产过程中产生的地面冲洗水、环保脱硫生产过程中产生的滤液及其他含酸碱性污水（化验室、阳极泥车间焙烧烟气洗涤、电解净液酸雾洗涤）均进入厂废水处理站处理。处理站采用石灰-铁盐两段中和法工艺，设计处理规模 900m³/d。经过两段投加石灰乳和硫酸亚铁处理后，再投加絮凝剂絮凝沉淀，处理后进入深度处理站处理。

3) 较清洁生产废水

主要来源于各循环水池排出的净下水及其他生产过程中排出的较为洁净的废水，包括锅炉冷凝水、制水产生的较清洁废水等，进入深度处理站处理。深度处理站处理能力为3500m³/d，处理工艺为絮凝沉淀＋过滤＋活性炭＋超滤＋反渗透；其中絮凝沉淀、过滤采用全自动净化器＋多介质过滤，污泥脱水采用浓缩＋压滤处理工艺；生产过程中产生的污泥汽车外运。处理后水回用至生产各用水点。

4) 生活污水

生活污水每天产生量为 240m³，主要污染物为 COD、NH_3-N 和 SS，经化粪池加 5t/h、15t/h 时两座地埋式生活污水处理站处理后回用于绿化、冲厕用水等，不外排。

全厂废水最终全部进入厂废水处理站和深度处理站进行处理，处理后水全部回用至生产流程中，不外排。生活污水处理后全部用水绿化灌溉。

(2) 废水处理设施

1) 污酸处理站

来源于制酸车间净化工段洗涤烟气的过程，进入污酸废水处理站采用硫化法脱砷处

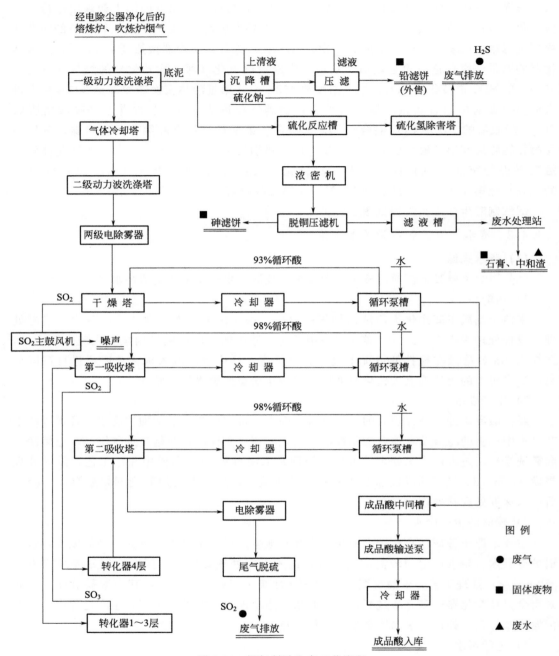

图 2-22　烟气制酸生产工艺流程

理，设计处理规模 352m³/d。首先经脱吸后送往原液槽，由原液槽用泵打入硫化反应槽，并加入 Na₂S 溶液在搅拌的情况下进行充分反应，反应后液流入硫化浓密机进行沉降分离，浓密机中的上清液流入硫化滤液槽，并用泵送至厂废水处理站。

2）酸性污水处理站

经污酸废水处理站处理后的水、电解车间生产过程中产生的地面冲洗水、环保脱硫生产过程中产生的滤液及其他含酸碱性污水（化验室、阳极泥车间焙烧烟气洗涤、电解净液酸雾洗涤）均进入厂废水处理站处理。处理站采用石灰-铁盐两段中和法工艺，设计处理规模 900m³/d。经过两段投加石灰乳和硫酸亚铁处理后，再投加絮凝剂絮凝沉淀，处理后进入深度处理站处理。

2.1.4.4　废水污染源识别

全厂废水最终全部进入厂废水处理站和深度处理站进行处理，处理后水全部回用至生产流程中，不外排。生活污水处理后全部用水绿化灌溉。

企业废水排放监测情况见表 2-12。

表 2-12　企业废水排放监测情况

污染源	执行标准及级别	污染物	浓度/(mg/L)	
			监测值	标准值
深度处理站出口	《铜、镍、钴工业污染物排放标准》(GB 25467—2010)表 2 标准限值和生产车间或设施废水排放口标准限值	pH 值	7.40	6-9
		悬浮物	<4	30
		COD	<10	60
		氟化物	1.35	5
		总氮	2.45	15
		总磷	0.018	1
		氨氮	0.18	8
		锌	0.05	1.5
		石油类	<0.01	3
		铜	<0.009	0.5
		硫化物	<0.02	1.0
		铅	<0.02	0.5
		镉	<0.004	0.1
		镍	<0.006	0.5
		钴	<0.0025	1.0
		铋	<0.09	—
		锑	<0.06	—
		砷	<0.0075	0.5
		汞	<0.015	0.05

2.1.5　湿法炼铜工艺产排污节点分析

2.1.5.1　企业概况

E 铜矿日采选综合生产能力已由改革开放前的 1.5 万吨发展到目前的 13 万吨（其中 3 万吨/日采选生产能力正在建设中）规模，年铜金属产量 13 万多吨、黄金 5.3t、白银 24t。

2.1.5.2　生产工艺流程

E 铜矿废石堆浸工程是三期工程配套建设的环保设施。该工程利用矿山低品位含铜废石，采用酸性水循环喷淋和细菌氧化技术，加速废石中重金属离子的溶出，提高酸性水中铜离子浓度，进而回收铜金属。

废石堆浸工程生产工艺采用堆浸-萃取-电积工艺。

该工艺主要原理为：含铜废石在细菌和空气自然氧化作用下，废石中重金属离子被溶出进入浸出液（矿山酸性废水）中，浸出液在废石堆中循环喷淋 2～3 次，使浸出液中铜离子浓度提高到 1g/L 以上，将该浸出液进行两级萃取和一级反萃取，反萃液进入电解槽，产出阴极铜（电积铜）。

生产工艺流程简图见图 2-23。

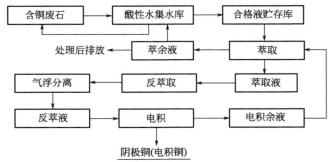

图 2-23　含铜废石堆浸工艺流程简图

堆浸工程设计每天需酸性废水 31152m³/d，其中合格液量 7488m³/d（含铜在 1g/L 以上），循环喷淋水量 14976m³/d，再次利用水量 7488m³/d，蒸发损失量为 1200m³/d。萃余液返回酸性水集水库，实施闭路循环。在实际运行中，少量萃余液进入公司处理站再次回收废水中 Cu 等有价金属，回收后废水采用 HDS 工艺处理达标后排放。

2.1.5.3　废水的来源和污染治理措施

E 铜矿堆浸工程含重金属污染物的浸出液、萃余液贮存在酸性水集水库等专用库中，这些库设计时充分考虑当地降水情况，具有防暴雨措施。

部分含重金属离子的萃余液（330 万吨/年）因含有较高 Cu 等重金属离子，进入公司废水处理站，采用控制硫化技术回收其中 Cu 等有价金属，回收金属后废水进入 HDS 处理系统，处理达标后与矿山其他处理达标废水汇合，部分废水回用于选矿厂选矿、采区降尘等工序，多余部分排放。

(1) 资源回收工段

酸性水综合处理厂包括除铁和回收铜两个工艺。在除铁工艺中，将电石渣浆添加到酸性水中，铁以形成氢氧化铁沉淀的形式被除去。氢氧化铁沉淀泥渣排放到旧桃坞废石场。除铁步骤的出水进入铜回收工艺，在此过程中，不含铁的水和硫氢化钠在反应池中进行反应生成硫化铜。硫化铜在浓密池中被分离出来，硫化铜沉渣经过脱水以后便是酸性水综合处理厂的产品——硫化铜精矿。浓密池的出水进入 HDS 处理厂。

酸性水综合处理厂工艺由两条主要的工艺组成，即除铁工艺和铜回收工艺。

1) 除铁工艺

酸性水首先流入 1# 除铁反应池和 2# 除铁反应器。根据反应器的 pH 值，向两个反应器加入一定量的电石渣浆。与电石渣浆充分混合的原水自流入附于接触反应器上的跌水池，跌水池中加入絮凝剂。经电石渣浆和絮凝剂充分混合的原水最后流入除铁浓密池。在除铁浓密池中，Fe^{3+} 与电石渣浆形成氢氧化铁沉渣。不含铁的水经浓密池的周堰板由重力流的方式进入铜回收工艺。氢氧化铁沉渣沉降至浓密池的底部，再由刮泥系统将沉渣刮到底部的中央。刮泥机上装有扭矩传感器和自动升降和关闭系统。泵从浓密池的底部连续地将一部分沉渣回流循环到 $1^{\#}$ 除铁反应器。剩余的沉渣堆存处理。

2）铜回收工艺

在铜回收工艺中，从硫化铜澄清池底部回流的硫化铜沉渣和主要的反应剂硫氢化钠在污泥调节池中进行充分的混合。经过调节的硫化铜沉渣以重力流的方式进入硫化铜反应器中。硫氢化钠的用量由硫化铜反应器中的氧化还原电位控制。不含铁的水由重力流的方式进入硫化铜反应器，与经过调节的硫化铜沉渣和另外再添加的硫氢化钠进行充分的混合。更多的硫化铜于是在硫化铜反应器中形成。混合液以重力流的方式自流入附于硫化铜反应器上的跌水池，跌水池中加入絮凝剂和除铁浓密池的底渣，使絮凝剂和反应液快速、充分地混合，促使反应液中的硫化铜颗粒絮凝成大颗粒，以便下一步的固/液分离。同时，除铁浓密池的底渣彻底去除反应液中残留的微量硫氢化物，保证后续工序中没有硫化氢气体的溢出；然后进入浓密池的中央配水系统。浓缩的硫化铜沉渣沉降到浓密池的底部，再由刮泥系统将沉渣刮到底部的中央。刮泥机上装有扭矩传感器和自动升降和关闭系统。泵从浓密池的底部连续地将一部分沉渣回流循环到硫化铜调节池。另一部分底渣由泵送到板框压滤机，酸性水综合处理厂的最终产品为浓缩的硫化铜泥饼（硫化铜精矿）。

硫化铜调节池和硫化铜反应池都是密封类型的。反应池（器）的顶部充有压力略高于大气压的氮气，此举是减少与空气的接触和维持理想的化学反应设计压力。生产过程中产生的尾气经过干式过滤塔的处理后排放到大气中。

酸性废水处理工艺流程见图 2-24。

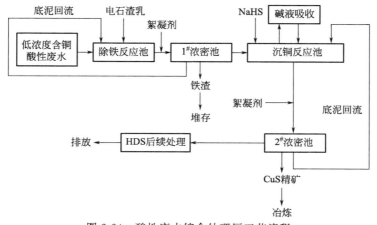

图 2-24　酸性废水综合处理厂工艺流程

（2）HDS 处理工段

为解决酸性水处理中存在的问题，企业采用高密度泥浆法（HDS）对原有的石灰中和系统进行了改造，改造的主要内容包括新增两个反应槽及底渣回流管路、增加了曝气装置及自动控制系统。改造后工业水处理站不仅处理能力大幅提高，而且解决了长期困扰企业的酸性水处理的结钙问题。

HDS 处理工艺流程见图 2-25。

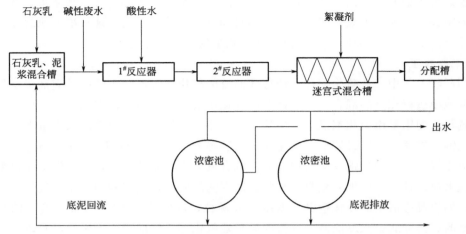

图 2-25 HDS 处理工艺流程

2.1.5.4 废水污染源识别

萃余液成分分析见表 2-13。

表 2-13 E 铜矿湿法炼铜萃余液成分分析表

样品名称	分析项目									
	pH 值	Cu	Pb	Zn	Cd	Cr	As	TFe	Fe(Ⅲ)	COD	耗碱量
		mg/L	mg/L	mg/L	mg/L	mg/L	mg/L	mg/L	mg/L	mg/L	mg/L
萃余液	2.23	24.56	0.848	12.63	0.164	—	0.015	1032.25	774.19	249.6	12558.67
萃余液	2.02	16.75	0.762	11.31	0.134	—	0.030	825.81	787.10	243.6	12126.76
萃余液	2.16	25.05	0.783	12.48	0.137	—	0.020			295.3	15867.80

2.2 水污染源解析方法和流程

2.2.1 水污染源解析方法

2.2.1.1 等标污染负荷解析法

等标污染负荷法[8] 是以污染物排放标准或对应的环境质量标准作为评价准则，通过将不同污染源排放的各种污染物测试统计数据进行标准化处理后，计算得到不同污染源和各种污染物的等标污染负荷值及等标污染负荷比，从而获得同一尺度上可以相互比较的量。

1）某一工序中某一污染物的等标污染负荷：

$$P_{ij} = \frac{C_{ij}}{C_{oi}} \times Q_{ij} \tag{2-1}$$

式中　P_{ij}——i 污染物在 j 工序的等标污染负荷；

　　　C_{ij}——i 污染物在 j 工序的实测浓度，mg/L；

　　　C_{oi}——i 污染物的排放标准，mg/L；

　　　Q_{ij}——含 i 污染物在 j 工序的排放量，m³。

2）某工序所有污染物的等标污染负荷之和，即为该工序的等标污染负荷之和 P_{nj}，按下式计算：

$$P_{nj} = \sum_{i=1}^{n} P_{ij} = \sum_{i=1}^{n} \frac{C_{ij}}{C_{oi}} \times Q_{ij} \tag{2-2}$$

3）某污染物在所有工序的等标污染负荷之和，即为该污染物的等标污染负荷之和 P_{ni}，按下式计算：

$$P_{ni} = \sum_{j=1}^{n} P_{ij} = \sum_{j=1}^{n} \frac{C_{ij}}{C_{oi}} \times Q_{ij} \tag{2-3}$$

4）污染物负荷比

① 某一工序污染物的等标污染负荷之和 P_{nj} 占所有工序等标污染负荷总和 $P_{j总}$ 的百分比，称为该工序的等标污染负荷比 K_j，按下式计算：

$$K_j = \frac{P_{nj}}{P_{j总}} \times 100\% \tag{2-4}$$

② 某一污染物的等标污染负荷之和 P_{ni} 占所有污染物的等标污染负荷总和 $P_{i总}$ 的百分比，称为该污染物的等标污染负荷比 K_i，按下式计算：

$$K_i = \frac{P_{ni}}{P_{i总}} \times 100\% \tag{2-5}$$

依据等标污染负荷比的大小，即可确定主要污染物或主要污染工序。从其计算过程可以看出，该方法简单明了、通用性强，且具有较好的综合性。等标污染负荷法是一种比较专业的方法，在环境影响评价中多用于对污染源的解析与评价。

使用等标污染负荷法时，首先要查阅评价资料，确定评价标准。对铜冶炼行业废水污染源进行解析，需选用《铜、镍、钴工业污染物排放标准》（GB 25467—2010）中规定的水污染物排放限值，如表 2-14 所列。

表 2-14　新建企业水污染物排放浓度限值及单位产品基准排水量

单位：mg/L（pH 值除外）

序号	污染物项目	限值		污染物排放监控位置
		直接排放	间接排放	
1	pH 值	6~9	6~9	企业废水总排放口
2	悬浮物	30	140	
3	化学需氧量（COD_Cr）	100（湿法冶炼）	300（湿法冶炼）	
		60（其他）	200（其他）	
4	氟化物（以 F⁻ 计）	5	15	

序号	污染物项目	限值		污染物排放监控位置
		直接排放	间接排放	
5	总氮	15	40	企业废水总排放口
6	总磷	1.0	2.0	
7	氨氮	8	20	
8	总锌	1.5	4.0	
9	石油类	3.0	15	
10	总铜	0.5	1.0	
11	硫化物	1.0	1.0	
12	总铅	0.5		生产车间或设施废水排放口
13	总镉	0.1		
14	总镍	0.5		
15	总砷	0.5		
16	总汞	0.05		
17	总钴	1.0		
单位产品基准排水量	铜冶炼(m³/t 铜)	10		排水量计量位置与污染物排放监控位置一致

2.2.1.2 方法选择与说明

(1) 污染因子筛选

依据《铜、镍、钴工业污染物排放标准》(GB 25467—2010)中规定的水污染物,同时考虑铜冶炼的特征污染物,确定筛选的污染因子为 pH 值、悬浮物、氟化物、总汞、总镉、总铅、总砷、总铜、总锌和 COD。

(2) 污染物排放数据的来源及说明

污染物排放数据来源于企业的监督性监测数据、竣工环保验收数据和实测数据。

(3) 污染源解析方法的选择与说明

1) 基于污染负荷估算的源解析法

这类方法以污染源为对象,不关注受纳水体实际污染状况及污染物特征。通过模拟不同来源污染物的输出、迁移转化等过程,估算各来源污染物输出或进入水体的负荷,经比较得出各来源的相对贡献。

2) 基于污染潜力分析的指数法

综合分析影响污染物输出的主要因子并根据其重要性赋予不同权重,以数学关系建立一个污染物输出的多因子函数,对流域不同单元各因子标准化后赋值并分别进行函数计算获得各单元污染输出潜力指数,比较后得到各个单元污染输出的相对贡献。与上述方法不同的是,此方法计算结果是各单元污染负荷输出的相对值。

3) 基于源-受体污染物特征的源解析法

这类方法通常并不关注污染物迁移过程及输出负荷,而是从受纳水体污染物特征出发,建立污染物特征因子与潜在来源中相关因子的关联,以此判断污染物的主要来源或计算各来源对受纳水体污染的贡献比例；其中一种直接以受体污染物特征分析来定性地判断污染的主要来源，另外一种则是建立受体与污染源特征因子的相关关系，定量地分析各来源的相对贡献。

针对工业废水污染源来说，等标污染负荷法能够反映出排放的污染物总量对地表水的影响，为区域内的总量控制提供科学依据。所以报告采用等标污染负荷评价方法，同时结合铜冶炼行业的水污染特征，开展水污染源解析。

2.2.2　水污染源解析流程

水污染源解析流程见图 2-26。

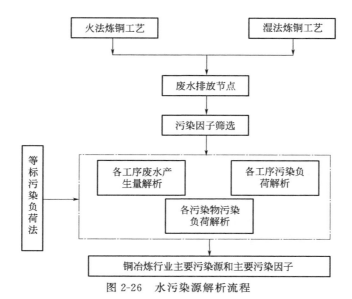

图 2-26　水污染源解析流程

2.3　污染源解析

2.3.1　废水量及特征污染物浓度

2.3.1.1　火法炼铜工艺

(1) 污酸

1) 主要污染物及其来源

来源于制酸系统的净化工段，通过管道输送至污酸处理站进行处理。污酸主要成分包括硫酸、氟化物和铜、砷、铅等重金属离子。总砷、总镉和总铜是主要污染物。

2) 废水量及特征污染物浓度

污酸平均废水产生量：$0.8 \sim 1.2 \mathrm{m}^3/\mathrm{t}$ 铜。

污酸工序等标污染负荷见表 2-15。

表 2-15 污酸工序等标污染负荷

特征污染物	总铜	总砷	总锌	总铅	总镉	总汞	氟化物	悬浮物	硫酸
浓度/(mg/L)	50~500	1000~15000	20~300	1~50	1~150	0.1~10	30~1000	500~3000	1%~10%
等标负荷/(m³/t铜)	100~1000	2000~30000	13~200	2~100	10~1500	2~100	6~200	16~100	—

由于污酸的污染负荷非常高，每家铜冶炼厂均单独设置污酸处理站，进行单独收集和单独处理。处理后的出水为石膏后液，总镉、总砷、总铜、总锌和总铅是主要污染物，送废水处理总站继续处理。

石膏后液工序等标污染负荷见表 2-16。

表 2-16 石膏后液工序等标污染负荷

特征污染物	总铜	总砷	总锌	总铅	总镉	总汞	氟化物	悬浮物	pH值
浓度/(mg/L)	5~15	10~20	10~30	1~5	1~5	0.03~0.05	10~30	20~40	1~3
等标负荷/(m³/t铜)	10~30	20~40	6.7~20	2~10	10~50	0.6~1	2~6	0.7~1.4	—

（2）冲洗水

1）主要污染物及其来源

主要来源于电解车间地面冲洗水、硫酸及酸库区域地面冲洗水、电除雾器冲洗水，电解工序的冲洗水，这些污水与污酸处理后的上清液送到生产废水处理总站处理。主要污染物为酸、氟化物、铜、砷、铅等重金属。总镉、总砷、总铜、是主要污染物。

2）废水量及特征污染物浓度

冲洗水平均废水产生量：0.3~0.4m³/t铜。

冲洗水工序等标污染负荷见表 2-17。

表 2-17 冲洗水工序等标污染负荷

特征污染物	总铜	总砷	总锌	总铅	总镉	总汞	氟化物	悬浮物	pH值
浓度/(mg/L)	5~15	5~15	10~20	1~5	1~5	—	5~15	100~300	2~5
等标负荷/(m³/t铜)	3.5~10.5	3.5~10.5	2.3~4.6	0.7~3.5	3.5~17.5		0.35~1.05	1.1~3.5	—

（3）脱硫废水

1）主要污染物及其来源

主要来源于湿法脱硫工段。污染成分来自于烟气，主要包括铜、砷、镉和铅等金属离子，及大量的二氧化硫溶于水形成的亚硫酸根离子等污染物。总镉、总砷是主要污染物。

2）废水量及特征污染物浓度

脱硫废水平均废水产生量：0.6~1m³/t铜。

脱硫废水工序等标污染负荷见表 2-18。

表 2-18　脱硫废水工序等标污染负荷

特征污染物	总铜	总砷	总锌	总铅	总镉	总汞
浓度/(mg/L)	0.3~1	0.3~3	1~4	0.2~1	0.1~1	—
等标负荷(m³/t铜)	0.48~1.6	0.48~4.8	0.5~2.1	0.32~1.6	0.8~8	—

（4）冲渣废水

1) 主要污染物及其来源

来源于冰铜水淬、吹炼渣水淬工段。污染物主要包括铜、砷、镉和铅等金属离子等污染物。总镉、总砷是主要污染物。

2) 废水量及特征污染物浓度

冲渣水平均废水产生量：$0.2~0.3m^3/t$ 铜。

冲渣废水工序等标污染负荷见表 2-19。

表 2-19　冲渣废水工序等标污染负荷

特征污染物	总铜	总砷	总锌	总铅	总镉	总汞
浓度/(mg/L)	0.3~2	0.3~3	1~6	0.2~2	0.1~2	—
等标负荷/(m³/t铜)	0.15~1	0.15~1.5	0.16~1	0.1~1	0.25~5	—

（5）循环冷却水

1) 主要污染物及其来源

来源于熔炼系统循环冷却水、阳极炉系统循环冷却水和制氧系统循环冷却水、硫酸系统循环冷却水的溢流水等，这部分水主要是温度较高，属清净下水。

2) 废水量及特征污染物浓度

循环冷却水工序平均废水产生量：$3.2~4.8m^3/t$ 铜。

循环冷却水工序等标污染负荷见表 2-20。

表 2-20　循环冷却水工序等标污染负荷

特征污染物	总铜	总砷	总锌	总铅	总镉	总汞
浓度/(mg/L)	0.1~0.2	0.01~0.05	0.1~0.3	未检出	未检出	未检出
等标负荷/(m³/t铜)	0.8~1.6	0.08~0.4	0.26~0.8	0	0	0

（6）初期雨水

1) 主要污染物及其来源

主要是火法冶炼过程中富集在厂区地面、屋顶和设备上的烟尘在降雨时随雨水进入排水系统；湿法冶炼过程管道、槽、罐、泵等跑、冒、滴、漏的污染物，随雨水进入排水系统，主要污染物为砷、铅和镉等重金属等。

2) 废水量及特征污染物浓度

由于各地降雨量差异性很大，导致初期雨水产生量差别极大。

初期雨水工序等标污染负荷见表 2-21。

表 2-21　初期雨水工序等标污染负荷

特征污染物	总铜	总砷	总锌	总铅	总镉	总汞
浓度/(mg/L)	0.4～1	0.1～1	0.02～5	0.02～2	0.02～2	—

2.3.1.2　湿法炼铜工艺

1) 主要污染物及其来源

来源于湿法炼铜萃取工段，通过管道输送至废水处理站进行处理。萃余液主要成分包括硫酸、铜、砷、铅、锌和 COD 等重金属离子。COD、总砷、总镉和总铜是主要污染物。

2) 废水量及特征污染物浓度

萃余液平均废水产生量：600～1400m³/t 铜。

萃取工序等标污染负荷见表 2-22。

表 2-22　萃取工序等标污染负荷

特征污染物	总铜	总砷	总锌	总铅	总镉	总汞	COD
浓度/(mg/L)	15～30	0.01～1	10～20	0.5～2	0.1～1	—	200～400
等标负荷/(m³/t 铜)	30000～60000	20～2000	6666～13332	1000～4000	1000～10000	—	2000～4000

2.3.2　全工序水污染源解析

在分析各工序污染物等标污染负荷的基础上，对整个铜冶炼过程中各个工序所排放的污染物的等标污染负荷累计求和，得出各工序总等标污染负荷值，并计算负荷比，计算结果如表 2-23 和图 2-27 所示。

表 2-23　各工序污染物等标污染负荷总和及负荷比（一）

工艺	工序	各工序等标污染负荷/(m³/t 铜)	各工序等标污染负荷比	累积负荷比/%
火法炼铜	污酸	2147～33100	99.1～99.75	—
	冲洗水	14.95～51.15	0.69～0.15	99.79～99.9
	脱硫废水	2.58～18.1	0.12～0.05	99.91～99.96
	冲渣废水	0.81～9.5	0.04～0.03	99.95～99.99
	循环冷却水	1.14～2.8	0.05～0.01	100
湿法炼铜	萃余液	40686～93332	39.5～100	39.5～100

从表 2-23 中数据可以看出：各工序等标污染负荷总和从大到小的顺序是污酸＞冲洗水＞脱硫废水＞冲渣废水＞循环冷却水，其中污酸等标污染负荷比为 99.9%～99.6%，是整个铜火法冶炼过程中最主要污染源；另外湿法炼铜萃余液的污染负荷也非常高，也是铜冶炼的一个主要废水污染源。

由于污酸的污染负荷太大，不利于分析火法炼铜其他工序的污染负荷。为此，开展废水处理总站来源的污染源解析，计算结果如表 2-24 和图 2-28 所示。

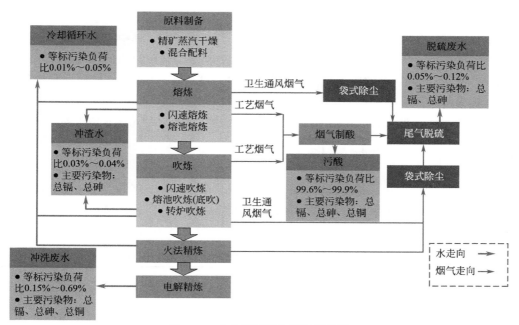

图 2-27　火法炼铜污染源解析结果

表 2-24　各工序污染物等标污染负荷总和及负荷比（二）

工序	各工序等标污染 负荷/(m³/t 铜)	各工序等标 污染负荷比	累积负荷比 /%
石膏后液	52～158.4	62.75～65.9	—
冲洗水	14.95～51.15	20.9～21.4	83.65～87.3
脱硫废水	2.58～18.1	3.6～7.57	87.25～94.87
冲渣废水	0.81～9.5	1.13～3.54	88.38～98.41
循环冷却水	1.14～2.8	1.15～1.59	100

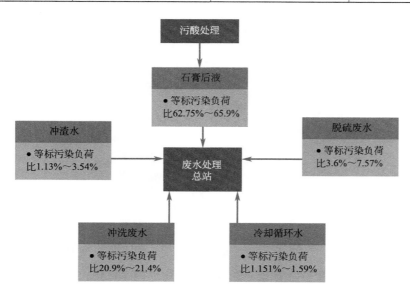

图 2-28　火法炼铜废水处理总站污染源解析结果

从表 2-24 中数据可以看出：废水处理总站各废水来源等标污染负荷总和从大到小的顺序是石膏后液＞冲洗水＞脱硫废水＞冲渣废水＞循环冷却水，其中石膏后液等标污染负荷比为 62.75.5％～65.9％，冲洗水等标污染负荷比为 20.9％～21.4％，脱硫废水等标污染负荷比为 3.67.57％，冲渣废水等标污染负荷比为 1.1.3％～3.98％。按照污染物等标污染负荷比由大到小排列，分别计算其累积百分比，规定百分比累积到 95％ 的工序为主要污染工序。石膏后液、冲洗水、脱硫废水和冲渣废水是整个废水处理站废水中主要污染源。

2.3.3 主要水污染物解析

为了了解整个铜火法冶炼过程中的主要污染物，在分析各工序污染物等标负荷的基础上，对某一污染物在整个铜冶炼过程中各个工序的等标污染负荷累计求和，得出其总等标污染负荷，并计算污染负荷比，计算结果如表 2-25 和图 2-29 所示。

表 2-25 各污染物等标污染负荷总和及负荷比（一）

工序	各工序等标污染负荷/(m^3/t 铜)	各工序等标污染负荷比	累积负荷比/%
总砷	2004.21～30017.2	92.44～90.19	—
总铜	104.93～1014.7	4.84～3.05	97.28～93.24
总镉	14.55～1530.5	0.67～4.6	97.95～97.84
总铅	3.12～106.1	0.14～0.32	98.19～98.16
总锌	16.12～208.5	0.74～0.63	98.93～98.79
氟化物	7.1～203.5	0.33～0.61	99.36～99.4
悬浮物	16～100	0.64～0.3	99.96～99.7
总汞	2～100	0.04～0.3	100

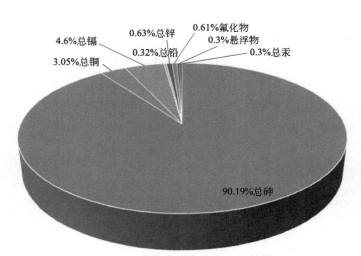

图 2-29 火法炼铜污染物解析结果

由表中数据可得：各污染物等标污染负荷总和从大到小的顺序是总砷＞总镉＞总铜＞总锌＞氟化物＞总铅＞悬浮物＞总汞。按照污染物等标污染负荷比由大到小排列，分别计算其累积百分比，规定百分比累积到 98％ 的污染物为主要污染物。因此得到，铜冶炼过程中的主要污染物为总砷、总铜、总镉。因此,在处理污水时对总砷、总铜、总镉要重点给予关注。

为了解整个铜湿法冶炼过程中的主要污染物,分析表 2-22。从表 2-22 中数据可得:各污染物等标污染负荷总和从大到小的顺序是总铜＞总锌＞总镉＞COD＞总铅＞总砷。因此得到,湿法铜冶炼过程中的主要污染物为总铜、总锌、总镉、COD、总铅和总砷。因此,在处理污水时对总铜、总锌、总镉要重点给予关注。

由于污酸的污染负荷太大,不利于分析其他工序的污染物污染负荷。为此,开展废水处理总站来源的污染源解析,计算结果如表 2-26 和图 2-30 所示。

表 2-26　各污染物等标污染负荷总和及负荷比(二)

工序	各工序等标污染负荷/(m³/t 铜)	各工序等标污染负荷比	累积负荷比/%
总镉	14.55～80.5	20.35～33.13	—
总砷	24.21～57.2	33.87～23.54	54.22～56.67
总铜	14.93～48.7	20.89～20.05	75.11～76.72
总锌	9.92～28.5	13.88～11.73	88.99～88.45
总铅	3.12～16.1	4.36～6.12	93.35～94.97
氟化物	2.35～7.05	3.29～2.8	96.64～97.77
悬浮物	1.8～4.9	2.52～1.93	99.16～99.7
总汞	0.6～1	0.84～0.3	100

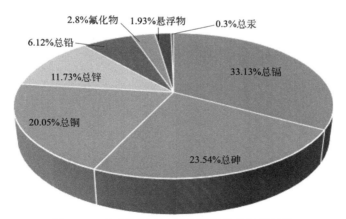

图 2-30　火法炼铜废水处理站污染物解析结果

由表中数据可得:废水处理总站废水中各污染物等标污染负荷总和从大到小的顺序是总镉＞总砷＞总铜＞总锌＞总铅＞氟化物＞悬浮物,其中总镉的等标污染负荷比为 20.35%～33.13%,总砷为 23.54%～33.87%,总铜为 20.05%～20.89%,总锌为 11.73%～13.88%,总铅为 4.36%～6.62%,氟化物为 2.8%～3.25%,悬浮物为 1.93%～2.52%,总汞 0.3%～0.84%。按照污染物等标污染负荷比由大到小排列,分别计算其累积百分比,规定百分比累积到 98% 的污染物为主要污染物。因此得到,废水处理总站废水中的主要污染物为总镉、总砷、总铜、总锌、总铅和氟化物。因此,在废水处理总站污水处理时对总镉、总砷、总铜、总锌、总铅和氟化物要重点给予关注。

参考文献

[1] 杨晓松，等编著.有色金属冶炼重点行业重金属污染、控制与管理 [M].北京：中国环境出版社，2014.

[2] 闵小波，邵立南，周萍，等著.有色冶炼砷污染源解析及废物控制 [M].北京：科学出版社，2017.

[3] 陈雄.冶炼烟气制酸污酸处理技术研究 [J].科技创新与应用，2015 (7)：25-26.

[4] 邵立南，杨晓松.我国有色金属冶炼废水处理的研究现状和发展趋势 [J].有色金属工程，2011 (4)，39-42.

[5] 邵立南，杨晓松.有色金属冶炼污酸处理技术现状及发展趋势 [J].有色金属工程，2013 (6)：59-60.

[6] 赵凌波，夏传，李绪忠.铜冶炼厂废水综合治理的工程实践 [J].硫酸工业，2019 (5)：23-26.

[7] 饶剑锋，夏安林.有色冶炼企业工业废水减排措施探讨 [J].有色冶金设计与研究，2018，39 (1)：14-16.

[8] 姜河，周建飞，廖学品，等.牛皮制革过程污染控制技术评估模型的建立与实证 [J].中国皮革，2018 (11)：40-47.

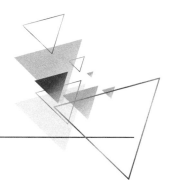

第3章

铜冶炼行业水污染控制技术评估

3.1 铜冶炼行业全过程水污染控制技术现状

3.1.1 铜冶炼废水处理文献调研

(1) 论文检索结果

分别在中国知网和 Web of Science 检索了 1999～2019 年水污染全过程控制技术方面发表的论文，经过筛选在中国知网获得 390 条检索结果（其中有效论文为 196 条），在 Web of Science 获得 119 条检索结果（其中有效论文为 20 条）。

图 3-1 为 Web of Science 和 CNKI 关于铜冶炼废水污染控制逐年发文量的比较。

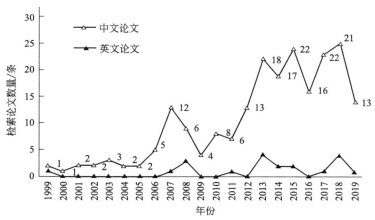

图 3-1　Web of Science 和 CNKI 关于铜冶炼废水逐年发文量对比

从图 3-1 中可以看出，Web of Science 发文量总体比较稳定，中国知网发文量从 1999

年至 2019 总体呈增加趋势。2005 年以前 Web of Science 和 CNKI 关于铜冶炼废水污染控制的发文量差距较小，而 2005 年以后 CNKI 关于铜冶炼废水处理的发文量逐渐高于 Web of Science，特别是 2013 年之后差距更加明显。

图 3-2 为 Web of Science 和 CNKI 关于铜冶炼废水污染控制各大类技术单元的论文数比较。

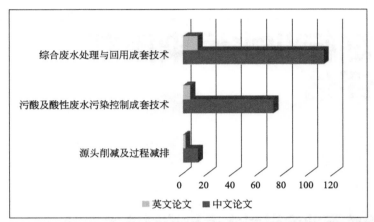

图 3-2　Web of Science 和 CNKI 关于铜冶炼废水污染控制分类发文量对比

从图 3-2 中可以看出，中国知网和 Web of Science 发文量中的污酸及酸性废水污染控制成套技术和综合废水处理与回用成套技术占绝大多数。

图 3-3 为 Web of Science 和 CNKI 关于污酸及酸性废水污染控制成套技术各类技术单元的论文数比较。从图 3-3 中可以看出，Web of Science 以资源化技术为主，中国知网发文量中的硫化、中和和资源化技术相差不大。

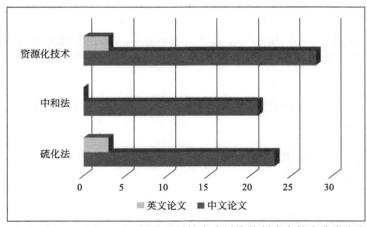

图 3-3　Web of Science 和 CNKI 污酸及酸性废水污染控制成套技术分类发文量对比

图 3-4 为 Web of Science 和 CNKI 关于综合废水处理与回用成套技术各类技术单元的论文数比较。从图 3-4 中可以看出，Web of Science 和 CNKI 发文量中都是以吸附法为主。

图 3-5 为 Web of Science 关于铜冶炼废水污染控制发文量前 10 名的国家。由图 3-5 中可以发现，关于铜冶炼废水污染控制发表的论文主要集中中国。

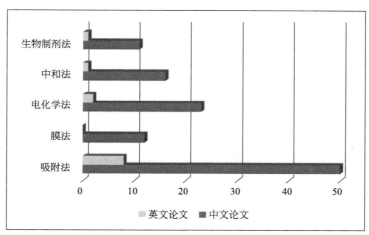

图 3-4　Web of Science 和 CNKI 关于综合废水处理与回用成套技术分类发文量对比

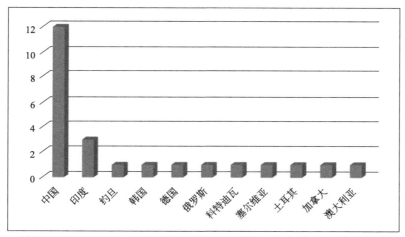

图 3-5　Web of Science 关于铜冶炼废水污染控制发文量前 10 名的国家

图 3-6 和图 3-7 为中文论文铜冶炼废水主要技术发文量占总发文量的比例。中国知网论文中污酸应用技术中硫化法、中和法和资源化技术相差不大；综合废水应用技术中以吸附法和电化学法等深度处理技术为主。

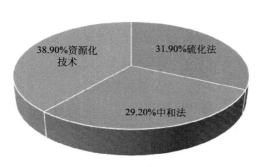

图 3-6　CNKI 污酸主要技术总发文量比例

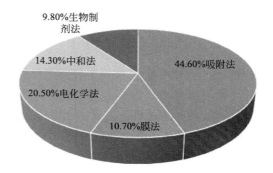

图 3-7　CNKI 综合废水主要技术总发文量比例

图 3-8 和图 3-9 为英文论文铜冶炼废水主要技术发文量占总发文量的比例。Web of Science 论文中污酸应用技术主要以硫化法和资源化技术为主；综合废水应用技术中以吸附法和电化学法等深度处理技术为主。

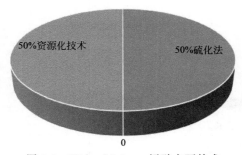

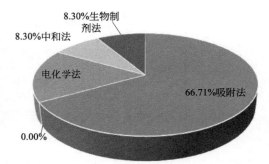

图 3-8　Web of Science 污酸主要技术占总发文量比例

图 3-9　Web of Science 综合废水主要技术占总发文量比例

（2）专利检索结果

分别检索了 1999～2019 年铜冶炼废水处理技术方面的中文专利和英文专利，经过筛选在中文专利获得 76 条检索结果（有效专利 42 条），英文专利获得 18 条检索结果（有效专利 13 条）。

图 3-10 为关于铜冶炼废水污染控制技术逐年中文专利和英文专利量的比较。从图 3-10 中可以看出，专利数量逐年增加，到 2015 年达到峰值，然后处于下降状态。中文专利量明显高于英文专利，特别是 2011 年之后差距更加明显。

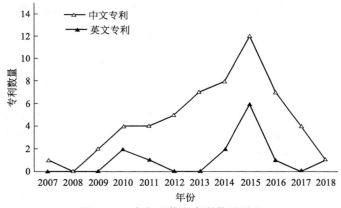

图 3-10　中文和英文专利数量对比

图 3-11 为铜冶炼废水污染控制各大类技术单元的中文专利和英文专利数比较。从图 3-11 中可以看出，中文专利与英文专利相比，污酸治理类技术占比较高。

图 3-12 关于铜冶炼废水污酸处理各类技术单元专利数比较。从图 3-12 中可以看出，中文专利和英文专利量中的资源回收技术占绝大多数。

图 3-13 为关于铜冶炼综合废水处理各类技术单元的专利数比较。从图 3-13 中可以看出，中文专利中常规中和法处理工艺仍占较高的比例，英文专利量中的主要以吸附法、膜法和电化学法等深度处理技术为主。

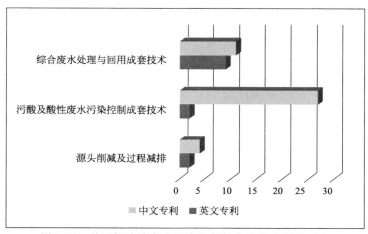

图 3-11　关于铜冶炼废水污染控制技术分类专利量对比

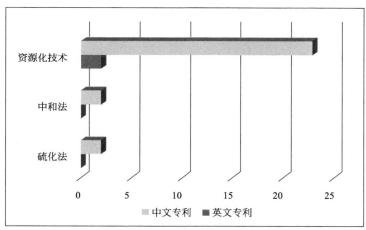

图 3-12　关于铜冶炼废水污酸处理专利量对比

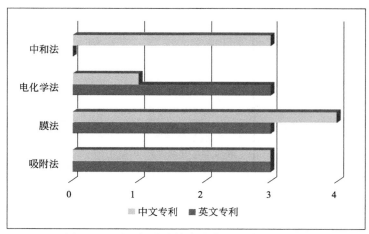

图 3-13　关于铜冶炼综合废水处理专利量对比

关于铜冶炼废水污染控制中文和英文专利主要集中在中国，中国的专利量占到100％。

图3-14、图3-15中文专利铜冶炼废水主要技术发文量占总发文量的比例。污酸应用专利技术以资源化技术为主；综合废水应用技术中以吸附法和膜法等深度处理技术为主，但传统的中和法仍占到较大比例。

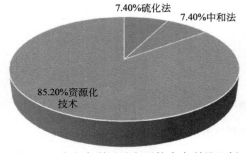 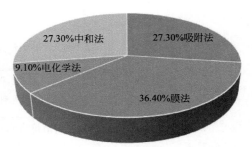

图 3-14　中文专利污酸主要技术专利量比例　　　　图 3-15　中文专利综合废水主要技术专利量比例

图3-16英文专利铜冶炼废水主要技术发文量占总发文量的比例。污酸应用专利技术以资源化技术为主；综合废水应用技术中以吸附法、膜法和电化学法等深度处理技术为主。

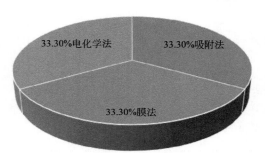

图 3-16　英文专利综合废水主要技术专利量比例

3.1.2　铜冶炼废水处理工艺现状调查

Web of Science检索论文都是科研论文，没有工程案例。在中国知网检索了1999-2019年水污染全过程控制技术方面发表的论文中的工程案例，经过筛选在中国知网获得9条检索结果，见表3-1。

表 3-1　工程案例检索情况

序号	案例名称	地点	技术单元	工程内容
1	大冶有色冶炼厂废水减排与提标技改	湖北大冶	综合废水处理与回用成套技术	综合废水处理系统改造(重金属废水生物制剂深度处理与回用技术)
2			废水源头削减技术及过程减排技术	(1)雨污分流；(2)循环水回用系统
3	中铝东南铜业有限公司冶炼烟气制酸净化污酸分段脱铜脱砷技术改造	福建宁德	污酸及酸性废水污染控制成套技术	硫化钠梯级硫化技术

续表

序号	案例名称	地点	技术单元	工程内容
4	金冠冶炼厂废水处理及梯级回用措施	安徽铜陵	废水源头削减技术及过程减排技术	
5	白银有色硫酸生产酸性废水电化学法处理生产	甘肃白银	综合废水处理与回用成套技术	重金属废水电化学处理技术
6	贵溪冶炼厂闪速炉用水的改造	江西贵溪	废水源头削减技术及过程减排技术	
7	电化学在金隆铜冶炼废水处理中的应用	安徽铜陵	综合废水处理与回用成套技术	重金属废水电化学处理技术
8	镍铜冶炼烟气制酸系统酸性水处理及再利用	甘肃金川	污酸及酸性废水污染控制成套技术	硫化钠梯级硫化技术和中和法
9	电化学法处理铜冶炼废水的应用	江西贵溪	综合废水处理与回用成套技术	重金属废水电化学处理技术
10	矿铜冶炼工厂重金属废水零排放技术	浙江杭州	综合废水处理与回用成套技术	综合废水深度处理与回用技术(膜法)

结合文献调研和现场实际调研情况来看，废水源头削减技术及过程减排技术仍采用比较常规的雨污分流、清污分流和循环水系统改造；污酸及酸性废水污染控制成套技术仍以传统的硫化法和中和法为主，但已经有企业开始进行污酸资源化改造；综合废水处理与回用成套技术仍以传统的中和法为主，但有许多企业已经开始使用膜法、电化学法、吸附法和生物制剂法等深度处理技术[1-17]。

3.1.2.1　废水源头削减及过程减排技术在铜冶炼废水中的应用

国内较大的铜冶炼企业在工业废水治理方面均能遵循清洁生产原理，从废水产生源头削减工业废水，尽量做到清污分流，提高工业用水循环率，减少废水的产生。

(1) 废水源头削减及过程减排措施

近几年来，我国对企业环保要求越来越高，因此部分大型冶炼企业实施工业生产废水零排放工程，大大提高本企业工业用水回用率，基本做到不排放工业废水。主要措施有以下几项。

① 实现雨污分流和清污分流，大幅降低废水的产生量。

② 铜冶炼过程中，根据工艺需求（以火法熔炼为例），需设置大量的循环水系统，这些循环水系统分间接和直接冷却设备和介质。间接冷却是指通过传热设备间接冷却炉体、机械设备、工艺介质（循环酸）温度；直接冷却是将冷却水直接和被冷却介质（如阳极铜、炉渣等）接触，采用清、浊循环水技术，改造工业用水循环系统，提高工业用水循环率。

③ 合理调配企业生产用水，改建供排水管网，提高工业用水回用率，将原来排放的部分轻污染的废水调配作为其他用水，实现梯级用水（就是按用水点对水质的要求，先将水供给水质要求高的用水点，使用后直接或略加处理后再送给对水质要求低的用水点，达到节约用水，一水多用的目的）。例如清循环冷却水系统是对水质要求高的用水点，而浊循环冷却水系统是对水质要求低的用水点。还有硫酸工艺用水、铜电解工艺用水、环境集烟脱硫工艺用水、道路冲洗用水、绿化用水等都为水质要求低的用水，所以可以将循环水

系统排污水供给湿法收尘用水；使用处理后酸性废水冲渣等。

④ 针对铜冶炼过程不同来源、水质特征的废水，综合考虑各用水点的水质要求，以废水最适宜回用类型为目标，采用不一样的处理技术，提高工业废水处理技术水平，将污染较严重的废水处理后分质回用。例如为防止用水设备结垢，一些企业采用膜处理技术去除废水中 Ca^{2+}，使这些废水能回用于生产。

（2）技术应用工程实例

1）案例 1：湖北某铜冶炼厂废水减排与提标技改工程

湖北某铜冶炼厂通过实施雨污分流、清污分流、废水分类收集与梯级循环利用、污水处理站外排水提标等改造，实现了外排水量及污染物总量大规模地削减，提升了水资源的循环利用率。

① 雨污分流：根据厂区布局，在厂区分界线设置截洪沟，不让厂区外洁净雨水进入厂区受到污染；厂内增设东区、西区雨水收集池及雨水转运提升系统，分类收集和处置雨水。

② 清污分流：制酸片区涉重废水收集后用泵输送至污酸处理站处置后排放；备料片区降尘、冲洗等涉重废水收集到运矿车洗车台沉淀池沉淀后上清液循环利用，余水排放；电解片区的涉重废水集中收集至西区初期雨水收集池然后进行排放；不涉重废水也进行集中收集后，由管道输送至渣缓冷片区使用。

③ 梯级利用：制酸片区和发电片区循环水系统，可以直接回用至渣缓冷片区用于渣包的冷却用水；收集各生产片区工艺排放水，建立清水池回用对水质要求等级较低的位置，如冲地用水、工艺生产的药剂制备用水等；对高品质的设备冷凝水、蒸汽冷凝水收集用于设备冷却或循环水补充水。

④ 外排水提标改造：在污水处理站原有设备设施的基础上，增设三级生物制剂投加点和超滤装置实现外排水的提标排放。废水排放量由 7.2kt/d 降低至 3.0kt/d，外排水指标达到《城镇污水处理厂污染物排放标准》（GB 18918—2002）一级 A 标准，全厂每吨铜新水单耗由 18.16t 降低至 13.60t，取得了一定的经济效益与较大的环境效益。

2）案例 2：江西某铜冶炼厂闪速炉用水的改造工程

江西某铜冶炼厂针对铜精矿熔炼工序工业用水，设备冷却水，区域废水收集等生产工艺过程用水控制的情况，对铜精矿熔炼生产过程用水工艺的优化改造。

① 设备冷却水改造：贵冶熔炼区域内将所有设备用水全部接入循环水管网，提高水资源的循环利用。循环水管网水池以及冷却塔等设备建设在备料仓北面。冷水泵从冷水池中抽水，出水分两路走，大部分出水向熔炼各用水设备供水，小部分出水走纤维球过滤器过滤水中杂质，达到净化水质的效果，过滤后的水回到冷水池中，保证循环水中杂质不会富集。生产各设备冷却后用水经各支管集合到回水总管后全部回流入热水池，热水再经热水泵打至冷却塔上进行冷却后流回冷水池中。

② 区域废水收集的改造：废水池进口电动闸板状态为常开。平时场面冲洗水直接排到废水收集池，由场面冲洗泵加压后回用于初期雨水收集区域场面冲洗，冲洗前后应将池内水位控制在 30% 以上，雨天，初期雨水排入废水池收集，池内液位达到 90% 时报警并自动关闭进水闸门，后期洁净雨水溢流至厂区排水管网，降雨结束后由人工开启废水输送泵将初期雨水输送到硫酸车间污水处理。当液位低于 15% 时停止废水输送泵，之后开启

废水池进口电动闸板，池内剩余水量作为场面冲洗用水。

③ 炉体冷却水的优化：一方面，用精细化操作把控炉体热负荷，通过稳定闪速炉炉况，合理安排电炉的排铍作业，减少固态冰铜的加入，合理控制电炉电功率，使电炉的熔体量和温度都能维持在一个稳定的范围内，从而使炉体热负荷较低，让减少后的冷却水能够满足炉体冷却水的需求；另一方面，当班操作人员每勤用红外线测温器对炉体测温，监视温度变化，仪表人员密切关注 DCS 系统冷却水的温度变化，监视各个冷却水点的温度变化情况。江铜贵冶经过对生产用水及废水工艺的改造和水处理系统的改进后，生产过程中产生的废水均得到再利用，在节能减排的同时又保护了环境，尤其是新增的区域废水收集池，基本做到了废水"零"排放，资源最大化利用的效果，每年可减排废水百万吨。

3）案例 3：安徽某铜冶炼厂废水梯级回用工程

安徽某铜业有限公司生产工序有冶炼、制酸、制氧、电解、综合回收等，公司开展了生产过程中产生的酸性废水经过处理后进行循环利用，达到节能减排的目的。

① 经过脱硬处理后的制酸区域废水，水质相对较差（Ⅴ级）。此类回水主要用于对水质要求不高的熔炼渣缓冷、渣水淬系统，通过采用缓冷工艺，从熔炼渣中回收有价金属。

② 经过脱硬处理后的其他区域生产废水，水质一般（Ⅳ级）。此类回水可代替新水用于冶炼、动力、硫酸等区域的补充水和冲洗用水。

③ 经过脱硬处理后的循环排污浓水，水质中等（Ⅲ级），主要用于硫酸净化和精矿制粒的补充用水。

④ 深度废水处理站产出的淡水，水质相对较好（Ⅱ级），可代替新鲜工业用水直接回用，厂区主要将其作为硫酸循环水的补充水。

⑤ 初期雨水处理站处理后的水，水质介于Ⅱ级与Ⅲ级之间，目前主要将其作为厂区内绿化浇灌用水。

3.1.2.2　污酸及酸性废水污染控制技术在铜冶炼废水中的应用

对于生产中所产生的污酸和酸性废水，目前仍以硫化法和石灰中和法为主。一般采用硫化＋两段石灰中和法，第一段用石灰乳将废水的 pH 值调节到 2.5～3，分离沉淀的石膏。该部分石膏数量比较大，且不含其他重金属，可用于做建筑材料；经分离石膏后的废水中投加硫化物，对砷进行开路。然后用石灰乳再中和至 pH＝9；去除 As、Pb、Cd、Zn、Cu 等重金属离子；经两段处理后废水基本达到排放标准；再输送至厂工业废水处理站进一步处理后排放。由于传统方法存在着危废产生量大、有价金属和酸资源不能回收等问题，目前在大量的研究污酸的资源化技术，并有了工程应用。

(1) 污酸及酸性废水处理常用技术

目前常用的处理技术如下所述。

1）中和法

中和法是向废水中投入中和剂，使废水中金属离子生成氢氧化物沉淀与水分离，使废水达到排放标准。常见的中和剂有石灰、石灰石、苏打、苛性碱等。由于石灰来源广、价格低、操作简便，故石灰为常用中和剂。传统石灰中和法应用广泛。

常规石灰中和法工艺流程见图 3-17。

2）硫化法

硫化法比石灰中和法更为有效，且具有渣量小，易脱水，沉渣金属品位高、利于回收

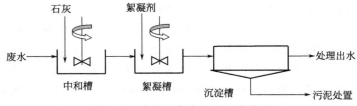

图 3-17 常规石灰中和法工艺流程

等优点。其原理是在含重金属的废水中加入硫化钠溶液，使重金属以硫化物形式沉淀。由于重金属离子与 S^{2-} 有着很强的亲和力，能生成溶度积很小的硫化物，使重金属完全沉淀。但是硫化钠价格较高，沉淀在形成过程中容易产生胶体，给分离带来困难，不仅沉淀物分离需要合适的 pH 值，还要有良好的沉淀设备时，净化效果才显著，而且硫化钠、硫化氢钠等无机硫化物与 HCl、H_2SO_4 等酸接触，产生大量的有害硫化氢气体，在安全技术方面要求严格。

硫化法工艺流程见图 3-18。

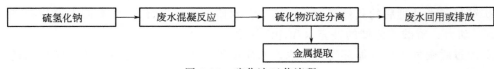

图 3-18 硫化法工艺流程

3）石灰＋铁盐法

向污酸中加入石灰乳进行中和反应，经固液分离、污泥脱水后产生石膏。进一步向废水中加入双氧水、液碱及铁盐，发生氧化沉砷反应，经固液分离、污泥脱水后产生砷渣。出水与其他废水合并后送污水处理站进一步处理。

石灰＋铁盐法工艺流程见图 3-19。

图 3-19 石灰＋铁盐法工艺流程

4）高密度泥浆法

一种让沉淀池底回流先与石灰混合，再进入反应池与污水进行中和反应，循环池底在反应体系中通过吸附、卷帘、共沉等作用，作为反应物附着、生长的载体或场所，经过多次循环往复后可粗粒化、晶体化，变成高密度、高浓度易于沉降，同时底泥的回流似的底泥中残留的未反应的石灰可以再次参与反应，有效降低石灰消耗量。

高密度泥浆法工艺流程见图 3-20。

（2）污酸资源化回收技术

1）蒸发浓缩＋硫化法技术

该技术是利用热风将浓度低的污酸蒸发浓缩产出 55% 的浓缩酸，同时脱除污酸中的

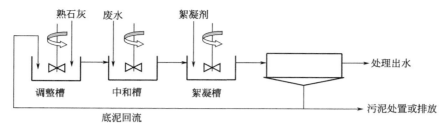

图 3-20　高密度泥浆法工艺流程

氟和氯。浓缩酸用硫化法除去杂质铜、铅、砷后，过滤得到纯净的浓缩酸，返到硫酸生产系统或其他生产系统使用。不产生石膏，不会二次污染；脱除总氟氯效果可达到 98% 以上；废水的金属离子和砷脱除效果可达到 80% 以上。该技术将污酸变成了有效酸，提高了硫的回收率；用浓缩代替了加石灰/石灰石，消除了大量石膏渣的生成，避免了石膏渣的污染，硫化渣返回系统进一步回收有价金属。

蒸发浓缩＋硫化法工艺流程见图 3-21。

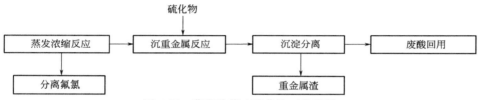

图 3-21　蒸发浓缩＋硫化法工艺流程

2）选择性吸附-气液强化硫化-酸浓缩-氟氯分离技术

通过选择性吸附可以实现污酸中稀散金属铼、硒等的高效回收；通过气液强化梯级硫化对污酸中的铜、铅、镉等有价金属实现分步回收；结合选择性电渗析技术、蒸发浓缩技术、氟氯分离技术，氟氯离子实现高效分离。得到的硫化渣中重金属品位在 50% 以上，可作为硫精矿回收有价金属，有价金属与砷的分离率在 98% 以上。对污酸中的酸浓缩至 50% 以上回用，酸的回收率可到 90% 以上，氟氯离子分离率可达 99% 以上。污酸废水通过该技术处理后，无需石灰中和，避免大量中和渣的产生，渣量不到传统方法的 8%。实现了有价金属和砷的分离，避免了砷在系统中的循环富集。

选择性吸附-气液强化硫化-酸浓缩-氟氯分离技术工艺流程见图 3-22。

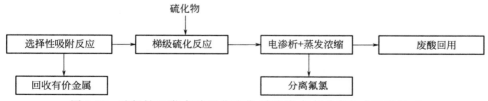

图 3-22　选择性吸附-气液强化硫化-酸浓缩-氟氯分离技术工艺流程

3）梯级硫化技术

向污酸中投加硫化剂，利用硫化铜和硫化砷沉淀 ORP 条件的不同，使污酸中的铜和砷进行分离，回收污酸中的铜。

梯级硫化法工艺流程见图 3-23。

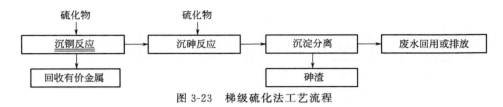

图 3-23 梯级硫化法工艺流程

(3) 技术应用实例

1) 案例 1：福建某铜冶炼有限公司污酸分段脱铜脱砷改造工程

福建某铜业有限公司铜冶炼污酸原处理工序采用一次性脱铜脱砷工艺。在实际生产过程中，污酸原液铜含量异常超高时会导致硫化滤饼中的铜含量超高，造成铜流失且增加滤饼处理费用。对该系统实施技术改造：

① 将某一原液贮槽作为脱铜废酸槽，新增管路去硫化反应槽（脱铜）进行脱铜反应，脱铜反应后浆液通过原有流程进入硫化浓密机（脱铜）进行沉降分离；新增浓密机溢流管到脱铜后液槽，作为脱砷原液，利用原设计的工艺流程及设备进行脱砷。

② 通过新增阀门，硫化浓密机（脱铜）的底流浆液只允许到脱铜压滤机，用脱铜压滤机生产铜滤饼；而另 1 台压滤机则作为脱砷压滤机，生产砷滤饼。

实践表明：分步脱铜、脱砷能有效地回收铜金属并减少砷滤饼产量，具有较好的经济效益。

2) 案例 2：安徽某铜冶炼公司污酸处理系统改造工程

安徽某铜冶炼公司污酸原处理工序存在中和反应及曝气时间设计偏短，导致中和反应时间滞后，再加上中和站能力不足，致使排水水质尤其是个别有害杂质含量难以保证，直接影响公司整体环保达标排放的问题。对该系统实施技术改造：结合同类含金属离子水处理经验，本设计采用增设新的石膏处理系统，包括新增两个系列的 4 台反应槽、2 台石膏浓密机、陶瓷过滤机及相关联的输送设备、管道等。将净化系统板框压滤机滤液和酸膜过滤器上清液流输送至新增的石膏反应槽，加入石灰石浆反应，反应后的液体混合物自流到新增的浓密机进行沉降。浓密机底流经离心机及新增的陶瓷过滤机脱水成石膏，上清液输送至现有污水处理中和站调节池或中和反应槽再处理。通过新增石膏处理系统，解决原污酸污水处理系统能力不足，污水排放。

3) 案例 3：陕西某铜冶炼厂污酸资源化处理工程

为解决常规处理危废产生量大的问题，建设污酸资源化处理工程：污酸按照常用的工艺方法，经过硫化、澄清、过滤去除了砷及重金属后，进入污酸多效蒸发预浓缩装置。在预浓缩装置中，污酸中的绝大部分水分被蒸发。通过控制硫酸的浓度、温度，使酸中的氟氯不析出。预浓缩后稀酸进入浓缩脱氟氯装置，在浓缩脱氟氯装置中，硫酸浓度及温度进一步提高，氟氯从溶液中析出，并随水蒸气（二次蒸汽）带出系统。出浓缩脱氟氯装置的净化酸作为制酸补加水进入制酸装置的吸收系统，回收硫资源。含有氟氯的水蒸气经冷凝后去氟化钠、氯化钠的回收装置。

3.1.2.3 综合废水处理与回用技术在铜冶炼废水中的应用

铜冶炼企业一般建有厂工业废水处理站，负责处理全厂生产所产生的工业废水，目前主要采取的处理工艺为石灰中和法，部分企业已经开始采用电化学法、生物制剂、膜法和吸附法等深度处理技术，进一步深度处理生产废水，保证达标排放。

（1）综合废水处理与回用技术

1）中和法

中和法是向废水中投入中和剂，使废水中金属离子生成氢氧化物沉淀与水分离，使废水达到排放标准。工艺流程见图 3-17。

2）石灰＋铁盐法

向污酸中加入石灰乳进行中和反应，经固液分离、污泥脱水后产生石膏。进一步向废水中加入双氧水、液碱及铁盐，发生氧化沉砷反应，经固液分离、污泥脱水后产生砷渣。工艺流程参见图 3-19。

3）高密度泥浆法

将沉淀池底回流先与石灰混合，再进入反应池与污水进行中和反应，通过吸附、卷帘、共沉等作用，作为反应物附着、生长的载体或场所，经过多次循环往复后可粗粒化、晶体化，变成高密度、高浓度易于沉降；同时底泥的回流似的底泥中残留的未反应的石灰可以再次参与反应，有效降低石灰消耗量。工艺流程参见图 3-20。

4）生物净化法

将特异功能复合菌群代谢产物与其他化合物复合制备重金属废水处理剂或生物体，重金属离子与重金属废水处理剂经多基团协同作用，包括静电吸引、络合、离子交换、微沉淀、氧化还原反应等过程，形成稳定的重金属配合物沉淀，去除水中的重金属离子。

生物净化法工艺流程见图 3-24。

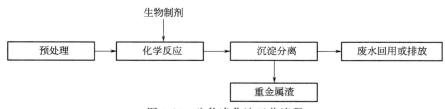

图 3-24 生物净化法工艺流程

5）重金属废水电化学处理技术

电絮凝法是以铝、铁等金属为阳极，以石墨或其他材料为阴极，在电流作用下，铝、铁等金属离子进入水中与水电解产生的氢氧根形成氢氧化物，氢氧化物絮凝将重金属吸附，生成絮状物，从而使水得到净化。

重金属废水电化学处理技术工艺流程见图 3-25。

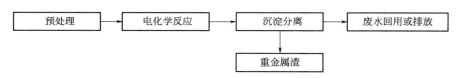

图 3-25 重金属废水电化学处理技术工艺流程

6）膜法＋蒸发结晶深度处理技术

在常规污酸处理工序后增加膜深度处理装置（如精制过滤器、离子膜过滤器等），精制过滤时过滤精度在 50～100nm 左右，能去除 98％ 的颗粒杂质，再经过电离子膜过滤器去除砷等重金属离子。浓水通过蒸发结晶，形成杂盐。

膜法＋蒸发结晶深度处理技术工艺流程见图 3-26。

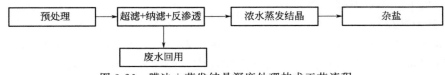

图 3-26　膜法＋蒸发结晶深度处理技术工艺流程

7）吸附法/离子交换法重金属深度处理技术

通过吸附剂/离子交换树脂吸附废水中的重金属离子，利用吸附剂/离子交换树脂的比表面积大和对重金属离子的选择性，深度去除水中的重金属离子，吸附剂/离子交换树脂可再生重复使用。

吸附法/离子交换法重金属深度处理技术工艺流程见图 3-27。

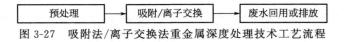

图 3-27　吸附法/离子交换法重金属深度处理技术工艺流程

(2) 技术应用实例

1）案例 1：安徽某铜冶炼公司重金属废水电化学处理工程

中和废水处理工艺所采用的电石渣＋Fe_2SO_4 化学沉淀法，药剂投加很难随水质波动而及时调整，药剂需过量添加。一旦进口废水所含重金属浓度过高、或药剂添加量不足，均可能导致排水超标。电化学废水深度处理工艺，为外排废水的稳定达标提供了保障。不同来源的废酸原液、脱硫引出液、场面水经过初步处理后在均化池混合，其中绝大部分的 Cu、As、Pb 等重金属离子已被脱除。再泵送至电化学系统进行深度处理，确保排水稳定达标。通过电化学废水深度处理技术在金隆公司铜冶炼废水处理系统中应用实践情况来看，电化学废水处理系统对于 Cu、As、Pb 等重金属含量较低的废水，处理效果良好，出水指标优于《铜、镍、钴工业污染物排放标准》（GB 25467—2010）中的规定指标，且指标稳定。

2）案例 2：云南某铜业有限公司铜冶炼废水膜法处理工程

2016 年 10 月投资建成了一套应用回用处理废水的反渗透工艺，主要采用原达标外排的铜冶炼废水作为原水，经处理后产水用于厂区循环水系统的补充水，浓水回用于渣缓冷系作为工艺补充水不外排。本项目采用"纯碱软化＋絮凝沉淀＋多介质过滤器＋超滤"预处理工艺。反渗透系统进水前设置保安过滤器作为最后控制进水浊度的手段，防止药剂杂质或者其他操作可能对纳滤造成的损伤。反渗透系统共采用 36 支 DOW8040 型抗污染型反渗透膜元件，压力容器数为 6 支，每支压力容器内置串联 6 支膜元件。配套清洗装置由 1 个 PE 清洗水箱、1 台清洗水泵和 1 台保安过滤器（过滤精度 5μm）组成，用于对膜组件定期清洗，以恢复膜通量的衰减量，降低进水压力。系统运行一年来，系统进水压力基本在 11～13bar（1bar＝10^5Pa），平均脱盐率均在 96％～97％，各项指标均达到设计水质要求。系统运行一年跨膜压差（温度校正后）上升率仅在 5% 左右，说明反渗透系统运行稳定。

3）案例 3：湖北某铜冶炼厂重金属废水生物制剂处理工程

该冶炼厂原污水处理站对原采用的石灰-铁盐法处理工艺进行改造，改为生物制剂法处理工艺。在不改变原有石灰-铁盐法设备设施的基础上，利旧原有石灰乳储仓存放液碱，铁盐应急储罐用于贮存生物制剂，原有絮凝剂投加设施不变，增加曝气沟气管等少量设施，满足了生物制剂处理重金属废水工艺。将生物制剂代替铁盐，液碱代替石灰乳，原有工艺调整为配合水解-沉降分离。由曝气池投加生物制剂配合反应，再由曝气沟投加液碱控制 pH 值水解反应，最后加入适量的聚丙烯酰胺沉降分离，底流泥渣输送压滤机压滤，清液排放。运行结果表明：采用生物制剂法处理重金属废水后，净水清澈，外排水中重金属、悬浮物等指标低于 GB 25467—2010 排放限值。

4）案例 4：安徽某铜冶炼厂重金属废水中和处理工程

该冶炼厂废水处理站采用石灰乳两段中和加铁盐除砷的处理工艺。经过硫化工序和石膏工序处理后的污酸后液与全厂主要工艺污水和受污染的场面水汇合成混合废水，按铁/砷＝10 的比例加入硫酸亚铁以强化除砷效果。中和工序按一次中和→氧化→二次中和三步进行。在一次中和槽加电石渣浆液，并控制 pH＝7。一次中和反应后液溢流至一组敞开的三联槽，在 pH＝7 的条件下用空气曝气氧化，其中的三价砷氧化为五价砷，二价铁氧化成三价铁，这样更利于砷铁共沉。最后，控制 pH＝9～11，加入电石渣浆液进行二次中和。为了加速中和反应沉淀物的沉降速度，在二次中和反应后液中加入聚丙烯酰胺凝聚剂，再通过浓密机沉降，底流送真空过滤机和中和压滤机过滤，上清液进入澄清池进一步澄清后通过狼尾湖排放口与硫酸循环水、电化学法处理出水一起排放。

3.2　铜冶炼行业水污染控制面临的问题

近十几年以来，我国铜冶炼企业在先进环保技术上取得显著成效，在资源回收利用、废水处理和循环利用方面有一定进步。我国重点铜冶炼企业的吨铜产品新水消耗量已从 2006 年的 25m³ 降低至 2019 年 16m³，降幅达 36%；新鲜水消耗快速降低的同时，也会减少对环境的污水排放，这是我国铜冶炼行业最显著的进步。此外，随着行业技术发展，废水治理技术取得一定进展，铜冶炼企业水回用率也逐步提高。

从铜冶炼行业水污染控制技术使用现状可以看出，中和法一直是研究的热点，但中和法的研究已经从单纯的一级、多级石灰中和法发展到现在的石灰法的改良技术（HDS法），以及以其为基础的联合处理工艺。2005 年以来膜法、生物净化法、电化学法和吸附法被广泛地应用到有色金属冶炼废水处理中。近年来，污酸资源化回收技术逐渐成为新的研究热点。但由于技术难度高，很少有工程应用。

与其他发达国家相比，我国铜冶炼工业废水净化、水质稳定与回用等治理技术还存在明显差距，废水资源化和治理深度不够，水污染控制标准及规范还不够完善。

① 企业关注的重点仍主要停留在末端治理方面，但"末端治理"往往并不能从根本上消除污染，而只是污染物在不同介质中的转移，特别是有毒有害的物质，往往在新的介质中转化为新的污染物，形成"治不胜治"的恶性循环。工艺节水和分质回用做得不够，

行业水的循环利用率仍有提升的空间。

② 污酸处理仍以硫化法和石灰中和法等简单处理工艺为主，存在以下问题：a. 废水中的重金属以硫化物和氢氧化物的形式转移到废渣当中，由于废渣的有价金属含量低、多种杂质元素掺杂，导致有价金属难以回收利用；b. 稀酸在处理的过程中，与石灰发生中和反应，造成酸资源流失浪费；c. 危险废物产生量大，安全处置成本高，目前主要采用厂内贮存的方式，易造成二次污染问题；d. 由于投加大量的石灰乳，使得出水的硬度过高，严重的影响废水的回用；e. 目前污酸处理至达标排放直接运行成本（包括危废处置费用）约 80～100 元/吨，运行成本过高，企业无法承受。

③ 综合废水处理大多数采用的处理技术是一级或是多级石灰中和法（LDS）。该方法工艺简单，成本低，但存在结垢严重、沉淀污泥量大、操作环境差、处理效果不稳定和回用率低等弊端。随着国家污染物的排放标准越来越严格，上述技术已经不能满足稳定达标排放和回用的技术需求，亟待开发和采用先进的深度处理回用技术。

为了进一步降低铜冶炼行业水污染，提高水资源利用率，我国正在采取一些积极措施，包括：a. 发展清洁生产技术，减少废水产生量；b. 制定新的排放标准，引领行业水污染治理水平；c. 修订铜冶炼行业污染防治最佳可行技术，技术政策和工程技术规范。

铜冶炼行业的水污染问题及对水资源的不合理利用已经成为制约我国铜冶炼产业健康、持续、高水平发展的主要难题，坚持"推进资源节约集约利用，加大环境综合治理力度"，坚持"创新驱动、转型发展"的理念，加快技术改造升级，提倡铜冶炼企业清洁生产方式，降低后续污染物排放。

3.3　铜冶炼行业水污染控制技术评估模型构建

3.3.1　评估方法概述

3.3.1.1　专家打分法

专家评分法[18] 也是一种定性描述定量化方法，它首先根据评价对象的具体要求选定若干个评价项目，再根据评价项目制订出评价标准，聘请若干代表性专家凭借自己的经验按此评价标准给出各项目的评价分值，然后对其进行结集。

(1) 加法评价型

将评价各指标项目所得的分值加法求和，按总分来表示评价结果。此法用于指标间关系简单者。

$$W = \sum_{i=1}^{n} W_i \tag{3-1}$$

式中　W——评价对象总分值；

　　　W_i——第 i 项指标得分值；

　　　n——指标项数。

(2) 连积评价型

将各个项目的分值连乘，并按其乘积大小来表现业绩结果。这种方法灵敏度很高，被评价对象各指标间的关系特别密切，其中一项的分数连带影响到其他各项的总结果，即具有某项指标不合格，就对整体起否定作用的特点。

$$W = \prod_{i=1}^{n} W_i \tag{3-2}$$

式中　W——评价对象总分值；

　　　W_i——i 项目得分值；

　　　n——指标项目数。

（3）和数相乘评价型

将评价对象的评价指标分成若干组，先计算出各组评分值之和，然后再将各组评分值连乘，所得即是总的评分。者是考虑到各因素之间的关系密切程度不同和相互影响方式不同来确定的。

$$W_{ij} = \prod_{i=1}^{m} \sum_{j=1}^{n} W_i \tag{3-3}$$

式中　W_{ij}——评价对象中第 i 组 j 指标值；

　　　m——评价对象的组数；

　　　n——i 组中含有的指标项数。

（4）加权评价型

将评价对象中的各项指标项目依照评价指标的重要程度，给予不同的权重，即对各因素的重要程度做区别对待。

$$W = \sum_{i=1}^{n} A_i W_i \tag{3-4}$$

式中　W——评价对象总得分；

　　　W_i——评价对象的 i 指标项得分；

　　　A_i——i 指标项的权值。

且　　　　　　$\sum_{i=1}^{n} A_i = 1 , 0 < A_i \leqslant 1$

（5）功效系数法

这是化多目标为单目标的方法，由评价者对不同的评价指标分别给予不同的功效系数，则总功效系数 d 为：

$$d = \sqrt[n]{d_1 d_2 d_3 \cdots d_n} \tag{3-5}$$

式（3-5）中，$d_j = 1$ 表示第 j 个目标效果最好；$d_j = 0$ 表示第 j 个目标效果最差；$0 \leqslant d_j \leqslant 0.3$ 是不可接受的范围；$0.3 < d_j \leqslant 0.4$ 是边缘范围；$0.4 < d_j \leqslant 0.7$ 是次优范围；$0.7 < d_j \leqslant 1$ 是最优范围。

3.3.1.2　层次分析法

（1）概述

层次分析法[19]（Analytic Hierarchy Process，AHP）是对一些较为复杂、较为模糊的问题做出决策的有效方法，它特别适用于那些难于完全定量分析的问题。

该方法是美国运筹学家匹茨堡大学教授 T. L. Satty 于 20 世纪 70 年代初期提出的一种

简便、灵活而又实用的多准则决策方法。

层次分析法较完整地体现了系统分析和系统综合的思想，这种方法的特点是在对复杂的决策问题的本质、影响因素及其内在关系等进行深入分析的基础上，利用较少的定量信息使决策的思维过程数学化，从而为多目标、多准则或无结构特性的复杂决策问题提供简便的决策方法。该方法尤其适合于决策结果难于直接准确计量的场合。层次分析法将复杂的问题分解成目标、准则、方案等若干层次的系统，在每一层次，按照一定准则对该层元素进行逐对比较，并按标度定量化，形成判断矩阵。通过计算判断矩阵的最大特征值以及相对应的正交化特征向量，得出该元素对该准则的权重。在此基础上，可以计算出各层次元素对于该准则的比重。也就是说层次分析法是在比原问题简单得多的层次上进行分析、比较量化、单排序，然后再逐级综合（总排序），最后得到所需问题的解。

（2）层次分析法的基本原理和特点

人们在进行技术评估的系统分析中，面临的常常是一个由相互关联、相互制约的众多因素构成的复杂而往往缺少定量数据的系统。层次分析法为这类问题的决策和排序提供了一种简洁而实用的建模方法。

应用层次分析法分析决策问题时，首先把技术评估条理化、层次化，构造出一个有层次的结构模型。在这个模型下，复杂问题被分解成元素的组成部分。这些元素又按其属性及关系形成若干层次。上一层次的元素作为准则对下一层次有关元素起支配作用。这些层次称为递阶层次结构，它可以分为目标层、准则层和指标层三类。

1）目标层

这一层次中只有一个元素，一般它是分析问题的预定目标或理想结果，因此称为目标层，也称为最高层。在对技术评估时目标层就是最终的技术评价累计得分。

2）准则层

这一层次中包含了为实现目标所涉及的中间环节，它可以由若干个层次组成，包括所需考虑的准则、子准则，因此称为准则层，也称为中间层。

3）指标层

这一层次包括了为实现目标可供选择的各项指标和各种措施、决策方案等，因此称为指标层，也成为最底层或方案层。

递阶层次结构中的层次数与问题的复杂程度及需要分析的详尽程度有关，一般地层次数不受限制。每一层次中各元素所支配的元素一般不要超过 9 个。这是因为支配的元素过多会给两两比较判断带来困难。

层次分析法本质上是一种决策思维方法，它把复杂的问题分解成各组成因素，将这些因素按支配关系分组，以形成有序的递阶层次结构。通过对客观现实的主观判断，就每一层次的相对重要性给予定量表示，最后用数学方法确定每一层次中全部因素的相对重要性次序。在技术评价中，采用这种方法可以把具体的各指标轻重次序（权重）排出来，从而为评价提供依据。在各层次的排序计算中，每一层次的因素相对于上一层次某因素的单排序，又可简化为一系列成对因素的主观判断比较。为将这种比较定量化，引入"1～9"比较标度的方法，并以矩阵形式比较。对于技术评价中一些无法用统一的尺度定量化的因素，采用这种两两比较的方法，可以把很难分析的问题化为较简单的排序问题从而使层次分析成为可能。

需要说明的是，在一般的分析问题中，决策者或评估者不可能给出精确的两两比较判断，这种判断的不一致性可以由判断矩阵的特征根的变化反映出来，因此需要对特征根进行一致性检验。当 CR（随机一致性比率）≤0.1 时，可认为判断矩阵有满意的一致性，否则要对判断矩阵进行调整。

由上述层次分析法的基本原理和特点可知，层次分析法不仅能实现定性和定量的结合，而且能测算出每个指标或每层次指标在技术评价指标中所占比重。此外，层次分析法还体现了人们决策思维的基本特征，分解、判断、综合，易于掌握，也易于应用；同时，层次分析法也是有效处理那些难于完全用定量进行分析而结构又必须明确的复杂问题。

3.3.1.3　灰色综合评价法

灰色系统理论[20]（Grey System Theory）的创立源于 20 世纪 80 年代。邓聚龙教授在 1981 年上海中美控制系统学术会议上所作的"含未知数系统的控制问题"的学术报告中首次使用了"灰色系统"一词。

邓聚龙系统理论则主张从事物内部，从系统内部结构及参数去研究系统，以消除"黑箱"理论从外部研究事物而使已知信息不能充分发挥作用的弊端，因而，被认为是比"黑箱"理论更为准确的系统研究方法。

在控制论中，人们常用颜色的深浅来形容信息的明确程度。用"黑"表示信息未知，用"白"表示信息完全明确，用"灰"表示部分信息明确、部分信息不明确。

(1) 黑色系统

黑色系统是指一个系统的内部信息对外界来说是一无所知的，只能通过它与外界的联系来加以观测研究。

(2) 白色系统

白色系统是指一个系统的内部特征是完全已知的，即系统的信息是完全充分的。

(3) 灰色系统

相对于白色和黑色系统而言。系统的影响因素不完全明确、因素关系不完全清楚、系统结构不完全知道、系统的作用原理不完全知道。

(4) 灰数

没有明确数值或确定的分布，仅知大概范围（上下限）。在灰色系统中，灰数（或灰色数）是指信息不完全的数。当上下限相等时就成为确定数记 $\otimes$ 为灰数 $\otimes$ 的白化默认数，简称白化数，则灰数 $\otimes$ 为白化数 $\tilde{\otimes}$ 的全体。灰数有离散灰数（$\overset{\smile}{\otimes}$，属于离散集）和连续灰数（$\overset{\frown}{\otimes}$，属于某一区间）。灰数的运算符合集合运算规律。

(5) 灰度

区间灰数产生的背景或论域为区间灰数之取数域的测度，则称为区间灰数的灰度。

$$Gd[\otimes A]=[\otimes_w A/\otimes_m A]\times 100\%$$

$$\otimes_w A=\overline{\otimes}A-\underline{\otimes}A$$

$$\otimes_m A=[\underline{\otimes}A+\overline{\otimes}A]/2$$

(6) 白化

由于灰数是一个范围而非确定的数。如果需要解决的问题本身要求是一个明确的数，此时就需要将灰数转化为一个确定的数（白数），称为白化。

$$\widetilde{\otimes}A = \underline{\otimes}A + \alpha(\overline{\otimes}A - \underline{\otimes}A), \alpha \in [0,1]$$

式中　α——白化系数。

灰色系统是贫信息的系统，统计方法难以奏效，即灰色系统是非统计方法。适用于只有少量观测数据的项目。它的研究对象是"部分信息已知，部分信息未知"的"贫信息"不确定性系统，它通过对部分已知信息的生成、开发来研究和预测未知领域从而达到了解整个系统的目的，使系统由"灰"变"白"，实现对现实世界的确切描述和认识。其最大的特点是对样本量没有严格的要求，不要求服从任何分布。

灰色系统是通过对原始数据的收集与整理来寻求其发展变化的规律。这是因为，客观系统所表现出来的现象尽管纷繁复杂，但其发展变化有着自己的客观逻辑规律，是系统整体各功能间的协调统一。因此，如何通过散乱的数据系列去寻找其内在的发展规律就显得特别重要。灰色系统理论认为，一切灰色序列都能通过某种生成弱化其随机性的模型而呈现本来的规律，也就是通过灰色数据序列建立系统反应模型，并通过该模型预测系统的可能变化状态。灰色系统理论认为微分方程能较准确地反应事件的客观规律，即对于时间为t的状态变量，通过方程就能够基本反映事件的变化规律。

3.3.1.4　模糊综合评判法

1965年美国L. A. Zadeh教授著名的《模糊集合》一文发表，标志着模糊数学的诞生并很快发展起来。由于技术评估中存在大量不确定性因素，技术级别、评价标准都是一些模糊概念。

模糊评价法的基本思路是由技术指标建立各因子指数对技术评价标准的隶属度集，形成隶属度矩阵；再把因子权重与隶属度矩阵相乘，得到模糊积，获得一个综合评价集，表明评价技术指标对各级技术评估标准的隶属度，反映技术级别的模糊性[21]。

(1) 建立层次结构模型

在弄清处理问题的基础上，将复杂的问题分解为若干组成元素，并将不同的组成元素按类进行分组，然后根据分组情况建立一个多层次的评价模型。

(2) 判断矩阵

假设环境系统中有n个环境因子，对其中因子i、j（$i=1,2,\cdots,n;j=1,2,\cdots,n$）进行两两比较，以确定它们的相对重要性，由$a_{ij}$构成的$n\times n$阶矩阵即为判断矩阵$A$：

$$A = \begin{array}{c|cccc} A_k & B_1 & B_2 & \cdots & B_n \\ \hline B_1 & a_{11} & a_{12} & \cdots & a_{1n} \\ B_2 & a_{21} & a_{22} & \cdots & a_{2n} \\ \cdots & \cdots & \cdots & \cdots & \cdots \\ B_n & a_{n1} & a_{n2} & \cdots & a_{nn} \end{array} \tag{3-6}$$

式中　a_{ij}——因子i相对因子j的重要性，其元素满足$a_{ii}=1$、$a_{ij}=\dfrac{1}{a_{ji}}$。

（3）层次单排序及其一致性检验

假设有一个 n 阶正规向量 W，则有：

$$AW = \lambda_{\max} W \tag{3-7}$$

式中　$\lambda_{\max}$——矩阵 A 的最大特征根；

　　　W——对应 $\lambda_{\max}$ 的正规化特征向量。

采用方根法对判断矩阵最大特征值与特征向量进行计算，其计算方法如下。

① 计算判断矩阵每一行元素的乘积 M_i：　　$M_i = \prod_{j=1}^{n} a_{ij}, i = 1, 2, \cdots, n$ $\tag{3-8}$

② 计算 M_i 的 n 次方根 $\overline{W}_i$：　　$\overline{W}_i = \sqrt[n]{M_i}$ $\tag{3-9}$

③ 对向 $W = [W_1, W_2, \cdots, W_n]^T$ 正规化：　$W_i = \dfrac{\overline{W}_i}{\sum\limits_{i=1}^{n} \overline{W}_i}$ $\tag{3-10}$

对向量 $\overline{W}_i$ 做正规化后得到特征向量 $W = [W_1, W_2, \cdots, W_n]^T$。

④ 计算判断矩阵的最大特征值。由矩阵理论可知判断矩阵 A 有最大特征根，其值由下式求得：

$$\lambda_{\max} = \sum_{i=1}^{n} \frac{(AW)_i}{nW_i} = \frac{1}{n} \sum_{i=1}^{n} \frac{\sum\limits_{j=1}^{n} a_{ij} W_j}{W_i} \tag{3-11}$$

式中　$\lambda_{\max}$——判断矩阵 A 的最大特征值；

　　　$(AW)_i$——向量 AW 的第 i 个分量。

为了满足完全一致性的要求，需进行一致性检验。判断矩阵 A 的一致性是推求环境因子的权重（正规化特征向量的分量）的前提。判断矩阵为了满足一致性，必须 $\lambda_{\max} = n$，且其余特征根为 0。其中 n 为判断矩阵的阶数。在一般情况下，可以证明判断矩阵的最大特征值为单根，且 $\lambda_{\max} \geqslant n$。评价判断矩阵一致性的检验指标为：

$$CI = \frac{\lambda_{\max} - n}{n - 1} \tag{3-12}$$

当 $CI = 0$ 时 $\lambda_{\max} = n$，判断矩阵具有完全一致性；当 CI 值越大，即 $\lambda_{\max} - n$ 值越大，说明判断矩阵的一致性差。具体做法是将 CI 与平均一致性指标进行比较，即

$$CR = \frac{CI}{RI} \tag{3-13}$$

当 $CR < 0.10$ 时，判断矩阵具有满意的一致性；否则就需要对判断矩阵进行调整。对于 1～10 阶矩阵的 RI 见表 3-2。

表 3-2　1～10 阶矩阵的 RI 值

阶数	1	2	3	4	5	6	7	8	9	10
RI	0.00	0.00	0.58	0.90	1.12	1.24	1.32	1.41	1.45	1.49

层次分析法的信息基础是人们对每一层次的环境因子重要性给出的判断，即评判标准 a_{ij}。一般取 1、3、5、7、9，相应的表征为一样重要、较重要、重要、重要得多、极为重要。事实上，评判标准取值不同，其权重值计算结果是不同的。

(4)层次总排序及其一致性检验

从层次结构模型的第二层开始，逐层计算各层相对于最高层（目标层）相对重要性的排序权值，称为层次总排序。第二层的单排序即为总排序，其后各层的总排序可逐层顺序计算。假设第 k 层包含 m 各因素 $A_1, A_2, \cdots, A_m$，相应的层次总排序权值分别为 $a_1, a_2, \cdots, a_m$；第 $k+1$ 层包含 n 个因素 $B_1, B_2, \cdots, B_n$，其对 $A_j (j=1,2,\cdots,m)$ 的层次单排序为 $\beta_{1j}, \beta_{2j}, \cdots, \beta_{nj}$（若 B_i 与 A_j 无关，即 β_{ij}）；则第 $k+1$ 层因素 B_i 的层次总排序权值为：

$$\beta_i = \sum_{j=1}^{m} \alpha_j \beta_{ij} \qquad (i=1,2,\cdots,n) \qquad (3\text{-}14)$$

层次总排序也需要进行一致性检验，公式为：

$$CR = \frac{\sum\limits_{j=1}^{m} \alpha_j CI_j}{\sum\limits_{j=1}^{m} \alpha_j RI_j} \qquad (3\text{-}15)$$

当 $CR \leqslant 0.1$ 时该层次总排序计算结果具有满意的一致性。

3.3.1.5 德尔菲法

德尔菲法[22]是由美国兰德公司提出的一种向专家进行函询的调查法。它是由主持机构以书面的形式征询各专家的意见，背靠背反复多次汇总与征询意见，依据多个专家的知识、经验、综合分析能力和个人价值观对指标体系进行分析、判断并主观赋权值的一种多次调查方法。作为一种主观、定性的方法，德尔菲法不仅可用于预测领域，而且可广泛用于各种评价指标体系的建立和具体指标的确定过程。

(1)选择专家

对于专家的选择，既要考虑专家的基本条件工作年限、职称、专业等，又要兼顾本研究的具体情况。根据研究目的，本课题采用经验选择的方式，按照知识结构合理、专业特长互补的原则，遴选出各研究领域的专家。本研究邀请从事疾病控制、卫生事业管理、公共卫生研究、医学院校相关领域工作，或从事过卫生适宜技术推广工作的位专家组成专家组。

(2)两轮专家咨询

根据筛选指标体系框架制定专家咨询表，通过个人访谈或电子邮件的方式，对筛选指标体系进行完善修订。请专家就一级和二级指标的重要性进行打分，同时设计开放性问题，请专家对指标提出意见和修改建议。第2轮咨询目的是对第轮专家意见进行汇总、分析，召开会议讨论，修改相关指标。第2轮咨询的目的是确定各级指标的权重及一票否决指标。

指标重要性赋值标准见表 3-3。

表 3-3 指标重要性赋值标准

重要性	很重要	重要	一般	不重要	很不重要
赋值/分	100	75	50	25	0

(3)专家咨询结果分析

咨询结果用和进行数据录入和统计分析。对参与咨询的专家进行分析，包括专家的基本情况、专家的积极程度、专家权威程度等。

1）专家积极程度

即专家咨询表的回收率，回收率收回咨询表份数发出咨询表份数，其大小说明专家对该项目研究的关心程度。

2）专家权威程度

任何一个专家都不可能对咨询的每一个问题都是权威，而权威程度对评价的可靠性则有相当大的影响。因而，对评价结果进行处理时，常常要求考虑专家对某一问题的权威程度。专家的权威程度一般由两个因素决定：一个是专家对方案作出判断的依据，用 C_a 表示；另一个是专家对问题的熟悉程度，用 C_s 表示。

权威程度为判断系数和熟悉程度系数的算术平均值 C_r：

$$C_r = \frac{C_a + C_s}{2} \tag{3-16}$$

3.3.1.6　数据包络法

1978 年由著名的运筹学家 A. Charnes（查恩斯）、W. W. Cooper（库伯），以及 E. Rhodes（罗兹）首先提出了一个被称为数据包络分析（Data Envelopment analysis，DEA 模型）的方法，用于评价相同部门间的相对有效性（因此被称为 DEA 有效）。他们的第一个模型被命名为 C^2R 模型。从生产函数的角度看这一模型是用来研究具有多个输入，特别是具有多个输出的"生产部门"，同时为"规模有效"与"技术有效"（即总体有效性）的十分理想且卓有成效的方法。1985 年查恩斯，库伯、格拉尼（B. Golany）、赛福德（L. Seiford）和斯图茨（J. Stutz）给出另一个模型（称为 C^2GS^2 模型），这一模型用来研究生产部门间的"技术有效性"[23]。

设有 n 个决策单元（$j=1,2,\cdots,n$），每个决策单元有相同的 m 项投入（输入），输入向量为：

$$x_j = (x_{1j}, x_{2j}, \cdots, x_{mj})^T > 0, j=1,2,\cdots,n$$

每个决策单元有相同的 s 项产出（输出），输出向量为：

$$y_j = (y_{1j}, y_{2j}, \cdots, y_{sj})^T > 0, j=1,2,\cdots,n$$

即每个决策单元有 m 种类型的"输入"及 s 种类型的"输出"。

式中　x_{ij}——第 j 个决策单元对第 i 种类型输入的投入量；

　　　y_{ij}——第 j 个决策单元对第 i 种类型输出的产出量。

为了将所有的投入和所有的产出进行综合统一，即将这个生产过程看作是一个只有一个投入量和一个产出量的简单生产过程，我们需要对每一个输入和输出进行赋权，设输入和输出的权向量分别为：$v=(v_1,v_2,\cdots,v_m)^T$，$u=(u_1,u_2,\cdots,u_s)^T$。其中，v_i 为第 i 类型输入的权重；u_r 为第 r 类型输出的权重。

这时，则第 j 个决策单元投入的综合值为 $\sum_{i=1}^{m} v_i x_{ij}$，产出的综合值为 $\sum_{r=1}^{s} u_r y_{rj}$，我们定义每个决策单元 DMU_j 的效率评价指数：

$$h_j = \frac{\sum_{r=1}^{s} u_r y_{rj}}{\sum_{i=1}^{m} v_i x_{ij}} \tag{3-17}$$

　　模型中 x_{ij}、y_{ij} 为已知数（可由历史资料或预测数据得到），于是问题实际上是确定一组最佳的权向量 v 和 u，使第 j 个决策单元的效率值 h_j 最大。这个最大的效率评价值是该决策单元相对于其他决策单元来说不可能更高的相对效率评价值。我们限定所有的 h_j 值（$j=1,2,\cdots,n$）不超过 1，即 $\max h_j \leqslant 1$。这意味着，若第 k 个决策单元 $h_k=1$，则该决策单元相对于其他决策单元来说生产率最高，或者说这一系统是相对而言有效的；若 $h_k<1$，那么该决策单元相对于其他决策单元来说，生产率还有待于提高，或者说这一生产系统还不是有效的。

　　根据上述分析，第 j_0 个决策单元的相对效率优化评价模型为：

$$\max h_{j_0} = \frac{\sum\limits_{r=1}^{s} u_r y_{rj_0}}{\sum\limits_{i=1}^{m} v_i x_{ij_0}}$$

$$s.t. \begin{cases} \dfrac{\sum\limits_{r=1}^{s} u_r y_{rj}}{\sum\limits_{i=1}^{m} v_i x_{ij}} \leqslant 1, j=1,2,\cdots,n \\ v=(v_1,v_2,\cdots,v_m)^T \geqslant 0 \\ u=(u_1,u_2,\cdots,u_s)^T \geqslant 0 \end{cases} \tag{3-18}$$

　　这是一个分式规划模型，我们必须将它化为线性规划模型才能求解。为此令：

$$t = \frac{1}{\sum\limits_{i=1}^{m} v_i x_{ij_0}}, \mu_r = tu_r, w_i = tv_i \tag{3-19}$$

则模型转化为：

$$\max h_{j_0} = \sum_{r=1}^{s} \mu_r y_{rj_0}$$

$$s.t. \begin{cases} \sum\limits_{r=1}^{s} \mu_r y_{rj} - \sum\limits_{i=1}^{m} w_i x_{ij} \leqslant 0, \quad j=1,2,\cdots,n \\ \sum\limits_{i=1}^{m} w_i x_{ij_0} = 1 \\ \mu_r, w_i \geqslant 0, \quad i=1,2,\cdots m; \quad r=1,2,\cdots,s \end{cases} \tag{3-20}$$

写成向量形式有：

$$\max h_{j_0} = \mu^T Y_0$$

$$s.t. \begin{cases} \mu^T Y_j - w^T X_j \leqslant 0 \\ w^T X_0 = 1 \qquad\qquad j=1,2,\cdots,n \\ w \geqslant 0, \mu \geqslant 0 \end{cases} \tag{3-21}$$

　　线性规划中一个十分重要也十分有效的理论是对偶理论，通过建立对偶模型更易于从理论及经济意义上做深入分析，其对偶问题为：

$$\min \theta$$

$$s.t. \begin{cases} \sum_{j=1}^{n} \lambda_j x_j \leqslant \theta x_0 \\ \sum_{j=1}^{n} \lambda_j y_j \geqslant y_0 \\ \lambda_j \geqslant 0, j = 1, 2, \cdots, n \\ \theta \text{ 无约束} \end{cases} \tag{3-22}$$

进一步引入松弛变量 s^+ 和剩余变量 s^-，将上面的不等式约束化为等式约束：

$$\min \theta$$

$$s.t. \begin{cases} \sum_{j=1}^{n} \lambda_j x_j + s^+ = \theta x_0 \\ \sum_{j=1}^{n} \lambda_j y_j - s^- = y_0 \\ \lambda_j \geqslant 0, j = 1, 2, \cdots, n \\ \theta \text{ 无约束 } s^+ \geqslant 0, s^- \geqslant 0 \end{cases} \tag{3-23}$$

设上述问题的最优解为 λ^*、s^{*-}、θ^*，则有如下结论与经济含义：

① 若 $\theta^* = 1$，且 $s^{*+} = 0$，$s^{*-} = 0$，则决策单元 DMU_{j_0} 为 DEA 有效，即在原线性规划的解中存在 $w^* > 0$，$\mu^* > 0$，并且其最优值 $h_{j_0}^* = 1$。此时，决策单元 DMU_{j_0} 的生产活动同时为技术有效和规模有效。

② 但至少有某个输入或者输出松弛变量大于零。则此时原线性规划的最优值 $h_{j_0}^* = 1$，称 DMU_{j_0} 为弱 DEA 有效，它不是同时技术有效和规模有效。

③ 若 $\theta^* < 1$，决策单元 DMU_{j_0} 不是 DEA 有效。其生产活动既不是技术效率最佳，也不是规模效率最佳。

④ 另外，我们可以用 C^2R 模型中 λ_j 的最优值来判别 DMU 的规模收益情况。若存在 $\lambda_j^* (j = 1, 2, \cdots, n)$，使 $\sum \lambda_j^* = 1$ 成立，则 DMU_{j_0} 为规模效益不变；若不存在 $\lambda_j^* (j = 1, 2, \cdots, n)$，使 $\sum \lambda_j^* = 1$ 成立，则若 $\sum \lambda_j^* < 1$，那么 DMU_{j_0} 为规模效益递增；若不存在 $\lambda_j^* (j = 1, 2, \cdots, n)$，使 $\sum \lambda_j^* = 1$ 成立，则若 $\sum \lambda_j^* > 1$，那么 DMU_{j_0} 为规模效益递减。

技术有效：输出相对输入而言已达最大，即该决策单元位于生产函数的曲线上。

规模有效：指投入量既不偏大，也不过小，是介于规模收入收益由递增到递减之间的状态，即处于规模收益不变的状态。

DMU1、DMU2、DMU3 都处于技术有效状态；DMU1 不为规模有效，实际上它处于规模收益递增状态；DMU3 不为规模有效，实际上它处于规模收益递减状态；DMU2 是规模有效的。如果用 DEA 模型来判断 DEA 有效性，只有 DMU2 对应的最优值 $\theta^0 = 1$。可见，在 C^2R 模型下的 DEA 有效，其经济含义是：既为"技术有效"，也为"规模有效"。

3.3.1.7　灰色关联分析法

对于两个系统之间的因素，其随时间或不同对象而变化的关联性大小的量度，称为关联度。在系统发展过程中，若两个因素变化的趋势具有一致性，即同步变化程度较高，即可谓二者关联程度较高；反之，则较低。因此，灰色关联分析方法，根据因素之间发展趋势的相似或相异程度，亦即"灰色关联度"，作为衡量因素间关联程度的一种方法[24]。

（1）确定反映系统行为特征的参考数列和影响系统行为的比较数列

反映系统行为特征的数据序列，称为参考数列。影响系统行为的因素组成的数据序列，称比较数列。

（2）对参考数列和比较数列进行无量纲化处理

由于系统中各因素的物理意义不同，导致数据的量纲也不一定相同，不便于比较，或在比较时难以得到正确的结论。因此在进行灰色关联度分析时，一般都要进行无量纲化的数据处理。

（3）求参考数列与比较数列的灰色关联系数 $\xi(X_i)$

所谓关联程度，实质上是曲线间几何形状的差别程度。因此曲线间差值大小，可作为关联程度的衡量尺度。对于一个参考数列 X_0 有若干个比较数列 $X_1,X_2,\cdots,X_n$，各比较数列与参考数列在各个时刻（即曲线中的各点）的关联系数 $\xi(X_i)$

$$\xi_{0i}=\frac{\Delta(\min)+\rho\Delta(\max)}{\Delta_{0i}(k)+\rho\Delta(\max)} \tag{3-24}$$

式中　　ρ——分辨系数，在 $0\sim1$ 之间，通常取 0.5；

　　$\Delta(\min)$——第二级最小差；

　　$\Delta(\max)$——两级最大差；

　　$\Delta_{0i}(k)$——各比较数列 X_i 曲线上的每一个点与参考数列 X_0 曲线上每个点的绝对差值。

（4）求关联度

因为关联系数是比较数列与参考数列在各个时刻（即曲线中的各点）的关联程度值，所以它的数不止一个，而信息过于分散不便于进行整体性比较。因此有必要将各个时刻（即曲线中的各点）的关联系数集中为一个值，即求其平均值，作为比较数列与参考数列间关联程度的数量表示，关联度公式如下：

$$r_i=\frac{1}{N}\sum_{k=1}^{N}\zeta_i(k) \tag{3-25}$$

式中　r_i——比较数列 X_i 对参考数列 X_0 的灰关联度，或称为序列关联度、平均关联度、线关联度，r_i 值越接近 1，说明相关性越好。

（5）关联度排序

因素间的关联程度，主要是用关联度的大小次序描述，而不仅是关联度的大小。将 m 个子序列对同一母序列的关联度按大小顺序排列起来，便组成了关联序，记为 $\{x\}$，它反映了对于母序列来说各子序列的"优劣"关系。若 $r_{0i}>r_{0j}$，则称 $\{X_i\}$ 对于同一母序列 $\{X_0\}$ 优于 $\{X_j\}$，记为 $\{X_i\}>\{X_j\}$；r_{0i} 表示第 i 个子序列对母数列特征值。

灰色关联度分析法是将研究对象及影响因素的因子值视为一条线上的点，与待识别对象及影响因素的因子值所绘制的曲线进行比较，比较它们之间的贴近度，并分别量化，计算出研究对象与待识别对象各影响因素之间的贴近程度的关联度，通过比较各关联度的大小来判断待识别对象对研究对象的影响程度。

3.3.1.8 成本效益分析

成本效益分析是指以货币单位为基础对投入与产出进行估算和衡量的方法。它是一种预先做出的计划方案[25]。在市场经济条件下，任何一个经济主体在进行经济活动时，都要考虑具体经济行为在经济价值上的得失，以便对投入与产出关系有一个尽可能科学的估计。

（1）成本效益分析基本方法

主要方法有：a.净现值法（NPV）；b.现值指数法；c.内含报酬率法。这 3 种方法各有各的特点，具有不同的适用性。一般而言，如果投资项目是不可分割的，则应采用净现值法；如果投资项目是可分割的，则应采用现值指数法，优先采用现值指数高的项目；如果投资项目的收益可以用于再投资时，则可采用内含报酬率法。

（2）成本效益分析程序基本步骤

程序步骤：a.首先澄清有关的成本和收益；b.然后计算这些成本和收益；c.继而比较项目寿命期间出现的成本和收益；d.最后选择项目。

（3）成本效益分析方法主要内容

成本效益分析方法主要包括下列内容：

① 从社会的角度而非中央（联邦）政府的角度来界定和估计预期成本和收益。

② 在成本收益的计算中，要以机会成本界定成本，要使用增量成本和收益而不能使用沉没成本。

③ 在净收益的计算中，只计算实际经济价值，不包括转移支付；只是在讨论分配问题时才考虑转移支付。

④ 在计算成本和收益时必须使用消费者剩余概念，而且必须直接或间接地估计支付意愿。

⑤ 市场价格为成本和收益的计算提供了一个"无可估量的起始点"，但在存在着市场失灵和价格扭曲的情况下，不得不利用影子价格。

⑥ 一项公共工程是否可以接受，这种决策依据净现值标准决定，其中要计算出内部收益率。

⑦ 在使用净现值标准时，不仅要利用实际贴现率，而且还要分析对其他各种贴现率的灵敏性。

3.3.1.9 DHGF 集成方法

DHGF 综合评价法是将比较常用的德尔斐法、层次分析法、灰色关联度分析法、模糊评价综合法这四种评价方法进行组合运用[26]，采用改进的 Delphi 构造指标评价体系，运用层次分析法构造加权矩阵，使用灰色关联统计专家的评分，最后通过模糊评价法得出评价结论。该法是一种定性与定量相结合的数学方法。

3.3.1.10 标杆分析法

标杆分析法就是将技术指标与该领域最佳技术指标进行比较，从而评估技术水平的方法，可有效确定技术的不足方面[27]。

评估方法的关键有以下 2 点。

① 标杆的选择：以最佳技术为标杆，有助于确定和比较同类技术的优缺点。

② 标杆分析的指标值：标杆分析比较的是具体的指标值，但分析改进的是相关的技术特征，因此确定适当的技术特征范围非常关键。

3.3.2 技术评估现状

国外废水处理工艺的评估开展较早，美国曾就城市污水处理的 11 项技术以及污泥处置的 12 项技术进行经济技术评估。我国水污染控制技术评价从 20 世纪 80 年代就已经开展，在电镀含铬废水、焦化废水及城市污水术等处理技术评估中得到广泛运用，对技术的筛选及评估提供指导。

凌琪[28] 运用层次分析法建立了镀铬废水治理技术层次分析模型，模型包括环境效益、经济效益和技术性能三个准则层指标，下含 10 项指标层指标。综合层次分析法和专家打分法，确定各指标权重指标值和技术得分，运用加权模型得到技术综合评价值。运用 AHP 进行评估指标权重值的确定，将复杂的权重判断通过各个指标的相对重要性判断获得，将复杂的问题简单化。秦川[29] 运用层次分析法和模糊综合评价法建立了焦化废水处理技术评估模型，通过 AHP 确定指标权重值，利用模糊理论建立隶属函数和模糊评语集，最后通过模糊矩阵的合成运算得到各焦化废水处理技术综合评价结果。杨渊[30] 运用专家咨询法与熵权法建立了城市污水处理技术评估模型，以调研为基础，建立了包括经济、技术和环境在内的评估指标体系，通过专家咨询法与熵权法确定了各指标的权重值，综合模糊积分法完成评估模型建立。王谦[31] 运用层次分析法构建了电镀行业六价铬污染防治最佳可行技术评估指标体系，利用模糊综合评价法对电镀行业六价铬污染防治技术进行了评估。李蕊[32] 结合灰色综合评价法与模糊综合评价法，实现了对辽河流域造纸工业废水处理技术的评估。梁静芳采用层次分析法和模糊综合评价法建立了制药行业废水处理技术评估模型。

3.3.3 评估程序

3.3.3.1 评估过程

针对某项技术或为解决某一问题而设计的方案和提出的政策，考察采用或限制该技术时将引起的广泛社会后果，尽可能科学、客观地对正负影响特别是非容忍影响做全面充分的调查分析，建立综合评估指标体系。

（1）确定评估目标

评估最佳的状态是目标和方法的统一，明确评估目标显得尤为重要。因为评估目标制约评估标准的选择，影响整个评估过程，评估目标和方法的匹配是衡量评估是否科学性的重要体现。本书展开的铜冶炼废水处理技术评估的目标是从众多的废水处理技术中筛选出最佳技术。

（2）收集相关资料

主要内容有关价值主体信息、价值客体信息、参照客体信息和环境信息的获取，主要通过收集、搜索、筛选和正确的信息处理过程。本书收集的资料主要涉及评价基础和统计学等理论知识、国内外技术评估现状和水污染处理技术概况等。

（3）建立指标体系和标杆

指标是衡量投资项目态势的尺度，指标体系是综合评价对象系统的结构框架。指标体系用于综合反映、说明评价对象的状态，而指标名和指标值是其质和量的规定。指标体系和标杆主要是通过系统评估方法来建立和完善。评估方法的选择因评价对象的差异而不同，通常在目标分析的基础上选择运用较成熟、公认和常用的评估方法。

（4）技术评估

以建立的评估指标体系为基础，利用数学模型展开技术评估。铜冶炼废水处理技术种类繁多，选择运用广泛、代表性强的废水处理技术作为评价对象，凭借评估体系与模型，广泛开展技术评估。

3.3.3.2　评估技术建立的原则

① 废水处理技术评估、筛选应贯彻重金属污染综合防治和全过程控制的理念，坚持工艺、环保一体化的原则。

② 废水处理技术评估、筛选应当遵循客观、科学、公正、独立的原则，结合我国铜冶炼行业的产品、原料、生产工艺、生产规模、技术水平、管理水平、资源能源利用水平、污染物产生指标、废物回收利用指标、重金属污染防治技术与设备等要素，采取技术、经济效益和环境效益相结合，定性与定量相结合，评估人员与评估专家，生产、技术人员相结合的方式进行。

③ 评估过程中应尽量避免人为因素和主观因素的影响。

④ 开展铜冶炼废水处理技术评估应体现技术的动态发展，不断纳入新技术、新工艺，促进污染防治技术的创新发展、持续改进与推广应用。

3.3.3.3　评估指标建立的依据

主要包括：

《铜、镍、钴工业污染物排放标准》（GB 25467）；

《危险废物鉴别标准》（GB 5085.1～3—2007）；

《一般工业固体废物贮存、处置场污染控制标准》（GB 18599—2001）；

《危险废物贮存污染控制标准》（GB 18597—2001）；

《清洁生产标准 铜冶炼业》（HJ 558—2010）；

《清洁生产标准 铜电解业》（HJ 559—2010）；

《水质采样样品的保存和管理技术规定》（HJ 493）；

《水质采样技术指导》（HJ 494）；

《水质采样方案设计技术规定》（HJ 495）；

《地表水和污水监测技术规范》（HJ/T 91）；

《水污染源在线监测系统安装技术规范（试行）》（HJ/T 353）；

《水污染源在线监测系统验收技术规范（试行）》（HJ/T 354）；

《水污染源在线监测系统运行与考核技术规范（试行）》（HJ/T 355）；

《水污染源在线监测系统数据有效性判别技术规范（试行）》（HJ/T 356）；

《排污单位自行监测技术指南 有色金属冶炼与压延加工》（HJ 989—2018）；

《排污许可证申请与核发技术规范有色金属工业—铜冶炼》（HJ 863.3）；

《污染源自动监控设施运行管理办法》（环发〔2008〕6 号）；

《铜冶炼污染防治可行技术指南（试行）》（环境保护部公告 2015 年第 24 号）。

3.3.3.4 评估指标体系建立

基于工艺技术性能、经济性能、资源能源消耗、污染控制 4 个方面，构建一级评价指标。

确定工艺技术性能指标的基础是调查各项技术的原理、适用范围、控制的主要特征污染物、主要工艺和技术参数等资料。

为进行经济性能评价，应尽可能收集详细可靠的技术成本数据。成本数据受价格因素影响较大，即使是同种物质、能源的消耗，也可能因不同地区、不同行业而存在差别。

确定资源和能源消耗指标的基础是调查生产工艺中技术应用涉及的物质输入，各类消耗指标均按照铜冶炼行业主导产品折算成生产单位产品的消耗，再计算相应的指标。

污染控制指标主要反映生产输出端的物质清单，是进一步进行技术环境影响比较和评估的基础。从污染排放的介质来划分，主要考虑向水体排放的各类污染物。

3.3.3.5 评估程序

(1) 评估工作阶段

先进、适用的废水处理技术评估工作大致可分为两个阶段，即技术调查阶段和技术评估阶段。

(2) 技术调查阶段

采取书面调查与现场调查相结合的方法，获得技术评估工作所需的相关基础材料。

本阶段工作内容主要包括：以项目研究确定的污染源清单为调查对象，确定调查指标、开展技术调查、资料审核等工作环节。

(3) 技术评估阶段

利用技术调查基础资料，通过经济性分析和综合评估等定量评估手段，对备选技术进行定量评估，经过比较和筛选确定先进、适用的废水处理技术。

本阶段工作内容主要包括确定评估指标、经济性分析、综合评估、确定先进、适用的废水处理技术等工作环节。

(4) 评估过程

评估过程框图见图 3-28。

1）技术调查阶段

① 调查方式分类。调查方式分为书面调查和现场调查两种：书面调查是以发调查表的形式对技术应用单位进行调查；现场调查是以实地考察的形式对技术应用单位进行调查。

② 确定调查对象。根据项目研究的污染源清单，对涉及的污染防控技术逐一进行调查，调查数量应满足以下要求：a. 书面调查——总数原则上应不少于行业产能规模的85%；b. 现场调查——每种备选技术，调查单位数量不少于 3 家。

③ 确定调查指标。主要内容包括：a. 根据被评估技术特点，确定技术调查指标，不同类型技术在调查指标设计过程中需征求相应评估专家组的意见；b. 根据已确定的技术调查指标，制作针对技术应用企业的调查表，因调查方式和内容不同，书面调查表和现场

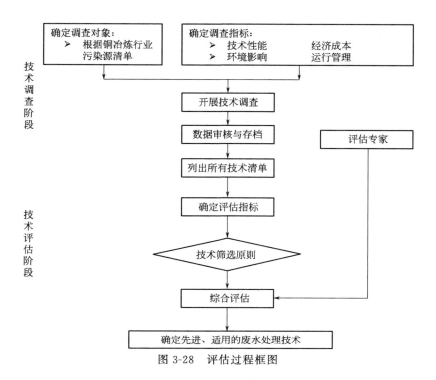

图 3-28　评估过程框图

调查表在表格的设计上也有所差别。

④ 开展技术调查。主要包括书面调查、现场调查以及调查过程中注意事项。

a. 书面调查：评估人员制作调查表，发往被调查技术应用单位，并请其填报后返回。

b. 现场调查：评估人员到被调查技术应用单位，实地考察工艺、设备运行情况，收集相关技术资料和运行参数；必要时选择有代表性的废水处理设施进行检测；将收集、记录、实测等方式得到的数据填入调查表中。

c. 在技术调查过程中应注意以下问题：（a）确保调查数据的真实、可靠；（b）调查过程中若发现问题应及时调整，并做补充调查；（c）现场调查一定要对技术应用企业进行实地考察，收集尽量详细的资料和信息。

⑤ 数据审核与存档。对调查数据进行审核、分析、总结，如果发现某些关键数据信息缺乏、不符合要求或难以确定其置信度，则需要进一步核实。

对调查数据进行整理，录入电子文件，存档留存。

2）技术评估阶段

① 确定评估指标。根据技术调查指标及调查结果，确定技术评估指标。列出评估指标构成表。在确定评估指标过程中需征求相应评估专家组的意见。

② 综合评估。主要内容如下：

a. 综合评估过程是根据确定的评估指标，选择适宜的综合评估方法，运用技术调查数据，对被评估技术进行定量和定性相结合的综合评估。

b. 综合评估过程中可采用专家咨询法、层次分析法、主成分分析法、属性层次模型等计算方法确定指标权重，本方法使用层次分析模型。

c. 确定指标权重应遵循自上而下的原则，由专家按照各级指标重要程度进行分级打分确定权重，即先确定一级评估指标权重，再确定二级评估指标权重，依此类推。

d.各一级评估指标权重之和为 1；某一级评估指标权重等于其从属的各二级评估指标权重之和；某二级评估指标权重等于其从属的各三级评估指标权重之和；依此类推。

e.综合评估过程中可采用层次分析法、模糊综合评判法、主成分分析法、属性综合评估模型、标杆法等计算方法进行综合评估计算。本方法使用模糊综合评估模型和标杆法分别进行评估。

f.综合评估计算应遵循自下而上的原则，分别对三个指标评价等级"很好，较好，一般"，分别赋予"5 分，3 分，1 分"的分值（标杆法以 5 分为标杆目标值），确定最底层评估指标的评估分值，逐级加和计算，得到上一级评估指标的评估分值，最终得到被评估技术的综合评估分值。

g.依计算得到的综合评估分值大小，对备选技术排序。

③ 确定先进、适用的废水处理技术，主要内容包括：a.评估人员将被评估技术评价等级在较好以上的列为先进、适用的废水处理技术；b.列出废水处理技术清单，并对每项技术的适用条件、环境效果、经济性等进行必要的描述。

3.3.4 技术评估指标的建立

基于技术性能、经济成本、环境影响、运行管理 4 个方面，构建一级评价指标。

(1) 技术性能指标

确定技术性能指标的基础是调查各项技术的原理、适用范围、控制的主要特征污染物、主要工艺、技术参数和技术应用情况等资料，参考表 3-4 构建指标体系和进行参数收集。

表 3-4 技术性能指标

一级指标	二级指标	单位	备注
技术性能指标	技术先进性		可参照技术评估结论进行评估
	技术适用性		可参照是否是 BAT、国家鼓励技术，以及技术应用效果进行评估
	技术稳定性		可参照在线监测和自行监测的稳定达标情况进行评估
	技术成熟度		可参照技术应用阶段和应用企业数量进行评估

(2) 经济成本指标

确定经济成本指标的基础是调查各项技术的投资成本和运行成本等资料，参考表 3-5 构建指标体系和进行参数收集。

表 3-5 经济成本指标

一级指标	二级指标	单位	备注
经济成本指标	投资成本	元/t 废水	指技术投资费用
	直接运行成本	元/t 废水	指抵扣完资源回收效益后的直接运行成本费用，包括药剂费、电费等

（3）环境影响指标

环境影响指标主要反映生产输出端的物质清单，是进一步进行技术环境影响比较和评估的基础。从污染排放的介质来划分，主要考虑向水体排放的废水量和各类主要污染物，可参考表 3-6 构建指标体系和进行参数收集。

表 3-6　环境影响指标

一级指标	二级指标	单位	备注
环境影响指标	外排废水减少量	%	指与传统方法相比，采用技术后废水排放的减少比例
	污染物减少量	%	指与传统方法相比，采用技术后重金属（汞、镉、铅和砷）或 COD 减少比例，以及产生的危险废物的减少比例

（4）运行管理指标

运行管理指标主要反映技术管理方便性和可靠性，可参考表 3-7 构建指标体系和进行参数收集。

表 3-7　运行管理指标

一级指标	二级指标	单位	备注
运行管理指标	自动化程度		根据主体工艺过程、压滤卸料、配药等的自动化程度来评估
	监测和报警		根据监测和报警情况来评估

在上述研究的基础上，确定了技术评价指标体系，见图 3-29。

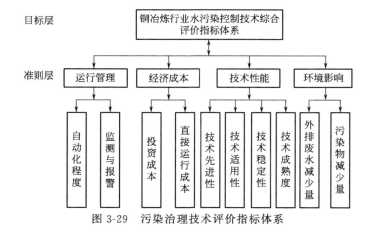

图 3-29　污染治理技术评价指标体系

3.3.5　评估模型构建

3.3.5.1　层次分析-模糊综合评价模型

（1）模型的建立

当前，可用于铜冶炼废水处理的技术种类很多，从中选择最佳的废水处理技术需要凭借评估手段才能得以实现。铜冶炼废水处理技术评估涉及技术、经济、资源和环境等多方面，是典型的多目标评估过程。多指标综合评价方法主要包括层次分析法、模糊综合评价法、人工神经网络法、灰色综合评价法和数据包络法。系统工程中常用的层次分析法为这种复杂系统提供了简便实用的评价方法，它所提供的思路恰好适合于分析和解决这类问题。但层次分析法在构造比较判断矩阵时没有考虑人的主观判断、偏好等对结果的影响。为此，采用层次分析法与模糊综合评价相结合的方法进行技术评价，这既能克服因专家个人见解的偏差而产生的随意性，又可避免单纯模糊数学方法中的模糊不确定性带来的误差，为铜冶炼行业水处理技术的选择提供参考。

（2）评估指标权重值的确定

① 建立递阶层次结构。在已构建的评价指标体系的基础上，将指标体系层次化，作出层次结构图，把复杂的系统分解为若干子系统，按它们间的从属关系分组。

② 构造判断矩阵。同一层次的指标对于它们共同从属的上层指标而言，根据相对重要性进行两两比较，比较的结果用判断矩阵 A 表示。设有 n 个指标 $a_1, a_2, \cdots, a_n$。对 a_i 和 a_j 按重要性进行比较，用标度 a_{ij} 给出重要性赋值，则得到判断矩阵 $A = (a_{ij})_{n \times n}$。

$$A = \begin{array}{c|cccc} A_k & B_1 & B_2 & \cdots & B_n \\ \hline B_1 & a_{11} & a_{12} & \cdots & a_{1n} \\ B_2 & a_{21} & a_{22} & \cdots & a_{2n} \\ \cdots & \cdots & \cdots & \cdots & \cdots \\ B_n & a_{n1} & a_{n2} & \cdots & a_{nn} \end{array} \qquad (3\text{-}26)$$

a_{ij} 可以取 1~9 中各数或其倒数，参见表 G_1。$a_{ij} = \{2, 4, 6, 8\}$ 表示重要性等级介于 $a_{ij} = \{1, 3, 5, 7, 9\}$ 之间；$a_{ij} = \{1/2, 1/4, 1/6, 1/8\}$ 表示重要性等级介于 $a_{ij} = \{1, 1/3, 1/5, 1/7, 1/9\}$ 之间。对各元素来说，$a_{ij} > 0$，$a_{ii} = 1 (i = 1, 2, \cdots, n)$，$a_{ij} = 1/a_{ji} (i \neq j)$，见表 3-8。

表 3-8　G1 判断矩阵标度及其含义

序号	重要性等级	标度 a_{ij} 赋值
1	i、j 两元素同等重要	1
2	i 元素比 j 元素稍重要	3
3	i 元素比 j 元素明显重要	5
4	i 元素比 j 元素强烈重要	7
5	i 元素比 j 元素极端重要	9
6	i 元素比 j 元素稍不重要	1/3
7	i 元素比 j 元素明显不重要	1/5
8	i 元素比 j 元素强烈不重要	1/7
9	i 元素比 j 元素极端不重要	1/9

③ 层次单排序及其一致性检验。假设有一个 n 阶正规向量 W，则有：

$$AW = \lambda_{\max} W \qquad (3\text{-}27)$$

式中　$\lambda_{\max}$——矩阵 A 的最大特征根；

　　　　W——对应 $\lambda_{\max}$ 的正规化特征向量。

采用方根法对判断矩阵最大特征值与特征向量进行计算，其计算方法如下：

计算判断矩阵每一行元素的乘积 M_i：

$$M_i = \prod_{j=1}^{n} a_{ij}，\ i=1,2,\cdots,n \tag{3-28}$$

计算 M_i 的 n 次方根 $\overline{W}_i$：

$$\overline{W}_i = \sqrt[n]{M_i} \tag{3-29}$$

对向 $W = [W_1, W_2, \cdots, W_n]^T$ 正规化：

$$W_i = \frac{\overline{W}_i}{\sum_{i=1}^{n} \overline{W}_i} \tag{3-30}$$

对向量 $\overline{W}_i$ 做正规化后得到特征向量 $W = [W_1, W_2, \cdots, W_n]^T$。

计算判断矩阵的最大特征值。由矩阵理论可知判断矩阵 A 有最大特征根，其值由下式求得：

$$\lambda_{\max} = \sum_{i=1}^{n} \frac{(AW)_i}{nW_i} = \frac{1}{n} \sum_{i=1}^{n} \frac{\sum_{j=1}^{n} a_{ij} W_j}{W_i} \tag{3-31}$$

式中　$\lambda_{\max}$——判断矩阵 A 的最大特征值；

　　　　$(AW)_i$——向量 AW 的第 i 个分量。

为了满足完全一致性的要求，需进行一致性检验。判断矩阵 A 的一致性是推求环境因子的权重（正规化特征向量的分量）的前提。判断矩阵为了满足一致性，必须 $\lambda_{\max} = n$，且其余特征根为 0。其中 n 为判断矩阵的阶数。在一般情况下，可以证明判断矩阵的最大特征值为单根，且 $\lambda_{\max} \geqslant n$。评价判断矩阵一致性的检验指标为：

$$CI = \frac{\lambda_{\max} - n}{n-1} \tag{3-32}$$

当 $CI = 0$ 时，$\lambda_{\max} = n$，判断矩阵具有完全一致性，当 CI 值越大，即 $\lambda_{\max} - n$ 值越大，说明判断矩阵的一致性差。具体做法是将 CI 与平均一致性指标进行比较，即

$$CR = \frac{CI}{RI} \tag{3-33}$$

当 $CR < 0.10$ 时，判断矩阵具有满意的一致性；否则就需要对判断矩阵进行调整。对于 $1 \sim 10$ 阶矩阵的 RI 见表 3-9。

表 3-9　1~10 阶矩阵的 *RI* 值

阶数	1	2	3	4	5	6	7	8	9	10
RI	0.00	0.00	0.58	0.90	1.12	1.24	1.32	1.41	1.45	1.49

④ 层次总排序及其一致性检验。从层次结构模型的第二层开始，逐层计算各层相对于最高层（目标层）相对重要性的排序权值，称为层次总排序。第二层的单排序即为总排序，其后各层的总排序可逐层顺序计算。假设第 k 层包含 m 各因素 $A_1, A_2, \cdots, A_m$，相应的层次总排序权值分别为 $a_1, a_2, \cdots, a_m$；第 $k+1$ 层包含 n 个因素 $B_1, B_2, \cdots, B_n$，其对 $A_j (j=1,2,\cdots,m)$ 的层次单排序为 $\beta_{1j}, \beta_{2j}, \cdots, \beta_{nj}$（若 B_i 与 A_j 无关，即 β_{ij}）；则第 $k+1$ 层因素 B_i 的层次总排序权值为：

$$\beta_i = \sum_{j=1}^{m} \alpha_j \beta_{ij} \qquad i=1,2,\cdots,n \tag{3-34}$$

层次总排序也需要进行一致性检验，公式为：

$$CR = \sum_{j=1}^{m} \alpha_j CI_j \bigg/ \sum_{j=1}^{m} \alpha_j RI_j \tag{3-35}$$

当 $CR \leqslant 0.1$ 时该层次总排序计算结果具有满意的一致性。

根据专家打分，确定了评估指标权重值，见表 3-10～表 3-50。

表 3-10　1 级权重打分表（专家一）

指标	B_i				W	检验
	技术性能	经济成本	环境影响	运行管理		
技术性能	1	3	1	5	0.39	$\lambda_{max}=4.04$
经济成本	1/3	1	1/3	3	0.15	$CI=0.01$
环境影响	1	3	1	5	0.39	$CR=0.02$
运行管理	1/5	1/3	1/5	1	0.07	$CR<0.1$

表 3-11　1 级权重打分表（专家二）

指标	B_i				W	检验
	技术性能	经济成本	环境影响	运行管理		
技术性能	1	1	1	3	0.30	$\lambda_{max}=4$
经济成本	1	1	1	3	0.30	$CI=0$
环境影响	1	1	1	3	0.30	$CR=0$
运行管理	1/3	1/3	1/3	1	0.10	$CR<0.1$

表 3-12　1 级权重打分表（专家三）

指标	B_i				W	检验
	技术性能	经济成本	环境影响	运行管理		
技术性能	1	2	1	3	0.35	$\lambda_{max}=4.04$
经济成本	1/2	1	1/2	2	0.19	$CI=0.01$
环境影响	1	2	1	3	0.35	$CR=0.01$
运行管理	1/3	1/2	1/3	1	0.11	$CR<0.1$

表 3-13　1 级权重打分表（专家四）

指标	B_i				W	检验
	技术性能	经济成本	环境影响	运行管理		
技术性能	1	2	1	5	0.37	$\lambda_{max}=4$
经济成本	1/2	1	1/2	3	0.19	$CI=0$
环境影响	1	2	1	5	0.37	$CR=0$
运行管理	1/5	1/3	1/5	1	0.07	$CR<0.1$

表 3-14　1 级权重打分表（专家五）

指标	B_i				W	检验
	技术性能	经济成本	环境影响	运行管理		
技术性能	1	1	1	2	0.29	$\lambda_{max}=4$

指标	B_i				W	检验
	技术性能	经济成本	环境影响	运行管理		
经济成本	1	1	1	2	0.29	$CI=0$
环境影响	1	1	1	2	0.29	$CR=0$
运行管理	1/2	1/2	1/2	1	0.14	$CR<0.1$

表 3-15　1 级权重打分表（专家六）

指标	B_i				W	检验
	技术性能	经济成本	环境影响	运行管理		
技术性能	1	1	1	3	0.30	$\lambda_{max}=4$
经济成本	1	1	1	3	0.30	$CI=0$
环境影响	1	1	1	3	0.30	$CR=0$
运行管理	1/3	1/3	1/3	1	0.10	$CR<0.1$

表 3-16　1 级权重打分表（专家七）

指标	B_i				W	检验
	技术性能	经济成本	环境影响	运行管理		
技术性能	1	2	1	2	0.33	$\lambda_{max}=4$
经济成本	1/2	1	1/2	1	0.17	$CI=0$
环境影响	1	2	1	2	0.33	$CR=0$
运行管理	1/2	1	1/2	1	0.17	$CR<0.1$

表 3-17　1 级权重打分表（专家一～七平均权重）

指标	B_i				W	检验
	技术性能	经济成本	环境影响	运行管理		
技术性能	1	15/7	1	32/7	0.33	$\lambda_{max}=4$
经济成本	2/3	1	2/3	23/7	0.23	$CI=0$
环境影响	1	15/7	1	32/7	0.33	$CR=0$
运行管理	1/3	1/2	1/3	1	0.11	$CR<0.1$

表 3-18　技术性能指标判断矩阵表（专家一）

指标	C_i				W	检验
	技术先进性	技术适用度	技术稳定性	技术成熟度		
技术先进性	1	1/2	1/2	1/2	0.14	$\lambda_{max}=4$
技术适用度	2	1	1	1	0.29	$CI=0$
技术稳定性	2	1	1	1	0.29	$CR=0$
技术成熟度	2	1	1	1	0.29	$CR<0.1$

表 3-19　技术性能指标判断矩阵表（专家二）

指标	C_i				W	检验
	技术先进性	技术适用度	技术稳定性	技术成熟度		
技术先进性	1	1	1	1	0.25	$\lambda_{max}=4$
技术适用度	1	1	1	1	0.25	$CI=0$

续表

指标	C_i				W	检验
	技术先进性	技术适用度	技术稳定性	技术成熟度		
技术稳定性	1	1	1	1	0.25	$CR=0$
技术成熟度	1	1	1	1	0.25	$CR<0.1$

表 3-20 技术性能指标判断矩阵表（专家三）

指标	C_i				W	检验
	技术先进性	技术适用度	技术稳定性	技术成熟度		
技术先进性	1	1/3	1/3	1/3	0.10	$\lambda_{max}=4$
技术适用度	3	1	1	1	0.30	$CI=0$
技术稳定性	3	1	1	1	0.30	$CR=0$
技术成熟度	3	1	1	1	0.30	$CR<0.1$

表 3-21 技术性能指标判断矩阵表（专家四）

指标	C_i				W	检验
	技术先进性	技术适用度	技术稳定性	技术成熟度		
技术先进性	1	1/5	1/5	1/5	0.06	$\lambda_{max}=4$
技术适用度	5	1	1	1	0.31	$CI=0$
技术稳定性	5	1	1	1	0.31	$CR=0$
技术成熟度	5	1	1	1	0.31	$CR<0.1$

表 3-22 技术性能指标判断矩阵表（专家五）

指标	C_i				W	检验
	技术先进性	技术适用度	技术稳定性	技术成熟度		
技术先进性	1	1/3	1/3	1	0.14	$\lambda_{max}=4.15$
技术适用度	3	1	1	1	0.31	$CI=0.05$
技术稳定性	3	1	1	1	0.31	$CR=0.06$
技术成熟度	1	1	1	1	0.24	$CR<0.1$

表 3-23 技术性能指标判断矩阵表（专家六）

指标	C_i				W	检验
	技术先进性	技术适用度	技术稳定性	技术成熟度		
技术先进性	1	1/2	1/2	1	0.17	$\lambda_{max}=4.06$
技术适用度	2	1	1	1	0.29	$CI=0.02$
技术稳定性	2	1	1	1	0.29	$CR=0.02$
技术成熟度	1	1	1	1	0.25	$CR<0.1$

表 3-24 技术性能指标判断矩阵表（专家七）

指标	C_i				W	检验
	技术先进性	技术适用度	技术稳定性	技术成熟度		
技术先进性	1	1/2	1/2	1	0.17	$\lambda_{max}=4.06$
技术适用度	2	1	1	1	0.29	$CI=0.02$
技术稳定性	2	1	1	1	0.29	$CR=0.02$
技术成熟度	1	1	1	1	0.25	$CR<0.1$

表 3-25　技术性能指标判断矩阵表（专家一～七平均权重）

指标	C_i				W	检验
	技术先进性	技术适用度	技术稳定性	技术成熟度		
技术先进性	1	1/2	1/2	5/7	0.15	$\lambda_{max}=4$
技术适用度	24/7	1	1	1	0.29	$CI=0.08$
技术稳定性	24/7	1	1	1	0.29	$CR=0.09$
技术成熟度	2	1	1	1	0.27	$CR<0.1$

表 3-26　经济成本指标判断矩阵表（专家一）

指标	C_i		W	检验
	投资成本	运行成本		
投资成本	1	1/3	0.25	$\lambda_{max}=2、CI=0$
运行成本	3	1	0.75	$CR=0、CR<0.1$

表 3-27　经济成本指标判断矩阵表（专家二）

指标	C_i		W	检验
	投资成本	运行成本		
投资成本	1	2	0.67	$\lambda_{max}=2、CI=0$
运行成本	1/2	1	0.33	$CR=0、CR<0.1$

表 3-28　经济成本指标判断矩阵表（专家三）

指标	C_i		W	检验
	投资成本	运行成本		
投资成本	1	1	0.50	$\lambda_{max}=2、CI=0$
运行成本	1	1	0.50	$CR=0、CR<0.1$

表 3-29　经济成本指标判断矩阵表（专家四）

指标	C_i		W	检验
	投资成本	运行成本		
投资成本	1	1/3	0.25	$\lambda_{max}=2、CI=0$
运行成本	3	1	0.75	$CR=0、CR<0.1$

表 3-30　经济成本指标判断矩阵表（专家五）

指标	C_i		W	检验
	投资成本	运行成本		
投资成本	1	3	0.75	$\lambda_{max}=2、CI=0$
运行成本	1/3	1	0.25	$CR=0、CR<0.1$

表 3-31　经济成本指标判断矩阵表（专家六）

指标	C_i		W	检验
	投资成本	运行成本		
投资成本	1	3	0.75	$\lambda_{max}=2、CI=0$
运行成本	1/3	1	0.25	$CR=0、CR<0.1$

表 3-32   经济成本指标判断矩阵表（专家七）

指标	C_i		W	检验
	投资成本	运行成本		
投资成本	1	1/2	0.33	$\lambda_{max}=2$、$CI=0$
运行成本	2	1	0.67	$CR=0$、$CR<0.1$

表 3-33   经济成本指标判断矩阵表（专家一～七平均权重）

指标	C_i		W	检验
	投资成本	运行成本		
投资成本	1.00	1.45	0.50	$\lambda_{max}=2$、$CI=0$
运行成本	1.45	1.00	0.50	$CR=0$、$CR<0.1$

表 3-34   环境影响指标判断矩阵表（专家一）

指标	C_i		W	检验
	废水减少量	污染物减少量		
废水减少量	1	1	0.5	$\lambda_{max}=2$、$CI=0$
污染物减少量	1	1	0.5	$CR=0$、$CR<0.1$

表 3-35   环境影响指标判断矩阵表（专家二）

指标	C_i		W	检验
	废水减少量	污染物减少量		
废水减少量	1	1/2	0.33	$\lambda_{max}=2$、$CI=0$
污染物减少量	2	1	0.67	$CR=0$、$CR<0.1$

表 3-36   环境影响指标判断矩阵表（专家三）

指标	C_i		W	检验
	废水减少量	污染物减少量		
废水减少量	1	1/3	0.25	$\lambda_{max}=2$、$CI=0$
污染物减少量	3	1	0.63	$CR=0$、$CR<0.1$

表 3-37   环境影响指标判断矩阵表（专家四）

指标	C_i		W	检验
	废水减少量	污染物减少量		
废水减少量	1	1/3	0.25	$\lambda_{max}=2$、$CI=0$
污染物减少量	3	1	0.75	$CR=0$、$CR<0.1$

表 3-38   环境影响指标判断矩阵表（专家五）

指标	C_i		W	检验
	废水减少量	污染物减少量		
废水减少量	1	1/2	0.33	$\lambda_{max}=2$、$CI=0$
污染物减少量	2	1	0.67	$CR=0$、$CR<0.1$

表 3-39 环境影响指标判断矩阵表（专家六）

指标	C_i		W	检验
	废水减少量	污染物减少量		
废水减少量	1	1/2	0.33	$\lambda_{max}=2$、$CI=0$
污染物减少量	2	1	0.67	$CR=0$、$CR<0.1$

表 3-40 环境影响指标判断矩阵表（专家七）

指标	C_i		W	检验
	废水减少量	污染物减少量		
废水减少量	1	1/3	0.25	$\lambda_{max}=2$、$CI=0$
污染物减少量	3	1	0.75	$CR=0$、$CR<0.1$

表 3-41 环境影响指标判断矩阵表（专家一～七平均权重）

指标	C_i		W	检验
	废水减少量	污染物减少量		
废水减少量	1.0	0.5	0.25	$\lambda_{max}=2$、$CI=0$
污染物减少量	2.3	1.0	0.75	$CR=0$、$CR<0.1$

表 3-42 运行管理指标判断矩阵表（专家一）

指标	C_i		W	检验
	自动化程度	监测与预警		
自动化程度	1	1	0.5	$\lambda_{max}=2$、$CI=0$
监测与预警	1	1	0.5	$CR=0$、$CR<0.1$

表 3-43 运行管理指标判断矩阵表（专家二）

指标	C_i		W	检验
	自动化程度	监测与预警		
自动化程度	1	2	0.33	$\lambda_{max}=2$、$CI=0$
监测与预警	1/2	1	0.67	$CR=0$、$CR<0.1$

表 3-44 运行管理指标判断矩阵表（专家三）

指标	C_i		W	检验
	自动化程度	监测与预警		
自动化程度	1	3	0.75	$\lambda_{max}=2$、$CI=0$
监测与预警	1/3	1	0.37	$CR=0$、$CR<0.1$

表 3-45 运行管理指标判断矩阵表（专家四）

指标	C_i		W	检验
	自动化程度	监测与预警		
自动化程度	1	1/2	0.33	$\lambda_{max}=2$、$CI=0$
监测与预警	2	1	0.67	$CR=0$、$CR<0.1$

表 3-46　运行管理指标判断矩阵表（专家五）

指标	C_i		W	检验
	自动化程度	监测与预警		
自动化程度	1	1/3	0.25	$\lambda_{max}=2$、$CI=0$
监测与预警	3	1	0.75	$CR=0$、$CR<0.1$

表 3-47　运行管理指标判断矩阵表（专家六）

指标	C_i		W	检验
	自动化程度	监测与预警		
自动化程度	1	2	0.67	$\lambda_{max}=2$、$CI=0$
监测与预警	1/2	1	0.33	$CR=0$、$CR<0.1$

表 3-48　运行管理指标判断矩阵表（专家七）

指标	C_i		W	检验
	自动化程度	监测与预警		
自动化程度	1	1/2	0.33	$\lambda_{max}=2$、$CI=0$
监测与预警	2	1	0.67	$CR=0$、$CR<0.1$

表 3-49　运行管理指标判断矩阵表（专家一～七平均权重）

指标	C_i		W	检验
	自动化程度	监测与预警		
自动化程度	1.0	1.1	0.46	$\lambda_{max}=2$、$CI=0$
监测与预警	1.5	1.0	0.54	$CR=0$、$CR<0.1$

表 3-50　评估指标权重值

一级指标		二级指标	
指标	权重	指标	权重
技术性能	0.33	技术先进性	0.15
		技术适用性	0.29
		技术稳定性	0.29
		技术成熟度	0.27
经济成本	0.23	投资成本 /（元/吨废水）	0.5
		运行成本 /（元/吨废水）	0.5
环境影响	0.33	废水减少量/%	0.32
		污染物减少量/%	0.68
运行管理	0.11	自动化程度	0.46
		监测和报警	0.54

(3) 模糊综合评价模型

① 确定因素论域和评价论域。设环境质量的要素集合为：$U=\{u_1,u_2,\cdots u_m\}$，u_1，$u_2,\cdots u_m$ 为参与评价的 m 个环境因子的数值。

设环境质量的评价标准集合为：$V=\{v_1,v_2,\cdots v_n\}$，$v_1,v_2,\cdots v_n$ 为与 u_i 相应的评价标准的集合。

② 建立隶属函数。在 U 和 V 都给定以后，因素论域（各污染因子）与评价论域（评价标准）之间的模糊关系可以用模糊关系矩阵 R 来表达：

$$R=\begin{bmatrix} r_{11} & r_{12} & \cdots & r_{1n} \\ r_{21} & r_{22} & \cdots & r_{2n} \\ \cdots & \cdots & \cdots & \cdots \\ r_{m1} & r_{m2} & \cdots & r_{mn} \end{bmatrix} \tag{3-36}$$

式中　r_{ij}——第 i 种技术可被评为第 j 级技术等级分，即 i 对 j 的隶属度。可以把隶属度看成是技术和技术等级分的函数。各因子隶属度函数的建立方法如下：

$$r_{ij(\text{经济指标})}=\begin{cases} 5 & x_i\leqslant a_1 \\ (a_2-x_i)/(a_2-a_1)\times(5-3)+3 & a_1<x_i<a_2 \\ 3 & x_i=a_2 \\ (a_3-x_i)/(a_3-a_2)\times(3-1)+1 & a_2<x_i<a_3 \\ 1 & x_i=a_3 \\ 0 & x_i>a_3 \end{cases} \tag{3-37}$$

$$r_{ij(\text{其他指标})}=\begin{cases} 5 & x_i\geqslant a_1 \\ (x_i-a_2)/(a_1-a_2)\times(5-3)+3 & a_2<x_i<a_1 \\ 3 & x_i=a_2 \\ (x_i-a_3)/(a_3-a_2)\times(3-1)+1 & a_3<x_i<a_2 \\ 1 & x_i=a_3 \\ 0 & x_i<a_3 \end{cases} \tag{3-38}$$

③ 计算因子权重。由于各评价因子对某一环境综合体的贡献不同，因此，应按各因子在技术等级评价中作用的大小不同分别赋予不同的权重，并进行归一化。由各权数所构成的向量 $W=[W_1,W_2,\cdots,W_n]$ 称为因素权重向量。

④ 模糊综合评价数学模型。在 R 与 W 求出后，模糊综合评价为：

$$B=W\cdot R \tag{3-39}$$

式中，$B=(b_1,b_2,\cdots b_n)$ 是评价论域 V 上的一个模糊子集。如果 $\sum b_i\neq1$，将其归一化。其即为技术评估的综合评价结果。

综合评估过程是根据确定的评估指标，选择适宜的综合评估方法，运用技术调查数据，对被评估技术进行定量和定性相结合的综合评估。

综合评估过程中可采用专家咨询法、层次分析法、主成分分析法、属性层次模型等计算方法确定指标权重。本书评估权重主要使用专家咨询法指导下的层次分析法确定，评估方法采用模糊综合评价法，评价基准值通过已经颁布的《铜冶炼行业清洁生产标准》《铜、镍、钴污染物排放标准》及收集到的资料及大量的设计、实测数据来确定。

铜冶炼行业污染废水治理技术评价指标项目、权重及基准值如表 3-51 所列。

表 3-51　铜冶炼废水处理技术评价标准表

一级指标		二级指标		评价基准值		
指标	权重	指标	权重	很好	较好	一般
				5	3	1
技术性能	0.33	技术先进性	0.15	技术评价或鉴定结论国际先进及以上	技术评价或鉴定结论国内领先	技术评价或鉴定结论国内先进
		技术适用性	0.29	BAT、国家鼓励技术	经企业实际工程应用,运行效果良好	经企业实际工程应用,存在技术、设备等因素影响运行效果
		技术稳定性	0.29	连续 3 年以上稳定达标	连续 2 年稳定达标	连续 1 年稳定达标
		技术成熟度	0.27	5 家以上成功工程案例	1 家以上成功工程案例	中试或扩大性应用阶段
经济成本	0.23	投资成本/(元/吨废水)	0.5	投资成本低,绝大多数企业可以承受	投资成本适中,一般企业可以承受	投资成本高,企业难以承受
		直接运行成本/(元/吨废水)	0.5	污酸资源化和处理技术		
				30	40	50
				重金属废水治理技术		
				2	3	4
环境影响	0.33	外排废水减少量/%	0.32	指与普通石灰中和法相比,废水排放量降低≥50%	指与普通石灰中和法相比,废水排放量降低≥30%	与普通石灰中和法废水排放量相比,不下降
		污染物减排量/%	0.68	指与普通石灰中和法相比,主要污染物减排量降低≥80%,且危废产生量下降30%以上	指与普通石灰中和法相比,主要污染物减排量降低≥50%,且危废产生量下降10%	指与普通石灰中和法相比,主要污染物减排量,不下降;且危废产生量不下降
运行管理	0.11	自动化程度	0.46	全部实现自动化	仅压滤卸料采用少量人工,其他大部分实现自动化	药剂投加以及压滤卸料全部采用人工
		监测和报警	0.54	自动监测、调节和报警	自动监测和报警	手工监测和报警

3.3.5.2　标杆法评价模型

(1) 指标框架

基于技术性能、经济成本、环境影响、运行管理 4 个方面,构建一级评价指标。

1) 技术性能指标

确定技术性能指标的基础是调查各项技术的原理、适用范围、控制的主要特征污染物、主要工艺、技术参数和技术应用情况等资料,参考表 3-52 构建指标体系和进行参数收集。

表 3-52　技术性能指标

一级指标	二级指标	单位	备注
技术性能指标	技术先进性		可参照技术评估结论进行评估
	技术适用性		可参照是否是 BAT、国家鼓励技术,以及技术应用效果进行评估
	技术稳定性		可参照在线监测和自行监测的稳定达标情况进行评估
	技术成熟度		可参照技术应用阶段和应用企业数量进行评估

2）经济成本指标

确定经济成本指标的基础是调查各项技术的投资成本和运行成本等资料,参考表 3-53 构建指标体系和进行参数收集。

表 3-53　经济成本指标

一级指标	二级指标	单位	备注
经济成本指标	投资成本	元/吨废水	指技术投资费用
	直接运行成本	元/吨废水	指抵扣完资源回收效益后的直接运行成本费用,包括药剂费、电费等

3）环境影响指标

环境影响指标主要反映生产输出端的物质清单,是进一步进行技术环境影响比较和评估的基础。从污染排放的介质来划分,主要考虑向水体排放的废水量和各类主要污染物,可参考表 3-54 构建指标体系和进行参数收集。

表 3-54　环境影响指标

一级指标	二级指标	单位	备注
环境影响指标	外排废水减少量	%	指与传统方法相比,采用技术后废水排放的减少比例
	污染物减少量	%	指与传统方法相比,采用技术后重金属(汞、镉、铅和砷)或 COD 减少比例,以及产生的危险废物的减少比例

4）运行管理指标

运行管理指标主要反映技术管理方便性和可靠性,可参考表 3-55 构建指标体系和进行参数收集。

表 3-55　运行管理指标

一级指标	二级指标	单位	备注
运行管理指标	自动化程度		根据主体工艺过程、压滤卸料、配药等的自动化程度来评估
	监测和报警		根据监测和报警情况来评估

（2）指标权重分析

采用专家打分法确定指标的权重,权重计算过程详见 3-56。

表 3-56 评估指标权重值

一级指标		二级指标	
指标	权重	指标	权重
技术性能	0.33	技术先进性	0.15
		技术适用性	0.29
		技术稳定性	0.29
		技术成熟度	0.27
经济成本	0.23	投资成本 /(元/吨废水)	0.5
		运行成本 /(元/吨废水)	0.5
环境影响	0.33	废水减少量/%	0.32
		污染物减少量/%	0.68
运行管理	0.11	自动化程度	0.46
		监测和报警	0.54

(3) 标杆值的确定

1) 污酸及酸性废水污染控制成套技术标杆值确定

依据企业实际工程运行参数和专家咨询意见，确定技术评价标杆见表 3-57。

表 3-57 技术指标及标杆（一）

准则层	准则层	国际标杆	国内标杆
技术性能	技术先进性	技术评价或鉴定结论国际先进及以上	技术评价或鉴定结论国内领先
	技术适用性	BAT、国家鼓励技术	BAT、国家鼓励技术
	技术稳定性	连续 3 年以上稳定达标	连续 2 年稳定达标
	技术成熟度	5 家以上成功工程案例	1 家以上成功工程案例
经济成本	投资成本 /(元/吨废水)	投资成本低，绝大多数企业可以承受	投资成本适中，一般企业可以承受
	直接运行成本 /(元/吨废水)	30	40
环境影响	外排废水减少量/%	指与普通石灰中和法相比，废水排放量降低≥50%	指与普通石灰中和法相比，废水排放量降低≥30%
	污染物减排量/%	指与普通石灰中和法相比，主要污染物减排量降低≥80%，且危废产生量下降30%以上	指与普通石灰中和法相比，主要污染物减排量降低≥50%，且危废产生量下降10%
运行管理	自动化程度	全部实现自动化	仅压滤卸料采用少量人工，其他大部分实现自动化
	监测和报警	自动监测、调节和报警	自动监测和报警

2) 综合废水处理与回用成套技术

依据企业实际工程运行参数和专家咨询意见，确定技术评价标杆见表 3-58。

表 3-58　技术指标及标杆（二）

准则层	准则层	国际标杆	国内标杆
技术性能	技术先进性	技术评价或鉴定结论国际先进及以上	技术评价或鉴定结论国内领先
	技术适用性	BAT、国家鼓励技术	BAT、国家鼓励技术
	技术稳定性	连续 3 年以上稳定达标	连续 2 年稳定达标
	技术成熟度	5 家以上成功工程案例	1 家以上成功工程案例
经济成本	投资成本/（元/吨废水）	投资成本低，绝大多数企业可以承受	投资成本适中，一般企业可以承受
	直接运行成本/（元/吨废水）	2	3
环境影响	外排废水减少量/%	指与普通石灰中和法相比，废水排放量降低≥50%	指与普通石灰中和法相比，废水排放量降低≥30%
	污染物减排量/%	指与普通石灰中和法相比，主要污染物减排量降低≥80%，且危废产生量下降30%以上	指与普通石灰中和法相比，主要污染物减排量降低≥50%，且危废产生量下降10%
运行管理	自动化程度	全部实现自动化	仅压滤卸料采用少量人工，其他大部分实现自动化
	监测和报警	自动监测、调节和报警	自动监测和报警

3）废水源头削减技术及过程减排技术

目前，相关的废水源头削减技术及过程减排技术主要是基本雨污分流和梯级回用，依据各企业实际情况的不同，采用的方式也有较大的差异性，该大类技术不涉及某项具体技术的评价，因此，不构建该类技术的评价指标体系，也不对该类技术进行评价。

3.4　水污染控制技术评估

3.4.1　层次分析-模糊综合评价

3.4.1.1　评估计算

技术评价指标的考核评分，以调查相关技术各项二级指标实际达到的数据为基础进行计算，综合得出该技术评价总分值。

$$P_0 = \sum_{i=1}^{n} S_i K_i \tag{3-40}$$

式中　P_0——技术评价总分值；

　　　n——参与考核的定量评价的二级指标项目总数；

　　　S_i——第 i 项评价指标的单项评价指数；

　　　K_i——第 i 项指标的权重值。

3.4.1.2 评估实例

(1) 污酸处理技术：硫化法+石灰石/石灰中和法

技术评估过程见表 3-59。通过核算可以看出："硫化法+石灰石/石灰中和法"在技术性能得分 1.452、经济成本得分 0.92、环境影响得分 0.5544、运行管理得分 0.4400，评估总分为 3.3664。

表 3-59 技术评估过程（一）

一级指标	二级指标		评价值
	指标	权重	
技术性能	技术先进性	0.0495	1
	技术适用性	0.0957	5
	技术稳定性	0.0957	5
	技术成熟度	0.0891	5
经济成本	投资成本/(元/吨废水)	0.1150	4
	直接运行成本/(元/吨废水)	0.1150	污酸治理技术
			4
			综合废水治理技术
环境影响	废水减少量/%	0.1056	1
	污染物减少量/%	0.2244	2
运行管理	自动化程度	0.0506	4
	监测和报警	0.0594	4

$$
评价矩阵\ R = \begin{bmatrix} 1 \\ 5 \\ 5 \\ 5 \\ 4 \\ 4 \\ 1 \\ 2 \\ 4 \\ 4 \end{bmatrix}
$$

根据式（3-40）计算得 $B = [3.3664]$。

(2) 综合废水处理技术：石灰+铁盐（铝盐法）处理技术

技术评估过程见表 3-60。通过核算可以看出："石灰+铁盐（铝盐法）处理技术"在技术性能得分 1.452、经济成本得分 0.92、环境影响得分 0.5544、运行管理得分 0.4400，评估总分为 3.3664。

表 3-60　技术评估过程（二）

一级指标	二级指标		评价值	
	指标	权重		
技术性能	技术先进性	0.0495	1	
	技术适用性	0.0957	5	
	技术稳定性	0.0957	5	
	技术成熟度	0.0891	5	
经济成本	投资成本/(元/吨废水)	0.1150	4	
	直接运行成本/(元/吨废水)	0.1150	污酸治理技术	
			综合废水治理技术	
			4	
环境影响	废水减少量/%	0.1056	1	
	污染物减少量/%	0.2244	2	
运行管理	自动化程度	0.0506	4	
	监测和报警	0.0594	4	

$$\text{评价矩阵 } R = \begin{bmatrix} 1 \\ 5 \\ 5 \\ 5 \\ 4 \\ 4 \\ 1 \\ 2 \\ 4 \\ 4 \end{bmatrix}$$

根据式(3-40)计算得 $B = \begin{bmatrix} 3.3664 \end{bmatrix}$。

3.4.2　标杆法综合评价

3.4.2.1　评估计算

技术评价指标的考核评分，以调查相关技术各项二级指标实际达到的数据为基础进行计算，综合得出该技术评价总分值。

各项二级指标的评分按照公式(3-40)来计算。

3.4.2.2　评估实例

(1) 污酸治理技术：硫化法＋石灰石/石灰中和法

技术评估过程见表 3-61。通过核算可以看出："硫化法＋石灰石/石灰中和法"评估总分为 0.673。

表 3-61　技术评估过程（一）

一级指标	二级指标		评价值
	指标	权重	
技术性能	技术先进性	0.0495	0.2
	技术适用性	0.0957	1
	技术稳定性	0.0957	1
	技术成熟度	0.0891	1
经济成本	投资成本/(元/t 废水)	0.1150	0.8
	直接运行成本/(元/t 废水)	0.1150	污酸治理技术
			0.8
			综合废水治理技术
环境影响	废水减少量/%	0.1056	0.2
	污染物减少量/%	0.2244	0.4
运行管理	自动化程度	0.0506	0.8
	监测和报警	0.0594	0.8

$$\text{评价矩阵 } R = \begin{bmatrix} 0.2 \\ 1 \\ 1 \\ 1 \\ 0.8 \\ 0.8 \\ 0.2 \\ 0.4 \\ 0.8 \\ 0.8 \end{bmatrix}$$

根据式(3-41)计算得 $B = [0.673]$。

（2）综合废水治理技术：石灰＋铁盐（铝盐法）处理技术

技术评估过程见表 3-62。通过核算可以看出：石灰＋铁盐（铝盐法）评估总分为 0.673。

表 3-62　技术评估过程（二）

一级指标	二级指标		评价值
	指标	权重	
技术性能	技术先进性	0.0495	0.2
	技术适用性	0.0957	1
	技术稳定性	0.0957	1
	技术成熟度	0.0891	1

续表

一级指标	二级指标		评价值
	指标	权重	
经济成本	投资成本/(元/t 废水)	0.1150	0.8
	直接运行成本/(元/t 废水)	0.1150	污酸治理技术
			综合废水治理技术
			0.8
环境影响	废水减少量/%	0.1056	0.2
	污染物减少量/%	0.2244	0.4
运行管理	自动化程度	0.0506	0.8
	监测和报警	0.0594	0.8

$$评价矩阵\ R = \begin{bmatrix} 0.2 \\ 1 \\ 1 \\ 1 \\ 0.8 \\ 0.8 \\ 0.2 \\ 0.4 \\ 0.8 \\ 0.8 \end{bmatrix}$$

根据式(3-41)计算得 $B = [0.673]$。

参考文献

[1]　张洪常，李鹏，张均杰，等.铜冶炼生产废水的综合利用 [J].中国有色冶金，2010 (4)：40-42，48.

[2]　刘祖，张变革，曹龙文，等.大冶有色冶炼厂废水减排与提标技改实践 [C]."浙江南化杯"第 38 届中国硫与硫酸技术年会论文集，2018.

[3]　顾瑞，刘锐.电化学在铜冶炼废水处理中的应用与实践 [J].铜业工程，2018 (4)：64-66.

[4]　明亮.反渗透工艺对铜冶炼废水的回用处理 [J].中国金属通报，2017 (11)：111-112.

[5]　袁鑫华.贵溪冶炼厂闪速炉用水的改造及生产实践 [J].铜业工程，2017 (6)：56-58.

[6]　张志军.江西铜业股份有限公司贵溪冶炼厂节水减排及废水综合治理改造 [D].南昌：南昌大学，2013.

[7]　寇安民，张文红，等.硫酸生产酸性废水电化学法处理生产实践 [C]."江苏永纪杯"第 37 届中国硫与硫酸技术年会论文集，2017.

[8]　杨洪才，唐都作，顾林.浅析云锡铜业分公司废酸废水治理工艺 [J].中国有色冶金，2016 (2)：52-54.

[9]　刘祖鹏，张变革，曹龙文.生物制剂法处理铜冶炼重金属废水的研究与应用 [J].硫酸工业，2016 (1)：50-52.

[10]　赵凌波，夏传，李绪忠.铜冶炼厂废水综合治理的工程实践 [J].硫酸工业，2019 (6)：23-26.

[11]　肖莹莹.铜冶炼企业综合废水回用技术的研究 [D].武汉：中南民族大学，2012.

[12]　张宝辉.铜冶炼污酸处理工艺及污酸减量化探讨与实践 [J].中国金属通报，2016 (12)：83-85.

[13]　冯杰，倪建华.污酸浓缩及脱氟氯工艺新技术探讨 [J].硫酸工业，2017 (9)：18-20.

[14] 盛叶彬. 污酸污水处理系统改造 [C].2012 年全国硫酸工业技术交流会论文集，2012.

[15] 汪恭二，唐文忠，藏柯柯，等. 冶炼厂废水处理及梯级回用措施探析 [J]. 硫酸工业，2019 (7)：7-10.

[16] 陈鑫，李文勇，李海峰，等. 冶炼烟气制酸净化污酸分段脱铜脱砷技术改造 [J]. 硫酸工业，2019 (4)：27-29.

[17] 饶剑锋，夏安林. 有色冶炼企业工业废水减排措施探讨 [J]. 有色冶金设计与研究，2018，39 (1)：14-16.

[18] 谢添. 基于层次分析法的煤矿机电设备采购供应商选择 [J]. 能源与环保，2019 (10)：112-115，122.

[19] 刘志斌，王永，邵立南，等. 基于层次分析法的地下水质量评价 [J]. 露天采矿技术，2006 (2)：48-50.

[20] 谢志宜，张雅静，陈丹青，等. 土壤重金属污染评价方法研究——以广州市为例 [J]. 农业环境科学学报，2016 (7)：1329-1337.

[21] 邵立南，何绪文，王春荣，等. 基于层次分析-模糊综合评价的矿井水质量评价 [J]. 辽宁工程技术大学学报（自然科学版），2008 (3)：450-453.

[22] 王靖，张金锁. 综合评价中确定权重向量的几种方法比较 [J]. 河北工业大学学报，2001 (2)：52-57.

[23] 娄平，陈幼平，周祖德，等. 敏捷供应链中供应商选择的 AHP/DEA 方法 [J]. 华中科技大学学报（自然科学版），2002 (4)：29-31.

[24] 费智聪. 熵权—层次分析法与灰色—层次分析法研究 [D]. 天津：天津大学，2009.

[25] 韩沚清. 基于现代价值链理论的成本控制 [D]. 泰安：山东农业大学，2005.

[26] 刘海燕. 基于 DHGF 集成法的火电厂厂址选择评价研究 [D]. 西安：西安建筑科技大学，2008.

[27] 张颖. 我国体育用品品牌竞争力研究 [D]. 济南：山东大学，2015.

[28] 凌琪. AHP 法在废水治理技术综合评价中的应用 [J]. 安徽建筑工业学院学报（自然科学版），1996 (3)：51-55.

[29] 秦川. 模糊综合评价在焦化废水处理技术中的应用 [J]. 化工环保，2009 (5)：453-457.

[30] 杨渊. 西部小城镇污水处理技术综合评价研究 [D]. 重庆：重庆大学，2009.

[31] 王谦. 电镀行业六价铬污染防治最佳可行技术评估的研究 [D]. 南京：南京大学，2013.

[32] 李蕊. 辽河流域典型造纸工业废水治理技术评价方法集成与优化 [D]. 沈阳：东北大学，2010.

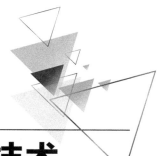

第**4**章

铜冶炼行业水污染控制技术

本章在借鉴相关标准和结合实际工程参数的基础上，针对十一五以来已成熟应用的铜冶炼行业水污染物控制技术给出了设计参数等建议，对控制铜冶炼行业水污染物排放，改善环境质量提供参考[1-3]。

4.1 总体要求

① 铜冶炼企业建设与运行管理应遵守国家和地方相关法律法规、产业政策、排放许可制和行业污染防治政策等管理要求，并积极推行清洁生产、提高资源能源利用率。

② 铜冶炼企业建设涉及重金属等有毒有害物质的生产装置、储罐和管道，或者污水调节池、处理池和应急池等存在土壤污染风险的设施，应当按照国家有关标准和规范要求，设计、建设和安装有关防腐蚀、防泄漏设施和泄漏监测装置，防止污染土壤和地下水。

③ 铜冶炼废水治理工程应符合经批准的环境影响评价文件的要求，并应与主体工程同时设计、同时施工、同时投产使用。

④ 废水中含汞、铅、镉、六价铬、砷等第一类污染物时应在车间或生产设施废水排放口处理。

⑤ 废水处理后外排水中污染物浓度应达到 GB 25467 及地方排放标准的要求，还应满足主要污染物总量控制、排污许可的要求。

⑥ 铜冶炼废水治理工程应设置事故应急防范设施。

⑦ 铜冶炼废水治理工程应采取二次污染防治措施，防止废水处理过程中产生的废气、废水、废渣对环境造成污染。

⑧ 企业应按照《排污口规范化整治技术要求（试行）》以及 GB 25467 中有关排污口规范化设置的相关规定设置废水排放口。

4.2 源头控制

① 铜冶炼企业应对废水的产生、处理和排放进行全过程控制，优先采用清洁生产技术，提高资源、能源利用率，减少污染物的产生和排放。

② 铜冶炼企业应不断提高水的重复利用率、减少废水产生量，工业用水循环利用率不应低于《铜冶炼行业规范条件》的规定。

③ 铜冶炼企业产生的废水应分类收集、分质处理，实现清污分流、雨污分流。

④ 含有重金属的废水应优先回用。

⑤ 废水处理达标后，宜优先回用。

4.3 建设规模

① 建设规模应以废水量为依据，并应适应生产波动的要求，分期建设的应满足企业总体规划的要求。

② 铜冶炼废水治理工程建设规模宜符合下列要求：a.污酸、酸性废水和一般生产废水调节池容积应按最大日流量计算，有效容积宜不小于 8h 废水流入量；b.初期雨水收集池容积应按 GB 50988 确定；c.初期雨水应及时利用或处理，保持初期雨水收集池有效容积；d.事故池有效容积应按事故区域初期雨水量、消防用水量、物料泄漏量之和计算；e.调节池后各处理单元按最大日平均流量计算；f.污泥处理和处置工程按最大日污泥量计算。

4.4 工程构成

① 废水治理工程由主体工程、辅助工程和配套设施构成。

② 主体工程包括废水收集、调节、提升、预处理、处理、回用与排放、污泥浓缩与脱水、药剂配制、事故处置、渣库等设施。

③ 辅助工程包括电气、控制与检测、给水排水、消防、排放口水质、水量在线监测、采暖、通风和空调等。

④ 配套设施包括控制室、值班室和化验室等。

4.5 工程选址与总体布置

① 铜冶炼废水治理工程选址和总体布置应符合 GB 50014、GB 50187 和 GBJ 22 等标准的相关规定。

② 总平面布置应统筹考虑废水产生、处理流程和各处理单元功能的关系，结合地形、地质条件等因素，经技术经济比较后确定，同时还应符合下列要求：a.总平面布置应紧凑、合理，满足施工、维护和管理等要求；b.总平面宜按工艺流程布置，并根据功能和物料性质分区布置；c.竖向设计应充分利用原有地形，尽可能做到土方平衡，减少提升次数，降低运行电耗；d.应合理布置超越管线和维修放空设施，并确保放空水和污泥得到妥善处理和处置；e.输送污酸、酸性废水及酸、碱管道宜架空敷设。

4.6　工艺选择

① 污酸处理工艺宜选用石灰（石）中和法、硫化法或组合工艺。砷含量小于 500mg/L 时，宜采用石灰（石）中和法处理，砷含量超过 500mg/L 时宜采用硫化法＋石灰（石）中和法处理。

② 污酸处理后液 pH 值宜控制在 2 左右，后续处理工艺与酸性废水处理相同。

③ 酸性废水处理工艺宜选用中和法、石灰-铁盐法或电化学法，也可根据需要选择组合工艺。

④ 废水深度处理工艺宜选用吸附法、膜法或生物制剂法，也可根据需要选择组合工艺。

⑤ 初期雨水处理宜选用中和法、石灰-铁盐法、电化学法或重金属捕集剂去除重金属，可与酸性废水合并处理，也可单独处理。

⑥ 一般生产废水处理需根据污染物成分选用调节、pH 值调整、气浮、絮凝沉淀等工艺。

⑦ 污酸蒸发浓缩＋硫化法技术和选择性吸附-气液强化硫化-酸浓缩-氟氯分离技术属于新技术，在使用前需进行小试和中试验证，在论证技术效果、经济成本和设备可达性的基础上开展技术应用。

4.7　铜冶炼废水处理技术设计

4.7.1　污酸处理技术

(1) 硫化法＋石灰石中和法污酸处理技术

1) 技术原理

硫化法＋石灰石中和法污酸处理技术是向污酸中投加硫化剂，使污酸中的重金属离子与硫反应生成难溶的金属硫化物沉淀去除。硫化反应后向废水中投加石灰石（$CaCO_3$），中和硫酸，生成硫酸钙沉淀（$CaSO_4 \cdot 2H_2O$）去除。出水与其他废水合并后进污水处理站做进一步处理。

2) 技术适用范围

该技术适用于铜冶炼过程中污酸的处理。硫化法用于去除污酸中的砷和铜、镉、汞等重金属，根据污酸成分及含量可组合用作污酸处理工艺。砷含量小于 500mg/L 时，宜采用石灰（石）中和法处理；砷含量超过 500mg/L 时，宜采用硫化法＋石灰（石）中和法处理。

3）技术治理效果及可达性

污酸中砷含量小于 1000mg/L 时，硫化法对砷的去除率宜按 90%～95%计；污酸中砷含量大于 1000mg/L 时，硫化法对砷的去除率宜按 95%～98%计。硫化法对铜的去除率宜按 96%～98%计。

该技术处理出水尚不能达到《铜、镍、钴工业污染物排放标准》（GB 25467—2010）标准要求，需进入厂区综合废水处理站进一步处理。

4）技术设计参数

① 常用的硫化剂有硫化钠（Na_2S）、硫化氢（H_2S）、硫化亚铁（FeS）。硫化钠或其他硫化剂的用量应根据硫离子与砷、重金属离子生成硫化物的摩尔量计算，设计用量宜为理论量的 1～1.4 倍，加药量通过氧化还原电位控制。

② 中和反应时间宜根据试验确定，采用石灰乳作中和剂时不宜小于 45min，采用石灰石作中和剂时宜为 2～4h。

③ 硫化反应时间宜根据试验确定，宜为 1～2h。

④ 硫化反应、硫化物沉淀分离应在密闭容器中进行，溢出的 H_2S 应进行碱液吸收处理，尾气排放执行 GB 14554 中的规定。

⑤ 沉淀池的设计参数应根据废水处理试验数据或参照类似废水处理的沉淀池运行资料确定。当没有试验条件和缺乏有关资料时，其设计参数可参考表 4-1。

表 4-1　沉淀池设计参数

池型	表面负荷 /[$m^3/(m^2 \cdot h)$]	沉淀时间/h	固体通量 /[$kg/(m^2 \cdot d)$]	池深/m
辐流式	1.1～1.5	2.0～4.0	50～70	3～3.5
斜管式	3～4	1.5～2.5	50～70	＞5.5
澄清搅拌池	1.2～1.5	1.5	70～80	＞5

⑥ 硫化沉淀可选用辐流式沉淀池或斜管沉淀池，中和渣沉淀宜选用辐流式沉淀池或竖流沉淀池。

⑦ 斜板（管）设计一般采用斜板间距（斜管直径）50～80mm，其斜长不小于 1.0m，倾角 60°。

⑧ 有污泥回流的斜板（管）沉淀池，回流污泥根据工艺要求可与药剂同时加入到废水混合池，或与药剂混合后加入到废水中，或先与废水混合后再投加药剂，其计算流量应为废水和回流污泥之和。

⑨ 斜板（管）沉淀池的排泥宜采用机械排泥或排泥斗。沉淀池排泥斗的斗壁与水平面的夹角，圆斗不宜小于 55°，方斗不宜小于 60°，每个泥斗应设单独的排泥管和排泥阀。

⑩ 重力式污泥浓密池可选用辐流式或深锥沉淀池。浓缩时间不宜少于 6h，有效水深不宜小于 4m，浓缩后污泥在无试验资料或类似运行数据可参考时，硫化渣、中和渣含水率可按 95%～98%选用，硫酸钙渣含水率可按 80%选用。

⑪ 脱水机产率和对污泥含水率的要求应通过试验或根据相同机型、相似污泥脱水运

行数据确定。当缺乏有关资料时，对石灰法处理废水，有沉渣回流且脱水前不加絮凝剂，压滤后的滤饼含水率可为 70%～75%，过滤强度可为 6～8kg/(m²·h)（干基）。当沉渣中硫酸钙含量高时，滤饼含水率可取 70% 或更小。

硫化物法＋石灰中和法处理污酸工艺流程见图 4-1。

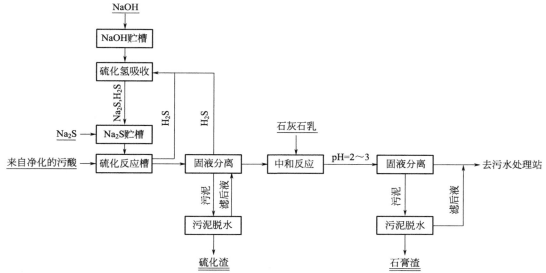

图 4-1　硫化物法＋石灰中和法处理污酸工艺流程

5）技术经济指标

① 投资成本。硫化物法＋石灰中和法处理污酸工艺投资成本约为 4000～6000 元/(t 水·d)。

② 运行成本。硫化物法＋石灰中和法处理污酸工艺的直接运行成本（药剂费＋电费）20～40 元/t 水。

（2）石灰＋铁盐法污酸处理技术

1）技术原理

向污酸中加入石灰乳进行中和反应，经固液分离、污泥脱水后产生石膏。进一步向废水中加入双氧水、液碱及铁盐，把 As^{3+} 氧化为 As^{5+} 后发生氧化沉砷反应，经固液分离、污泥脱水后产生砷渣。出水与其他废水合并后送污水处理站进一步处理。

2）技术适用范围

该技术适用于铜冶炼含砷离子浓度较高废水的处理，也可去除废水中的铜、铅、镉和氟化物等。

3）技术治理效果及可达性

该技术脱砷率大于 98%，降低了含砷较高的渣的产量，有利于砷的集中综合回收。各种金属离子去除率分别为 Cu 98%～99%、F 80%～99%、其他重金属离子 98%～99%。一般情况下，该技术处理出水可达到《铜、镍、钴工业污染物排放标准》（GB 25467—2010）中标准表 2 要求。

4）技术设计参数

① 石灰-铁盐法处理污酸时，宜采用二段处理，每段石灰-铁盐法对砷的去除率宜按 98%～99% 计。第一段 Fe/As 值宜大于 2，第二段 Fe/As 值宜大于 10，pH 值宜控制在 8～9。

② 废水中的三价砷宜先氧化成五价砷，氧化剂可采用氧气、双氧水、漂白粉、次氯酸钠和高锰酸钾等。当出水回用时不宜采用含氯氧化剂。

③ 石灰-铁盐法宜采用污泥回流技术。最佳回流比根据试验资料经技术经济比较后确定，无试验资料时，污泥回流比可选用 3～4。

④ 中和反应时间宜根据试验确定，并不宜小于 30min。

⑤ 沉淀池设计可参考表 4-1。

⑥ 污泥浓缩设计可参考表 4-1。

石灰＋铁盐法处理污酸工艺流程见图 4-2。

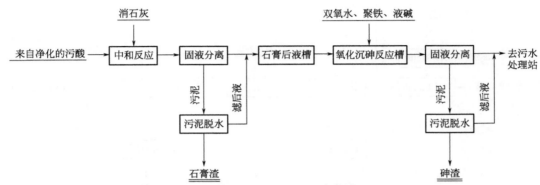

图 4-2 石灰＋铁盐法处理污酸工艺流程

5）技术经济指标

① 投资成本。石灰＋铁盐法处理污酸工艺投资成本约为 4000～6000 元/（t 水·d）。

② 运行成本。石灰＋铁盐法处理污酸工艺的直接运行成本（药剂费＋电费）25～45 元/t 水。

（3）梯级硫化法污酸治理技术

1）技术原理

用硫化法进行废酸处理时采用分步梯级硫化的方法，即第一步硫化时，控制 ORP 值及其相对应的 pH 值，使硫化反应有利于硫化铜的生成，而不利于硫化砷的生成。待硫化铜进行沉降分离后，废酸进行第二步硫化，再控制一定的 ORP 值及其相对应的 pH 值，将废酸中的砷生成硫化砷进行沉降分离，从而达到了砷铜分开的目的。第一步硫化生成的硫化铜即可作为原料重返熔炼系统。

2）技术适用范围

适用于含铜量超过 100mg/L 的污酸资源回收处理。

3）技术治理效果及可达性

对于铜的回收率达到 85% 以上，硫化砷渣减量 5% 以上。该技术用于污酸中铜的资源回收以及砷的处理，处理出水需进一步中和处理才可达标排放。

4）技术设计参数

① 沉铜和沉砷的 ORP 值及其相对应的 pH 值应通过实验确定；

② 温度对沉铜和沉砷的效果有较大影响，反应过程中宜保持合适的温度；

③ 脱铜硫化反应时间宜为脱砷硫化反应时间的 1/2；

④ 沉淀池设计可参考表 4-1。

梯级硫化法污酸处理工艺流程见图 4-3。

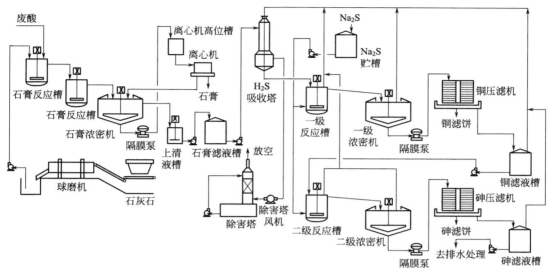

图 4-3　梯级硫化法污酸处理工艺流程

5）技术经济指标

① 投资成本。梯级硫化法处理污酸工艺（不含后续中和工段）投资成本约为 3000～5000 元/（t 水·d）。

② 运行成本。梯级硫化法处理污酸工艺（不含后续中和工段）的直接运行成本（药剂费＋电费）8～15 元/t 水。

4.7.2　酸性废水处理技术

（1）石灰中和法酸性废水治理技术

1）技术原理

石灰中和法是传统的中和技术，应用广泛。向重金属废水中投加石灰，使重金属离子与氢氧根反应，生成难溶的金属氢氧化物沉淀、分离。对于含有多种重金属离子的废水，可以采用一次中和沉淀，也可以采用分段中和沉淀的方法。一次中和沉淀是一次投加碱，提高 pH 值，使各种金属离子共同沉淀。分段中和是根据不同金属氢氧化物在不同 pH 值下沉淀的特性，分段投加碱，控制不同的 pH 值，使各种重金属分别沉淀，有利于分别回收不同金属。

2）技术适用范围

该技术适用于含铁、铜、锌、铅、镉、钴、砷等酸性废水的处理，该技术不适用于汞的脱除。

3）技术治理效果及可达性

该技术流程短、处理效果好、操作管理简单的优点，但存在设备结垢严重、石灰药剂用量大等缺点。各种金属离子的去除率分别可达 Cu 98%～99%、As 98%～99%、F 80%～99%、其他重金属离子 98%～99%。

4）技术设计参数

① 常用中和剂主要为石灰乳和氢氧化钠等，石灰乳沉淀效果优于氢氧化钠，但中和渣量大；

② 中和反应时间宜根据试验确定，并不宜小于 30min，水量大时宜做两级中和反应；

③ 石灰乳配制浓度宜为 10%，PAM 配制浓度宜为 0.05%～0.1%。

④ 废水投加中和剂后需达到的 pH 值应通过试验确定，无试验资料时可根据重金属氢氧化物的溶度积和处理后的水质要求确定。常温下处理单一重金属离子废水要求的 pH 值可参照表 4-2 中数值。铬、铅、锌为两性金属，其氢氧化物沉淀返溶 pH 值分别为 9、10 和 10.5。

表 4-2　处理单一重金属离子废水的 pH 值

金属离子	Cd^{2+}	Co^{2+}	Cr^{3+}	Cu^{2+}	Fe^{3+}	Pb^{2+}	Zn^{2+}
pH 值	11～12	9～12	7～8.5	7～12	>4	9～10	9～10

⑤ 石灰法中和沉淀宜采用辐流式沉淀池、竖流沉淀池等，沉淀池设计可参考表 4-1。

⑥ 污泥浓缩设计可参考表 4-1。

石灰中和法工艺流程见图 4-4。

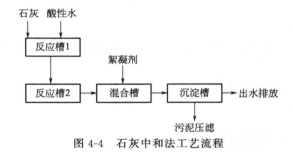

图 4-4　石灰中和法工艺流程

5）技术经济指标

① 投资成本。石灰中和法处理酸性废水投资成本约为 3000～5000 元/(t 水·d)。

② 运行成本。石灰中和法处理酸性废水的直接运行成本（药剂费＋电费）2～10 元/t 水。

（2）石灰-铁盐（铝盐）法酸性废水处理技术

1）技术原理

石灰-铁盐法是向废水中加石灰乳 $[Ca(OH)_2]$，并投加铁盐，使重金属离子与氢氧根反应，生成难溶的金属氢氧化物沉淀、分离去除污水中的 As、F、Cu、Fe 等重金属离子。如废水中含有氟时，需投加铝盐。铁盐通常采用硫酸亚铁、三氯化铁和聚铁，铝盐通常采用硫酸铝、氯化铝。

石灰-铁盐（铝盐）法处理废水工艺流程见图 4-5。

2）技术适用范围

该技术适用于含砷、含氟、含重金属的酸性废水处理。

3）技术治理效果及可达性

该技术除砷效果好，工艺流程简单，设备少，操作方便，可去除钒、锰、铁、钴、镍、铜、锌、镉、锡、汞、铅、铋等，可以使除汞之外的所有重金属离子共沉；但砷渣过滤困难。各种金属离子去除率分别为 Cu 98%～99%、As 98%～99%、F 80%～99%、其他重金属离子 98%～99%。

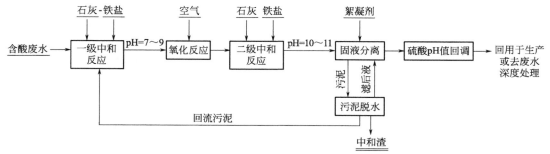

图 4-5　石灰-铁盐（铝盐）法处理废水工艺流程

4）技术设计参数

① 废水投加石灰乳中和需达到的 pH 值应通过试验确定，无试验资料时可参照表 4-2 中数值。

② 石灰-铁盐法用于处理含镉废水时，宜采用三价铁盐作共沉剂和絮凝剂，其用量和 pH 值控制由试验确定，当缺乏试验资料时，Fe/Cd 值不宜小于 10，并用石灰调节废水 pH 值至 8 以上；也可根据废水中镉的含量大小选用一段处理或二段处理，每段石灰-铁盐法对镉的去除率宜按 95%～99%计。

③ 石灰-铁盐法处理含砷废水时，根据废水中砷的价态和含量大小选用一段处理或二段处理，废水中含砷量大于 50mg/L 时宜采用二段处理，每段石灰-铁盐法对砷的去除率宜按 98%～99%计。

④ 石灰-铁盐法处理含砷废水时，采用一段处理时，Fe/As 值宜大于 10。当采用二段处理时，第一段 Fe/As 值宜大于 2，第二段 Fe/As 值宜大于 10，pH 值宜控制在 8～9。

⑤ 废水中的三价砷宜先氧化成五价砷，氧化剂可采用氧气、双氧水、漂白粉、次氯酸钠和高锰酸钾等。当出水回用时不宜采用含氯氧化剂。

⑥ 采用空气氧化法使 Fe^{2+} 氧化成 Fe^{3+}，空气用量为每克 Fe^{2+} 需 2～5L，废水 pH 值不宜小于 7，曝气时间不宜小于 30min。

⑦ 石灰-铁盐法宜采用污泥回流技术。最佳回流比根据试验资料经技术经济比较后确定，无试验资料时污泥回流比可选用 3～4。

⑧ 中和反应时间宜根据试验确定，并不宜小于 30min。

5）技术经济指标

① 投资成本。石灰-铁盐（铝盐）法处理酸性废水投资成本约为 4000～6000 元/(t 水·d)。

② 运行成本。石灰-铁盐（铝盐）法处理酸性废水的直接运行成本（药剂费＋电费）4～10 元/t 水。

(3) 电化学法酸性废水处理技术

1）技术原理

电化学法是以铝、铁等金属为阳极，以石墨或其他材料为阴极，阴离子在阳极失去电子而被氧化；阳离子在阴极得到电子而被还原。在电流作用下，铝、铁等金属离子进入水中与水电解产生的氢氧根形成氢氧化物，氢氧化物絮凝将重金属吸附，生成絮状物沉淀，从而使水得到净化。

2）技术适用范围

该技术主要去除铜冶炼酸性废水中的铜、铅、锌、镉、砷等重金属离子，适用于深度处理。

3）技术治理效果及可达性

铜冶炼中对于砷的去除率为 98%～99%，对于其他重金属的去除率为 95% 以上。该技术无需投加或仅少量投加药剂即可去除废水中重金属离子，减少了渣量的处置费用。

4）技术设计参数

① 电化学进水电导率应大于 $1000\mu S/cm$，重金属离子总含量宜小于 100mg/L，其中镉含量宜小于 2mg/L，砷含量宜小于 20mg/L，pH 值宜为 7～10，SS 浓度宜小于 100mg/L。

② 进水条件宜为酸性，停留时间控制在 2～15min。

③ 除砷时宜用铁极板，除氟时宜采用铝极板。

④ 电化学设备出水可添加少量 PAM 进行絮凝反应，PAM 溶液浓度控制在 0.05%～0.1%。

⑤ 电化学法对镉的去除率宜按 90%～95% 计，对砷的去除率宜按 98%～99% 计。

5）技术经济指标

① 投资成本。电化学法处理酸性废水投资成本约为 4000～6000 元/(t 水·d)。

② 运行成本。电化学法处理酸性废水的直接运行成本（药剂费＋极板费＋电费）2～8 元/t 水。

（4）吸附法/离子交换法酸性水处理技术

1）技术原理

固体表面有吸附水中溶解及胶体物质的能力，比表面积很大的活性炭等具有很高的吸附能力，可用作吸附剂。吸附可分为物理吸附和化学吸附。如果吸附剂与被吸附物质之间是通过分子间引力（即范德华力）而产生吸附，称为物理吸附；如果吸附剂与被吸附物质之间产生化学作用，生成化学键引起吸附，称为化学吸附。离子交换实际上也是一种吸附。

通过吸附剂/离子交换树脂吸附废水中的重金属离子，利用吸附剂/离子交换树脂的比表面积大和对重金属离子的选择性，深度去除水中的重金属离子，吸附剂/离子交换树脂可再生重复使用。

2）技术适用范围

由于吸附法对进水的预处理要求高，吸附剂的价格昂贵，因此在废水处理中，吸附法主要用来去除废水中的微量污染物，达到深度净化的目的。

适用于低浓度含重金属废水的深度处理和回用。

3）技术治理效果及可达性

对于重金属的去除率大于 99%。出水可达到《铜、镍、钴工业污染物排放标准》（GB 25467—2010）中特别排放限制要求。

4）技术设计参数

① 吸附阴、阳离子污染物需采用对应的阴、阳离子树脂，可串联使用；

② 进吸附柱之前，原水需进行预处理，可采用机械过滤器或滤池，去除水中悬浮物

及胶体；吸附柱进水 SS 宜控制在 20mg/L 以下，总硬度宜控制在 500mg/L 以下。

③ 吸附滤速可取 6～12BV/h，通过实验确定；

④ 吸附柱树脂装填高度不宜小于 800mm。

⑤ 树脂需定期再生使用。

典型吸附法工艺流程见图 4-6。

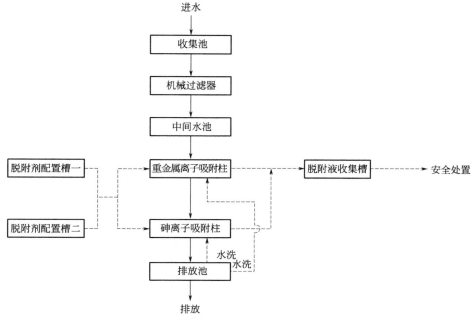

图 4-6　典型重金属吸附工艺流程

5）技术经济指标

① 投资成本。吸附法/离子交换法处理酸性废水投资成本约为 3000～6000 元/(t 水·d)。

② 运行成本。吸附法/离子交换法处理酸性废水的直接运行成本（药剂费＋电费）0.6～3.0 元/t 水。

(5) 净化＋膜法废水深度处理技术

1）技术原理

在常规污酸处理工序后增加膜深度处理装置（如精制过滤器、离子膜过滤器等），精制过滤时过滤精度在 50～100nm 左右，能去除 98％的颗粒杂质，再经过电离子膜过滤器去除砷等重金属离子。

2）技术适用范围

适用于含重金属废水的深度处理和回用。净化＋反渗透废水深度处理技术是为提高水的重复利用率，对不含有毒有害物质的一般生产废水进行深度处理，使处理后水质达到工业循环水的标准，回用于循环水系统的补充水。除盐产生的浓盐水回用于冲渣等，不外排。

废水深度处理工艺流程见图 4-7。

3）技术治理效果及可达性

对于砷、铅的去除率大于 99％，镉的去除率大于 98％，脱盐率达到 75％，出水悬浮

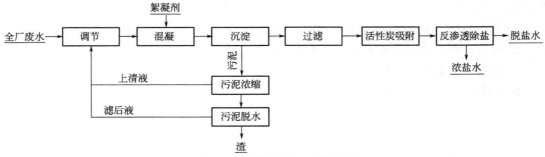

图 4-7　废水深度处理工艺流程

物浓度（SS）低于 5mg/L。处理后水质可达到工业循环水的标准，回用于循环水系统的补充水。

4）技术设计参数

① 反渗透膜进水需进行预处理，可采用混凝过滤、超滤、活性炭吸附、保安过滤等方法，并投加阻垢剂和缓释剂，减少膜片的污染和结垢；

② 中空纤维膜一般要求进水 $SDI < 3$，卷式膜要求进水 $SDI < 5$。

5）技术经济指标

① 投资成本。净化＋膜法废水深度处理技术投资成本约为 15000～30000 元/(t 水·h)。

② 运行成本。净化＋膜法废水深度处理技术的直接运行成本（药剂费＋电费）2～5 元/t 水。

（6）高浓度泥浆法

1）技术原理

高浓度泥浆法是传统石灰法的革新和发展，该技术将沉淀池底回流先与石灰混合，再进入反应池与污水进行中和反应，循环池底在反应体系中通过吸附、卷帘、共沉等作用，作为反应物附着、生长的载体或场所，经过多次循环往复后可粗粒化、晶体化，变成高密度、高浓度易于沉降；同时底泥的回流似的底泥中残留的未反应的石灰可以再次参与反应，有效降低石灰消耗量，减少设备管路结垢。

高浓度泥浆法处理酸性水工艺流程见图 4-8。

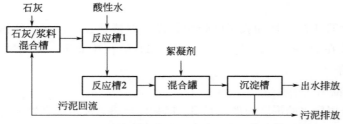

图 4-8　高浓度泥浆法处理酸性水工艺流程

2）技术适用范围

该技术主要去除酸性废水中的铜、铅、镉、锌、氟化物等重金属污染物。也适用与对传统石灰中和工艺的技术提升改造，以及应用于硫化＋石灰中和以及石灰＋铁盐法工艺中。

3）技术治理效果及可达性

对于铜和砷的去除率为 96%~98%，对于其他重金属的去除率为 95% 以上。

4）技术设计参数

① 中和反应时间宜根据试验确定，并不宜小于 30min，水量大时宜做两级中和反应；中和反应应采用在线 pH 仪表精确自动控制药剂投加。

② 污泥回流比可取（1∶1）~（1∶4），通过实验确定。

③ 石灰乳配制浓度宜为 10%，PAM 配制浓度宜为 0.05%~0.1%。

④ 石灰法中和沉淀宜采用辐流式沉淀池、竖流沉淀池等，沉淀池设计可参考表 4-1。

⑤ 污泥浓缩设计可参考表 4-1。

5）技术经济指标

① 投资成本。高浓度泥浆法处理酸性水投资成本约为 3000~5000 元/(t 水·d)。

② 运行成本。高浓度泥浆法处理酸性水的直接运行成本（药剂费＋电费）1.5~10.0 元/t 水。

（7）含重金属酸性废水生物制剂深度处理技术

1）技术原理

将特异功能复合菌群代谢产物与其他化合物复合制备重金属废水处理剂或生物体，重金属离子与重金属废水处理剂经多基团协同作用，包括静电吸引、络合、离子交换、微沉淀、氧化还原反应等过程，形成稳定的重金属配合物沉淀，去除水中的重金属离子。

2）技术适用范围

该技术主要去除废水中的汞、铜、铅、锌、镉、砷等重金属离子，可适用于酸性水的深度处理和回用。

3）技术治理效果及可达性

铜冶炼中对于砷和汞的去除率为 98%~99%，对于其他重金属的去除率为 95% 以上，可满足《铜、镍、钴工业污染物排放标准》（GB 25467—2010）排放标准要求。

4）技术设计参数

① 生物制剂处理重金属废水时水解反应 pH 值控制在 8~10；

② 生物制剂投加量宜通过实验确定。

生物制剂处理铜冶炼废水工艺流程见图 4-9。

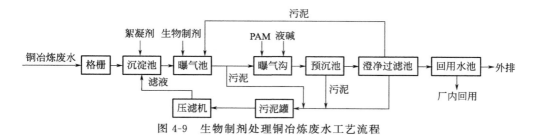

图 4-9　生物制剂处理铜冶炼废水工艺流程

5）技术经济指标

① 投资成本。生物制剂处理铜冶炼废水投资成本约为 5000~7000 元/(t 水·d)。

② 运行成本。生物制剂处理铜冶炼废水的直接运行成本（药剂费＋电费）4~10 元/t 水。

4.8 二次污染防治工程技术设计

4.8.1 污泥处理

① 污泥处理系统由浓缩、调节、脱水和泥饼贮存等工序组成，各工序的取舍应根据废水处理工艺和污泥特点确定。

② 污泥浓缩、脱水的构筑物和设备的排水，应收集到调节池。

③ 污泥处理系统的污泥量应包括下列内容：a. 废水中悬浮物产生的污泥量；b. 化学反应产生的污泥量；c. 投加混凝剂、絮凝剂转化成的污泥量；d. 投加各种药剂的杂质含量。

④ 污泥处理系统的总体布置应符合下列规定：a. 泥浆调节池应靠近污泥浓缩池；b. 污泥脱水间应靠近浓缩池；c. 污泥脱水间应与泥浆调节池毗连；d. 连接各构筑物之间的管、明沟应简短直通；e. 泥浆脱水间应单独布置，并宜靠近厂区内运输道路。

⑤ 企业应根据《国家危险废物名录》、GB 5085.1、GB 5085.3、GB 5086.1、HJ 557的有关规定确定污泥性质[4-7]。

⑥ 污泥贮存、处置、转移应满足 GB 18597、GB 18598、GB 18599 以及《危险废物转移联单管理办法》的规定，属于危险废物的污泥外售或处置应满足国家关于危险废物的相关要求[8-10]。

4.8.2 废气治理

① 铜冶炼行业废水治理过程中产生的废气主要有污酸挥发出来的酸雾，以及采用硫化法处理产生的少量硫化氢气体。

② 铜冶炼行业废水处理设施中，污酸调节池、硫化反应池、硫化沉淀池等场所应设置废气收集设施，并集中进行废气处理。

③ 酸雾及硫化氢的吸收宜采用碱液吸收工艺，使酸雾（以硫酸计）排放浓度不大于《铜、镍、钴工业污染物排放标准》（GB 25467—2010）规定的限值标准。硫化氢排放执行《恶臭污染物排放标准》GB 14554 规定限值[11]。

4.9 典型案例分析

4.9.1 云南某公司废水处理与回用工程实例

云南某公司 2004 年生产高纯阴极铜 22.3 万吨、硫酸 59.7 万吨、黄金 4.27t、白银337.8t，实现销售收入 71.9 亿元。

在"十五"期间，该公司引进世界先进铜冶炼技术和设备，改造传统工艺，实施了以实现节能降耗、降低成本、提高经济效益、治理污染为目标的技术改造。该公司自成立以来的各项管理及技改工作紧紧围绕节能降耗、综合利用进行，按照清洁生产的原则，企业竞争力逐步得到提高。

为改造传统电炉熔炼工艺，引进了澳大利亚芒特艾萨矿业共色的富氧顶吹熔池技术，实施火法技改工程。该项目于 2002 年 5 月 9 日顺利试车投产，经一年多的试车生产通过了工程验收。该工程投产后，公司冶炼粗铜工艺能耗由 729kg 标煤/t、电耗 1681kW·h 分别降至 523kg 标煤/t 和 1213kW·h，取得了大幅降低能耗的成果。同时整个火法熔炼过程中的冶炼烟气全部经余热回收和除尘后，进入经改造为两转两吸的制酸系统回收 SO_2 生产硫酸。该公司硫酸产量 2004 年较 2003 年增加了约 8 万吨，公司总硫利用率由 80％提高到 95％以上，资源利用率得到明显提高。

该公司在烟气污染治理设施主要有硫酸 4 个生产系列，其中系列 3、系列 4 采用两转两吸工艺，所有制酸工艺均配有尾气吸收装置，以确保酸尾气稳定达标排放。此外，还建有大型电除尘器七套、多管旋风除尘器及布袋除尘器多台。硫酸尾气吸收工艺采用氨酸法，吸收液用于生产农业用化肥硫酸铵。

云铜目前排水分为两个层次：一为高砷高酸废水，主要指硫酸净化工序排出的含砷、氟酸性污水，提金、银产出的酸性污水及选矿废水和处理烟尘产出的酸性污水；该废水汇集送至硫化工艺和中和铁盐工艺进行处理；二为厂区一般性废水，主要指电炉渣水碎冲渣水的一部分，电解酸性废水，黄药废水，含锌酸性废水，硫酸工艺跑、冒、滴、漏形成的酸性废水。另外，还有各循环系统的排污水、地坪及设备冲洗水、厂区生活污水等。该废水汇集于 10# 沟排入废水站。

目前云铜废水处理系统由硫化处理工艺、中和铁盐工艺、废水站、截流泵站构成，其示意如图 4-10 所示。

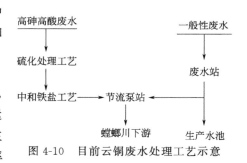

图 4-10　目前云铜废水处理工艺示意

（1）硫化处理工艺

硫化污酸处理工艺是技改之环保配套工程，设计能力 500m³/d，该工艺于 2002 年 8 月投入运行。近一年运行情况显示，生产基本正常，其主要技术指标基本达到设计要求，即脱铜率、脱砷率达 98％，硫化后液含铜 0.009g/L，含砷 0.14g/L；滤饼（即硫化砷渣）含砷 26.26％。

处理工艺流程见图 4-11。

（2）中和铁盐工艺

中和铁盐工艺能处理含各种金属离子的高砷高酸或低砷低废水，现处理能力最大为 1500m³/d，处理效果良好。

（3）废水站

运用中和混凝共沉处理工艺处理以生活污水为主的重金属含量低，酸度低的废水，处理量小于 10000m³/d，处理效果良好。

（4）截流泵站

处理水外排系统由截流泵站和 DN200，长 34km 的管道组成，最终排入螳螂川下游。该泵站于 1992 年投入运行，设计最大能力 3600m³/d，实际运行 3000m³/d 左右，是昆明市首家不向滇池排水的截流工程，在公司废水治理系统中扮演着十分重要的角色。

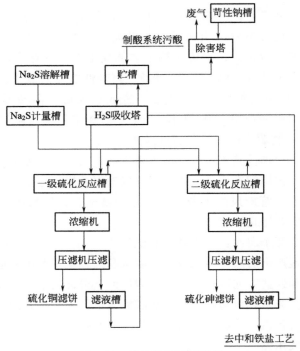

图 4-11   硫化处理工艺流程

4.9.2   安徽某公司废水处理与回用工程实例

安徽某公司（老厂）是以铜精矿为生产原料的铜冶炼企业，以生产电解铜为主，副产工业硫酸，采用"奥炉熔炼—PS 转炉吹炼—阳极炉精炼—小极板电解"的工艺制铜；"两转两吸"工艺制酸，年产粗铜 15.5 万吨、电解铜 18 万吨、硫酸 55 万吨。

生产污水主要包括污酸污水、生产废水、循环冷却水。

处理方式如下所述。

(1) 污酸污水

污酸污水进污酸污水处理站处理，处理规模为 $600m^3/d$。工艺流程如下：由硫酸净化系统产生的废酸，先经浓密机重力沉降，使循环酸中的以铅为主要成分的不溶性杂质先进入铅滤饼，脱铅后进入脱吸塔，脱除液体中溶解的 SO_2，脱除液送中和反应槽并在此添加预先配置好的石灰石浆液，中和污酸中大部分酸，中和后液在硫化反应槽中添加硫化钠溶液，去除 Cu、As 等重金属，硫化后液送污水处理站处理。

其工艺流程见图 4-12。

(2) 生产废水

主要来源于电解车间地面冲洗水、化学水站排放的酸碱污水、硫酸及酸库区域地面冲洗水，这些污水与污酸处理后的上清液通过地上管道或沟渠运送到污水生产废水处理站处理，采用两段电石渣乳液中和＋亚铁盐除砷工艺处理。

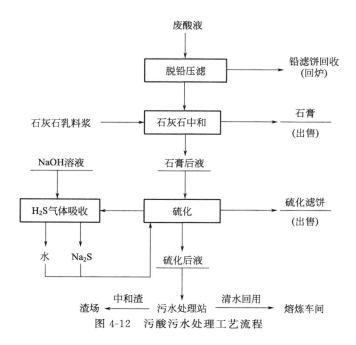

图 4-12　污酸污水处理工艺流程

工艺流程参见图 4-13。

(3) 循环冷却水排污

主要来自熔炼系统循环冷却水、阳极炉系统循环冷却水和制氧系统循环冷却水、硫酸系统循环冷却水的溢流水以及制冰机房水等，这部分水主要是温度升高，属清净下水，经总排放口外排。

4.9.3　山东某公司废水处理与回用工程实例

公司采用富氧底吹熔池熔炼工艺，年产高纯阴极铜 20 万吨，黄金 5t，白银 100t。

(1) 基本情况

净水车间是对硫酸车间产生的污酸进行处理，污酸处理包括一段硫化工段和二段中和工段，处理后的污酸水送污水处理站进一步处理后，出水回用。

主要设备：石膏离心机，硫化压滤机，铁矾渣压滤机，原液贮槽等。

(2) 工艺流程

污酸处理工艺采用二段处理法：一段采用硫化法，去除 As 离子；二段采用石灰石中和法，将污酸 pH 值中和至 2~3，再进行污水处理。

① 一段硫化工段。由硫酸车间净化工序排出的废酸直接用输送泵送入碱液吸收塔喷淋，吸收部分硫化氢气体后进入硫化反应槽，在硫化反应槽内投加硫化钠溶液，废酸中的 Cu^{2+}、As^{3+} 等重金属离子在硫化反应槽内与硫化钠发生反应。为了提高浆液的沉降速度，在反应槽内投加聚丙烯酰胺，反应后的溶液自流进入浓密机进行沉降分离，浓密机上清液溢流进入下一段处理，底流进硫化段压滤机，经压滤后的滤液进下一段处理，滤饼（含砷废渣）外送安全处置。

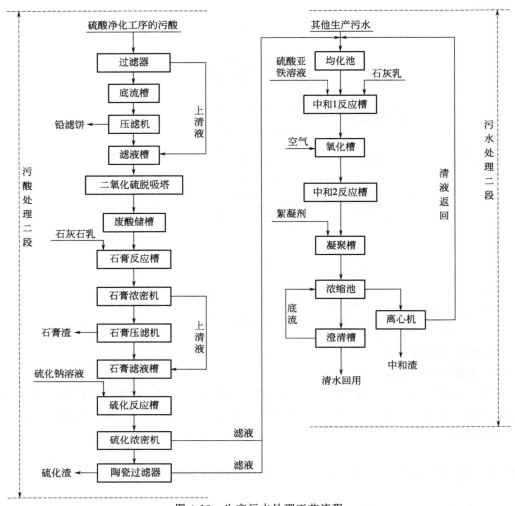

图 4-13　生产污水处理工艺流程

此段工艺流程见图 4-14。

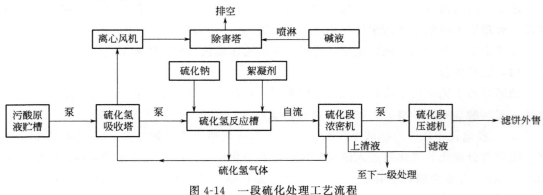

图 4-14　一段硫化处理工艺流程

② 二段中和工段。由上一段处理来的废酸进入污酸贮槽收集，用泵输送入中和槽，在中和槽内投加石灰石浆液，进行中和处理，处理至 pH 值约为 2～3，反应后的溶液自

流进入浓密机进行沉降分离，浓密机上清液溢流进入下一级污水处理，底流进离心机处理，离心后的滤液和下一级污水处理压滤机滤后液一起进行收集，收集后用泵输送入中和槽作为晶种处理，重新进入污酸浓密机分离，离心出的石膏渣可以外售。

此段工艺流程见图 4-15。

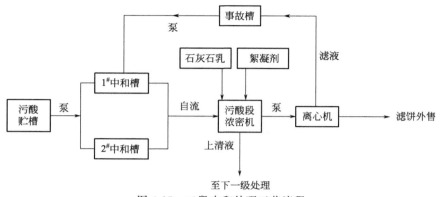

图 4-15 二段中和处理工艺流程

③ 污水处理工段。污水处理采用二段石灰-铁盐法。用石灰乳中和酸，pH 值中和至 7～9，投入絮凝剂沉淀除去悬浮物及其他杂质。污水处理的具体工艺为：酸性污水调节池中的酸性污水用污水提升泵送至一级中和槽，在槽内加石灰乳进一步中和，控制 pH 值在 7 左右，并在槽内加硫酸亚铁后，自流入氧化槽，氧化槽内加压缩空气，使二价铁氧化成三价铁，三价砷氧化成五价砷，再自流至二级中和槽，在槽内加石灰乳中和控制 pH 值在 9 左右，加入适量絮凝剂，加速沉淀。液体溢流入浓密机，底流一部分用污泥泵送至压滤机，经压滤机脱水后，产出的铁矾渣返回工艺配料工段；滤液和离心机滤液一起收集进入事故槽，返回上一级处理。另一部分作为回流污泥用泵送至石灰石高位槽，与石灰石液混合后自流至上级污酸段中和槽作为"晶种"。浓密机出水自流进回水池，处理站出水用回水泵送至污水处理站回水箱和厂区回水管网，回用于配料厂房和渣缓冷工段。

为确保污水外排达标，当出水水质不达标时，将一、二级中和槽及氧化槽的处理液通过排污阀返回污酸浓密机，经沉降后上清液重新进行污水处理。

污水处理工艺流程见图 4-16。

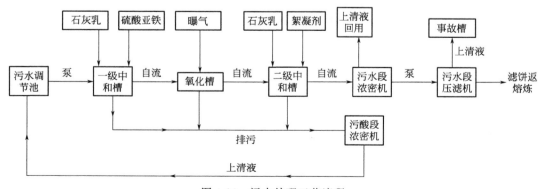

图 4-16 污水处理工艺流程

4.9.4 河南某公司废水处理与回用工程实例

(1) 污酸废水

污酸废水经污酸废水处理站处理后全部用于吹炼炉水淬冲渣。污酸废水经污酸废水处理站设计处理能力 $260m^3/d$。

污酸废水处理站采用均和、石灰中和、加铁盐曝气沉淀、膜过滤的成熟工艺。

1）均化

将制酸车间净化工序产生的污酸废水及制酸车间地面冲洗水在均化池内混匀、均化。

2）石灰中和沉淀

在石灰中和池内投加石灰乳，调整 pH 值，使石灰乳中的 Ca^{2+} 与 AsO_3^{3-} 和 AsO_4^{3-} 反应生成难溶的亚砷酸钙和砷酸钙；使 Pb^{2+}、Cd^{2+}、Hg^{2+} 与 OH^- 反应，生成难溶的金属氢氧化物沉淀，从而予以分离。

$$3Ca^{2+} + 2AsO_3^{3-} \longrightarrow Ca_3(AsO_3)_2 \downarrow$$
$$3Ca^{2+} + 2AsO_4^{3-} \longrightarrow Ca_3(AsO_4)_2 \downarrow$$

设 M^{n+} 表示 Pb^{2+}、Cd^{2+}、Hg^{2+} 等金属离子，则：

$$M^{n+} + nOH^- \longrightarrow M(OH)_n \downarrow$$

3）加铁盐曝气沉淀

为进一步处理废水中的重金属离子，经石灰中和沉淀处理后的废水进入加铁盐（$FeSO_4$ 或 $FeCl_3$）曝气沉淀池。利用在弱碱性条件下，亚砷酸盐、砷酸盐、Hg^{2+} 能与 Fe、Al 等金属离子形成稳定的络合物，并为 Fe、Al 等金属的氢氧化物吸附共沉的特点，进一步去除废水中的砷、汞离子。

$$2FeCl_3 + 3Ca(OH)_2 \longrightarrow 2Fe(OH)_3 \downarrow + 3CaCl_2$$
$$AsO_3^{3-} + Fe(OH)_3 \longrightarrow FeAsO_3 + 3OH^-$$
$$AsO_4^{3-} + Fe(OH)_3 \longrightarrow FeAsO_3 + 3OH^-$$

加铁盐曝气沉淀池鼓入空气搅动废水，使加入的铁盐能充分与废水中的重金属离子接触，减少铁盐投入量，提高处理效率。

4）膜过滤器过滤

膜过滤器采用吸附原理，对废水中的重金属离子进行进一步去除，同时去除加铁盐曝气沉淀工序中形成的颗粒小而轻，较难沉淀的重金属氢氧化物及络合物。

污酸处理工艺见图 4-17。

该工艺广泛应用于国内冶炼企业中。根据公司多年的运行效果，该工艺具有经济合理、运行稳定、治理效果可靠的特点，可以确保本项目污酸废水稳定达标。评价认为利用该工艺处理制酸车间的污酸废水，措施可行。

(2) 酸碱废水

软水处理站、化验室、酸雾净化塔产生的酸碱废水主要污染物为 pH 值、盐类。该部分废水排入综合废水处理站进行处理，处理后净水回用于酸雾净化塔、铅锭和阳极铜浇铸机冷却，浊水用于制粒。综合废水处理站处理能力 $210m^3/d$。

综合废水处理站处理工艺为：排污水首先经过中和，中和后的水进入机械过滤器（石

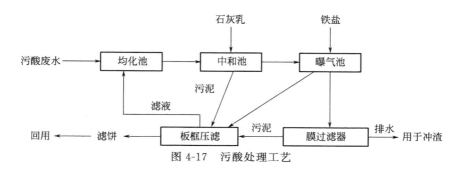

图 4-17　污酸处理工艺

英砂）进行粗滤，去除悬浮物和胶体物质。机械过滤器具有去除效率高，操作简单，自动化程度高等优点，水经粗滤后进入保安过滤器（精密过滤器），确保出水能够满足反渗透系统的进水水质要求，反渗透为常用的水处理设施，具有设备体积小、操作简便、适应性强等优点，且对盐类物质有很好的去除效率，出水水质满足酸雾净化塔、铅锭和阳极铜浇铸机冷却水的水质要求。

(3) 净循环水系统

净循环水系统排污水主要来自熔炼炉、吹炼炉、制酸系统等设备及各类风机的间接冷却水排污水，净循环水经冷却后循环使用，其排污水水质清洁，仅盐分稍高，属清净下水，此部分废水总量为 $297m^3/d$，其中 $32m^3/d$ 回用于电解车间的酸雾净化塔，$6m^3/d$ 回用于精炼炉烟气脱硫塔，其余排入厂区污水管网，经集聚区污水管网最终进入水运污水处理厂。

(4) 生活污水

生活污水产生量 $40m^3/d$，经化粪池处理后，排入厂区污水管网，经集聚区污水管网最终进入水运污水处理厂。

水运污水处理厂位于水运村南侧，规划建设规模为 $6.0 \times 10^4 m^3/d$，采用 A^2O 处理工艺。规划将克井镇区以及规划区的污水纳入该污水处理厂处理，为保证克井镇及规划范围内近期污水能够得到有效处理。该污水处理厂分两期建设，其中近期建设规模 $3.0 \times 10^4 m^3/d$，污水处理厂正在建设，厂区平整现已完成，预计建设工期 10 个月。本项目建成时，该污水处理厂已投入运行。评价认为本项目生活污水、净循环水处理措施可行。

4.9.5　福建某公司废水处理与回用工程实例

公司对低品位铜矿石采用"微生物堆浸—萃取—电积"湿法冶金生产工艺进行处理，生产 99.99％阴极铜，其湿法冶炼厂产生大量的酸性萃余液废水由厂区的鹅颈里废水处理车间进行达标处理。

鹅颈里废水处理车间原设计处理能力为 $1.2 \times 10^4 m^3/d$，采用传统的石灰中和法（LDS）对萃余液进行中和处理，一共设有三套酸碱中和反应装置和三套石灰加药装置，常年满负荷运行。该处理系统存在石灰消耗量大（处理每方污水消耗石灰量为 $21 \sim 22kg$，石灰成本约 15 万元/天）、无自动控制、工人操作量大等问题。

紫金山铜矿与 2018 年采用高浓度泥浆法（HDS）对鹅颈里废水处理车间进行了技术改造。改造后处理能力提升至 $2.0 \times 10^4 m^3/d$，石灰利用率从改造前的 71.67％提升至

83.6%，吨水节省石灰量约为 5kg，取得了显著效果。

鹅颈里改造流程如图 4-18 所示。

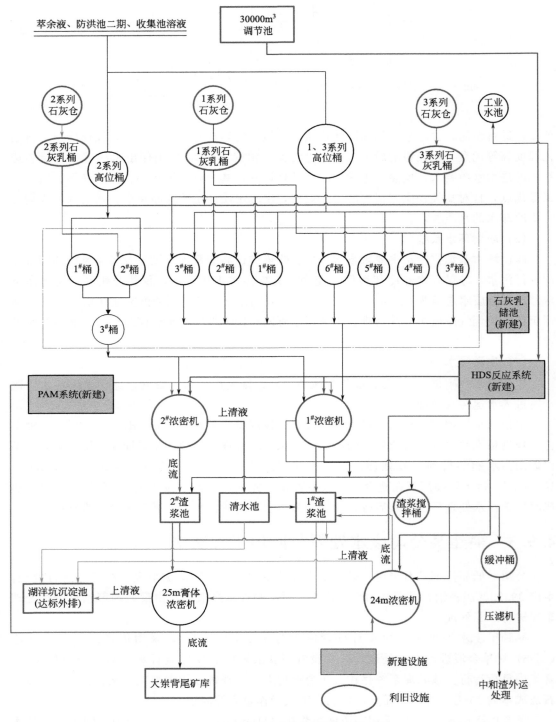

图 4-18　鹅颈里车间污水站改造工艺流程

具体工艺流程说明如下。

萃余液经收集后通过浮床泵泵至新建的 HDS 反应系统进行充分中和反应，HDS 反应液出水分三股：第一股约 $600m^3/h$ 通过新增溜槽进入絮混槽（利旧），再平均分配至两个 18m 浓密池沉淀处理，处理清液溢流排放至清水池，出水达到《铜、镍、钴、工业污染物排放标准》中的特别排放限值，外排至下游汀江；第二股约 $300m^3/h$ 反应液进入 4# 渣浆桶，利用现有设备（4# 泵）泵至 24m 浓密池沉淀，出水由现有清水泵及管路外排至排放口；第三股约 $200m^3/h$ 反应液进入 3# 渣浆桶，利用现有设备及管路（3# 泵）直接泵至 25m 浓密池进行沉淀分离。

1# 18m 浓密池以及 24m 浓密池底泥排入 1# 渣浆池，通过新增污泥回流泵回流，剩余污泥由 1# 泵泵至 25m 浓密机；2# 18m 浓密池底泥排入 2# 渣浆池，通过 5# 泵污泥回流，剩余污泥由 2# 泵泵至 25m 浓密机，25m 浓密机底泥经压滤后外运处置。

石灰配制系统利用现有料仓及配制桶，石灰乳经汇流后进入石灰乳储池，再经石灰乳投加泵精确、自动投加至混合槽。石灰乳配制清水以及 PAM 配制清水均由清水池清水提供。

参考文献

[1]　环保部公告［2015］24 号.铜冶炼污染防治可行技术指南（试行）［S］.2015.
[2]　HJ 2059—2018.
[3]　GB 50988—2014.
[4]　GB 5085.1—2007.
[5]　GB 5085.3—2007.
[6]　GB 5086.1—1997.
[7]　HJ 557—2009.
[8]　GB 18597—2001.
[9]　GB 18598—2019.
[10]　GB 18599—2001.
[11]　GB 14554—1993.

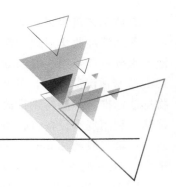

第5章

铜冶炼行业水污染全过程控制技术展望

5.1 水污染全过程控制技术发展历程

随着行业的发展，铜冶炼行业的水污染全过程控制技术一直在进步，在调研国内外相关文献的基础上分析技术的发展历程[1-16]。

5.1.1 污酸及酸性废水污染控制成套技术发展历程

5.1.1.1 规范化关键词库构建

（1）中文高频关键词识别

图 5-1 为 CNKI 关于污酸及酸性废水污染控制成套技术文献关键词共现图，图中圆圈大小代表关键词出现的频次，圆圈越大表示关键词出现的次数越多，圆圈之间连线的粗细表示两个关键词共同出现的次数，连线越粗表示两个关键词共同出现的次数越多。

由图 5-1 可以看出，铜冶炼污酸及酸性废水污染控制成套技术主要是为了解决砷和其他重金属污染问题，以及铼和废酸的资源化回收为主的中和法、硫化法、资源化技术，以及相关的技术组合。

① 问题类关键词：除砷、重金属废水、铼、污酸、烟气制酸、制酸系统、硫酸生产、烟气制酸、污染物排放标准。

② 技术类关键词：硫化反应、沉淀法、铁盐、组合工艺、处理效果、处理成本、工艺条件、工艺研究、工艺流程、硫化法。

（2）英文高频关键词识别

图 5-2 为 Web of Science 关于污酸及酸性废水污染控制成套技术文献关键词共现图，图中圆圈大小代表关键词出现的频次，圆圈越大表示关键词出现的次数越多，圆圈之间连线的粗细表示两个关键词共同出现的次数，连线越粗表示两个关键词共同出现的次数越多。

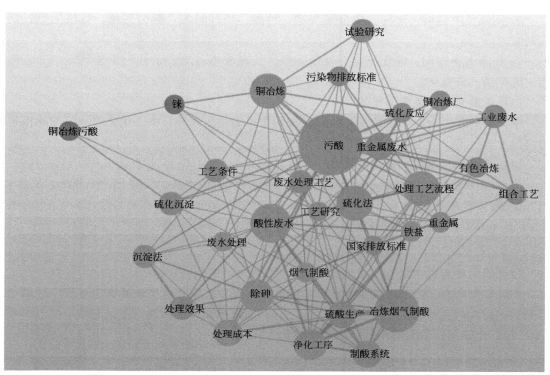

图 5-1　CNKI 关于污酸及酸性废水污染控制成套技术文献关键词共现图

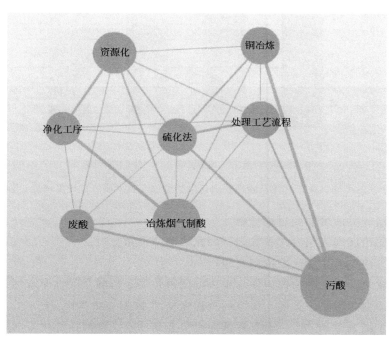

图 5-2　Web of Science 关于污酸及酸性废水污染控制成套技术文献关键词共现图

　　由图 5-2 可以看出，铜冶炼污酸及酸性废水污染控制成套技术主要以硫化法和资源化回收技术为主。

① 问题类关键词：除砷、重金属废水、污酸、烟气制酸、制酸系统、硫酸生产、烟气制酸。

② 技术类关键词：硫化反应、处理效果、处理成本、工艺条件、工艺研究、工艺流程、硫化法、资源化。

(3) 中英文高频关键词比较

中英文高频关键词的差异主要体现在技术类关键词的差异，中文论文有相当的比例是传统的处理技术，英文论文主要是资源化的技术。

(4) 中英文规范化关键词库构建

① 中文规范化关键词：除砷、重金属废水、污酸、硫化法、资源化、中和法、铁盐。

② 英文规范化关键词：arsenic，heavy metal wastewater，sewage acid，vulcanization，resource recovery，neutralization，iron salt.

5.1.1.2 研究关注度演变分析

(1) 国内研究关注度演变过程分析

图 5-3 为 CNKI 关于污酸及酸性废水污染控制成套技术研究关注度演变过程，从图中可知国内研究的关注度从"十五"和"十一五"的以达到排放标准为主，到"十二五"和"十三五"逐渐向有价金属回收、废酸资源化方向发展。

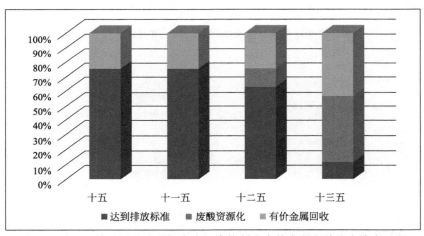

图 5-3　CNKI 关于污酸及酸性废水污染控制成套技术研究关注度演变过程

(2) 国外研究关注度演变过程分析

英文发表的论文都为国内作者发表，因此该部分不做分析。

(3) 国内外研究关注度演变过程比较

由于英文发表的论文都为国内作者发表，国内外关于污酸及酸性废水污染控制成套技术研究关注度演变过程是一致的，研究的关注度从"十五"和"十一五"的以达到排放标准为主，到"十二五"和"十三五"逐渐向有价金属回收、废酸资源化方向发展。

5.1.1.3 技术发展趋势分析

(1) 国内技术发展历程

表 5-1 为 CNKI 关于污酸及酸性废水污染控制成套技术发展过程，从表中可知国内技

术发展从"十五"和"十一五"的以中和法为主，到"十二五"和"十三五"逐渐向有价金属回收的硫化法、废酸资源化发展。

表 5-1　污酸及酸性废水污染控制成套技术发展过程

国外	技术方法		硫化法		
				资源化技术	
	核心问题		有价金属回收	废酸资源化	
时间轴		2000 年	2005 年	2010 年	2015 年
国内	核心问题	达到排放标准	有价金属回收	废酸资源化	
	技术方法	中和法			
			硫化法		
				资源化技术	

（2）国外技术发展历程

由于英文发表的论文都为国内作者发表，国外关于污酸及酸性废水污染控制成套技术发展过程是一致的，技术从有价金属回收的硫化法，到"十二五"和"十三五"逐渐向废酸资源化技术方向发展。

（3）国内外技术发展历程比较

国内外技术发展历程比较见表 5-1。

5.1.2　综合废水处理与回用成套技术发展历程

5.1.2.1　规范化关键词库构建

（1）中文高频关键词识别

图 5-4 为 CNNI 关于综合废水处理与回用成套技术文献关键词共现图，图中圆圈大小

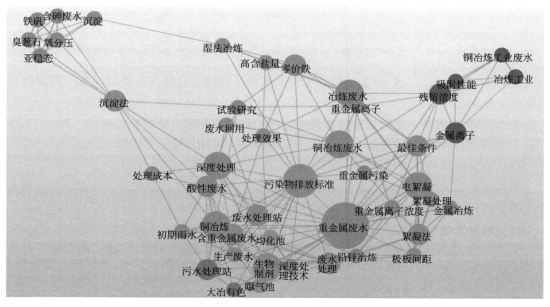

图 5-4　CNKI 关于综合废水处理与回用成套技术文献关键词共现图

代表关键词出现的频次，圆圈越大表示关键词出现的次数越多，圆圈之间连线的粗细表示两个关键词共同出现的次数，连线越粗表示两个关键词共同出现的次数越多。

由图 5-4 可以看出，铜冶炼综合废水处理与回用成套技术主要是为了解决重金属污染问题的中和沉淀法、吸附和电化学等深度处理技术，以及相关的技术组合。

① 问题类关键词：砷、重金属废水、高含盐量、酸性废水、初期雨水、铜冶炼废水。

② 技术类关键词：沉淀、臭葱石、铁盐、电絮凝、生物制剂、吸附、膜法。

(2) 英文高频关键词识别

图 5-5 为 Web of Science 关于综合废水处理与回用成套技术文献关键词共现图，图中圆圈大小代表关键词出现的频次，圆圈越大表示关键词出现的次数越多，圆圈之间连线的粗细表示两个关键词共同出现的次数，连线越粗表示两个关键词共同出现的次数越多。

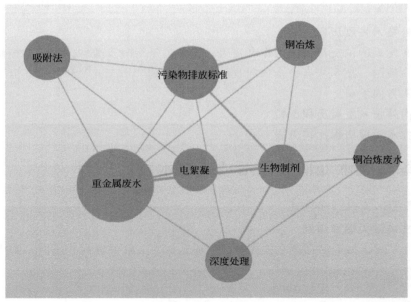

图 5-5　Web of Science 关于综合废水处理与回用成套技术文献关键词共现图

由图 5-5 可以看出，铜冶炼污酸及酸性废水污染控制成套技术主要以硫化法和资源化回收技术为主。

① 问题类关键词：除砷、重金属废水、污染物排放标准、铜冶炼废水。

② 技术类关键词：电絮凝、吸附法、生物制剂、深度处理。

(3) 中英文高频关键词比较

中英文高频关键词的差异主要体现在技术类关键词的差异，中文论文有相当的比例是传统的处理技术，英文论文主要是深度处理技术。

(4) 中英文规范化关键词库构建

① 中文规范化关键词：除砷；重金属废水；铜冶炼废水；中和沉淀；电絮凝；吸附法；生物制剂；膜法；深度处理。

② 英文规范化关键词：arsenic；heavymetal wastewater；waste water from copper smelting；neutralization precipitation；electric flocculation；adsorption method；biological agents；membrane；deep processing.

5.1.2.2 研究关注度演变分析

（1）国内研究关注度演变过程分析

图 5-6 为 CNKI 关于综合废水处理与回用成套技术研究关注度演变过程，从图 5-6 中可知国内研究的关注度从"十五"和"十一五"的以达到排放标准为主，到"十二五"和"十三五"逐渐向水资源利用和深度处理方向发展。

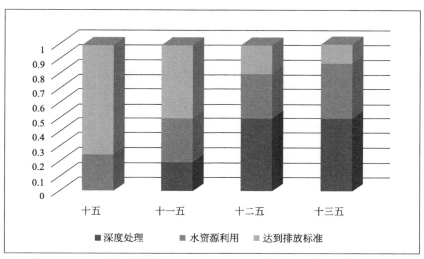

图 5-6　CNKI 关于综合废水处理与回用成套技术研究关注度演变过程

（2）国外研究关注度演变过程分析

图 5-7 为 Web of Science 关于综合废水处理与回用成套技术研究关注度演变过程，从图 5-7 中可知国外研究的关注度从"十五"和"十一五"的以达到排放标准为主，到"十二五"和"十三五"逐渐向深度处理方向发展。

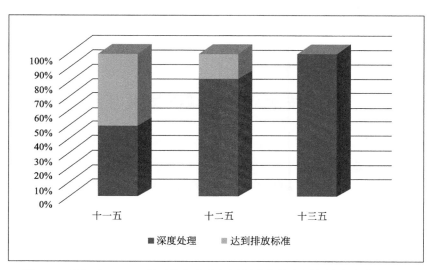

图 5-7　Web of Science 关于综合废水与回用成套技术研究关注度演变过程

(3) 国内外研究关注度演变过程比较

国内外关于综合废水处理与回用成套技术研究关注度演变过程是一致的，研究的关注度从"十五"和"十一五"的以达到排放标准为主，到"十二五"和"十三五"逐渐向深度处理方向发展，国内还向回收水资源方向发展。

5.1.2.3 技术发展趋势分析

(1) 国内技术发展历程

表 5-2 为 CNKI 关于综合废水处理与回用成套技术发展过程，从表中可知国内技术发展从"十五"和"十一五"的以中和法为主，到"十二五"和"十三五"逐渐向膜法、电化学法、吸附法和生物制剂法发展。

表 5-2　综合废水污染控制成套技术发展过程

区域	分类	2000年	2005年	2010年	2015年
国外	技术方法	生物制剂		电化学	
				吸附法	
	核心问题	达到排放标准		深度处理	
时间轴		2000 年	2005 年	2010 年	2015 年
国内	核心问题	达到排放标准	水资源回收		深度处理
	技术方法	中和法			
			膜法		
			生物制剂法		
				电化学法	
				吸附法	

(2) 国外技术发展历程

表 5-2 为 Web of Science 关于综合废水处理与回用成套技术研究技术演变过程，从表中可知国外研究的关注度从"十一五"的生物制剂法，到"十二五"和"十三五"逐渐向电化学法和吸附法技术方向发展。

(3) 国内外技术发展历程比较

国内外技术发展历程比较见表 5-2。

5.1.3　废水源头削减技术及过程减排技术发展历程

5.1.3.1 规范化关键词库构建

(1) 中文高频关键词识别

图 5-8 为 CNNI 关于废水源头削减技术及过程减排技术文献关键词共现图，图中圆圈大小代表关键词出现的频次，圆圈越大表示关键词出现的次数越多，圆圈之间连线的粗细表示两个关键词共同出现的次数，连线越粗表示两个关键词共同出现的次数越多。

由图 5-8 可以看出，铜冶炼废水源头削减技术及过程减排技术主要雨污分流、梯级循环利用等技术。

① 问题类关键词：提标、"零"排放、节能减排、酸性废水、工业废水、初期雨水。

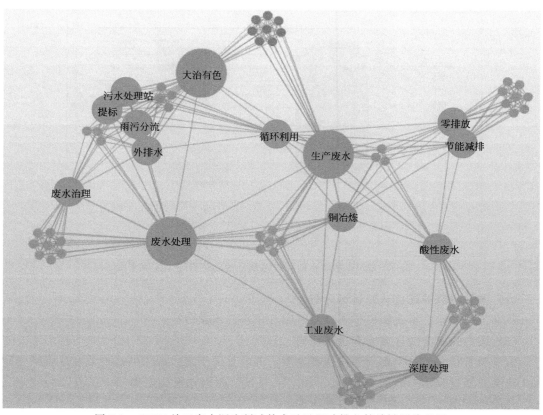

图 5-8　CNKI 关于废水源头削减技术及过程减排文献关键词共现图

② 技术类关键词：雨污分流、清污分流、梯级、循环利用、深度处理。

（2）英文高频关键词识别

英文论文只有两篇，简要概述。

① 问题类关键词："零"排放、节能减排。

② 技术类关键词：清污分流、梯级回用。

（3）中英文高频关键词比较

中英文高频关键词的差异不大，都主要是雨污分流、清污分流、梯级利用的常规技术。

（4）中英文规范化关键词库构建

① 中文规范化关键词：雨污分流；清污分流；梯级利用。

② 英文规范化关键词：distribution of rain and sewage; sewage diversion; cascade utilization.

5.1.3.2　研究关注度演变分析

（1）国内研究关注度演变过程分析

图 5-9 为 CNKI 关于废水源头削减技术及过程减排研究关注度演变过程，从图中可知国内研究的关注度从"十五"和"十一五"的研究很少，到"十二五"和"十三五"开始进行雨污分流和梯级回收的研究，但总体数量较少。

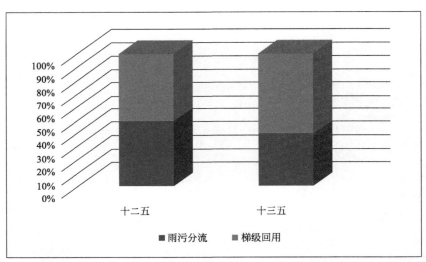

图 5-9　CNKI 关于废水源头削减技术及过程减排研究关注度演变过程

（2）国外研究关注度演变过程分析

英文发表的论文都为国内作者发表，因此该部分不做分析。

（3）国内外研究关注度演变过程比较

由于英文发表的论文都为国内作者发表，国内外关于废水源头削减技术及过程减排研究关注度演变过程是一致的，"十五"和"十一五"的研究很少，到"十二五"和"十三五"开始进行雨污分流和梯级回收的研究。

5.1.3.3　技术发展趋势分析

（1）国内技术发展历程

表 5-3 为 CNKI 关于废水源头削减技术及过程减排技术发展历程，从表中可知"十五"和"十一五"的研究很少，到"十二五"和"十三五"开始进行雨污分流和梯级回收技术的研究。

表 5-3　废水源头削减技术及过程减排技术发展历程

国外	技术方法			雨污分流	
				梯级回用	
	核心问题			废水回用率提高	
时间轴		2000 年	2005 年	2010 年	2015 年
国内	核心问题			废水回用率提高	
	技术方法			雨污分流	
				梯级回用	

（2）国外技术发展历程

由于英文发表的论文都为国内作者发表，国外关于废水源头削减技术及过程减排技术研究关注度演变过程是一致的，到"十二五"和"十三五"开始进行雨污分流和梯级回收技术的研究。

（3）国内外技术发展历程比较

国内外技术发展历程比较见表 5-3。

5.2　水污染控制技术存在的问题和发展趋势

5.2.1　政策导向及污染控制难点与关键点

（1）我国铜冶炼行业废水污染防控的法律法规情况

对于废水污染的防治，我国的《环境保护法》《水污染防治法》等立法中均有涉及。针对铜冶炼行业的污染现状，制定了一系列的行业政策、法规和标准。

目前，颁布的铜冶炼行业重金属污染防控相关的法律法规见表 5-4。

表 5-4　铜冶炼行业污染防控的法律法规情况

类别	文件名称	文号或分类号	文件来源	施行时间
法律法规	中华人民共和国环境保护法	中华人民共和国主席令第九号	第十二届全国人民代表大会常务委员会第八次会议	2015.1.1
	中华人民共和国水污染防治法	中华人民共和国主席令第 70 号	第十二届全国人民代表大会常务委员会第二十八次会议	2018.1.1
	中华人民共和国清洁生产促进法	中华人民共和国主席令第 54 号	第十一届全国人民代表大会常务委员会第二十五次会议	2012.7.1
	中华人民共和国循环经济促进法	中华人民共和国主席令第 16 号	2018 年 10 月 26 日第十三届全国人民代表大会常务委员会第六次会议	2018.10
部门规章	铜冶炼行业规范条件	2019 年第 35 号公告	中华人民共和国工业和信息化部	2019.9.6
	产业结构调整指导目录（2019 年本）	2019 第 29 号令	国家发展与改革委员会	2019.11.6

（2）我国铜冶炼行业污染防控的标准、规范情况

铜冶炼行业相关标准汇总如表 5-5 所列。

表 5-5　铜冶炼行业污染防控的标准、规范情况

序号		标准和规范
1	污染物排放标准	《铜、镍、钴工业污染物排放标准》（GB 25467—2010）
2		《铜、镍、钴工业污染物排放标准》（GB 25467—2010）修改单
3	清洁生产标准	《清洁生产标准　铜冶炼业》（HJ 558—2010）
4		《清洁生产标准　铜电解业》（HJ 559—2010）
5		铜冶炼行业清洁生产评价指标体系（征求意见稿）
6	排污许可标准	《排污许可证申请与核发技术规范　有色金属工业-铜冶炼》（HJ 863.3—2017）
7		《污染源源强核算技术指南 有色金属冶炼》（HJ 983—2018）
8	监测规范	《排污单位自行监测技术指南有色金属工业》（HJ 989—2018）

（3）我国铜冶炼行业污染防控的技术政策、BAT、工程技术规范情况

目前，我国铜冶炼行业污染防控的技术体系正在构建，我国铜冶炼行业污染防控的技术政策、BAT、工程技术规范情况见表 5-6。

表 5-6　铜冶炼行业污染防控的技术政策、BAT、工程技术规范情况

序号	技术政策、BAT[①] 和工程技术规范	
1	技术政策	铜、钴、镍采选冶炼工业污染物防治技术政策（正在编制）
2	BAT	《铜冶炼污染防治最佳可行技术指南（试行）》
3	工程技术规范	《铜冶炼废水治理工程技术规范》（HJ 2059—2018）

① 最佳可行技术（Best Available Technologies，BAT）。

上述为国内铜冶炼行业相关标准及政策，下面介绍国外铜冶炼行业排放标准以供参考。

20 世纪 60 年代开始，经过几十年的探索，欧盟逐渐形成工业化进程中加强环境污染防治的 3 大原则（"污染者付费原则""源头控制原则""一体化原则"）。

针对水体的重金属污染防治，《欧盟水框架指令》在普适性和专门性的条例中均有相关规定：

① 在优先控制物质中，提出了包括 Cd、Pd、Hg、Ni 及其化合物在内的几种重金属或重金属化合物；

② 在危险物质中，提出了包括 Zn、Se、Sn、V、Cu、As、Ba、Co、Ni、Sb、Be、T1、Cr、Mo、Pb、Ag 在内的 16 种金属类（含 15 种重金属）物质；

③ 在水质目标和统一的排放标准中，对重金属及其化合物的浓度进行了专门的限定；

④ 将水域保护与重金属等相关污染控制紧密结合，通过采取综合性措施对重金属污染进行控制，要求各成员国在其措施方案中列出点源重金属控制排放指标、所采取的涉重污染深控制措施，并针对用于饮用或将来会用于饮用的水体制定出相应的环境质量标准包括重金属相关标准。

在欧盟 BREF 文件中，金属和他们的化合物，以及原料在水中的悬浮物被认为是有色金属工业排入水环境的主要污染物，主要包括锌、镉、铅、汞、硒、铜、镍、砷、钴和铬等，其他有影响的污染物则有硫化物、氯化物、氟化物等。有色金属工业生产废水实行清污分流，分质处理，以废治废，一水多用，实行循环、重复利用，少排或不排放，即"零"排放，对控制重金属水污染是重要手段。

5.2.2　铜冶炼行业水污染控制的难点及关键点

①《铜冶炼行业规范条件》《铜、镍、钴工业污染物排放标准》等相关标准已发布多年，存在着污染物指标缺失，相关限值有待于进一步的修订完善等问题。

② 企业关注的重点仍主要停留在末端治理方面，难以做到废水的梯级用水和分质处理回用，为此，必须从"末端治理"向"工艺节水—分质回用—末端治理"技术集成方向发展。

③ 污酸属于多种重金属杂质共存、高负荷污染浓度的稀酸体系，有价金属和酸资源

难以回收利用；在处理过程中产生大量的危险废物，安全处置成本高。

④ 目前，我国铜冶炼企业大多数采用常规的石灰中和法（LDS）等方法。上述技术已经不能满足稳定达标排放和回用的技术需求，亟待开发和采用先进的深度处理回用技术。

5.2.3　铜冶炼行业水污染控制存在的问题

① 污酸处理仍以硫化法和石灰中和法等简单处理工艺为主，存在以下问题：a.废水中的重金属以硫化物和氢氧化物的形式转移到废渣当中，由于废渣的有价金属含量低、多种杂质元素掺杂，导致有价金属难以回收利用；b.稀酸在处理的过程中，与石灰发生中和反应，造成酸资源流失浪费；c.危险废物产生量大，安全处置成本高，目前主要采用厂内贮存的方式，易造成二次污染问题；d.由于投加大量的石灰乳，使得出水的硬度过高，严重的影响废水的回用；e.目前污酸处理至达标排放直接运行成本（包括危废处置费用）约 80～100 元/t，运行成本过高，企业无法承受。

② 目前，我国有色金属冶炼企业大多数采用的处理技术是一级或是多级石灰中和法（LDS）。该方法工艺简单，成本低，但存在结垢严重、沉淀污泥量大、操作环境差、处理效果不稳定和回用率低等弊端。随着国家污染物的排放标准越来越严格，上述技术已经不能满足稳定达标排放和回用的技术需求，亟待开发和采用先进的深度处理回用技术。

③ 企业关注的重点仍主要停留在末端治理方面，但"末端治理"往往并不能从根本上消除污染，而只是污染物在不同介质中的转移，特别是有毒有害的物质，往往在新的介质中转化为新的污染物，形成"治不胜治"的恶性循环，行业水的循环利用率仍有提升的空间。

5.2.4　铜冶炼行业未来水污染全过程控制技术发展趋势

（1）从末端治理向工艺节水—分质回用—末端治理技术集成方向发展

"末端治理"往往并不能从根本上消除污染，而只是污染物在不同介质中的转移，特别是有毒有害的物质，往往在新的介质中转化为新的污染物，形成"治不胜治"的恶性循环。为此，必须开展工艺节水、分质回用技术的研究[17,18]。

（2）处理工艺向先进替代工艺和联合处理工艺方向发展

目前，我国铜冶炼企业大多数采用的处理技术是一级或是多级石灰中和法（LDS）。该方法工艺简单，成本低，但存在结垢严重、沉淀污泥量大、操作环境差、处理效果不稳定等弊端。

针对上述问题，对其进行改进，开发和应用出了许多先进替代的深度处理技术。

（3）从标排放向回收有价金属和资源方向发展

目前铜冶炼企业常用的废水处理方法大多是一级或是多级石灰中和法，然后达标排放。这样处理不仅浪费废水中的有价金属资源，而且污水处理费用也很高，同时由于将重金属都从水中转移到沉渣中，易造成二次污染。因此先从废水中回收有价金属和酸资源，然后将处理后的水资源回用将成为今后的发展趋势。

5.3 铜冶炼行业水污染全过程控制技术展望

5.3.1 铜冶炼行业废水污染全过程控制技术思路

铜冶炼行业的水污染问题及对水资源的不合理利用已经成为制约我国铜冶炼产业健康、持续、高水平发展的主要难题，旧有的低效末端治理方法已经不能彻底解决我国铜冶炼行业水污染问题。开展铜冶炼工业节水与废水处理控制技术研究，提高水资源利用率已迫在眉睫。对于我国铜冶炼行业而言，坚持"推进资源节约集约利用，加大环境综合治理力度"，坚持"创新驱动、转型发展"的理念，推动产业结构调整，加快技术改造升级，提倡铜冶炼企业清洁生产方式，降低后续污染物排放[19]。

铜冶炼行业废水污染全过程控制技术思路见图 5-10。

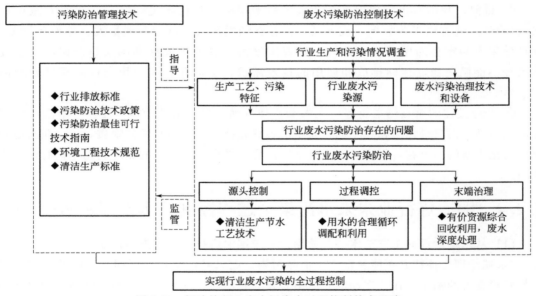

图 5-10 铜冶炼行业废水污染全过程控制技术思路

5.3.2 铜冶炼行业废水污染全过程控制关键技术发展需求

(1) 清洁生产节水技术

包括研究：水回用影响因素和影响机理，确定工序的用水水质要求；工艺节水技术，冷却循环水阻垢缓释药剂，高循环水浓缩倍率技术，蒸汽冷凝水回收再利用技术、高效冷却节水技术等。

(2) 水资源智能优化调配技术

依据全厂主要用水工序水量和水质要求，建立有色行业水资源智能化监控调配系统，根据智能化监测结果，实现全厂水资源分质、串级、梯级使用，对水资源的实时调配。

（3）污酸资源化回收技术

依据污酸中重金属的赋存形态，对污酸中的铜、铅、镉等有价金属实现分步回收，开展污酸中的氟和氯高效分离，实现污酸浓缩回用。得到的硫化渣可作为硫精矿回收有价金属，在氟氯高效脱除的基础上酸可回收利用。

（4）重金属废水深度处理技术

以高效选择性吸附材料、复合电极材料和特种膜材料研发为核心，提高重金属废水深度处理的效率，废水中重金属离子高效去除，实现特别排放限值或超低排放限值的稳定达标排放。

5.3.3　发展目标

坚持源头减量、过程控制、末端循环的理念，大幅提高工业用水重复利用率；推进污酸资源化回收，实现有价金属的回收和污酸浓缩回用，完成危险废物（中和渣）的大幅减量化；大力开展废水的深度处理工作，提高重金属废水深度处理的效率，废水中重金属离子高效去除，实现特别排放限值或超低排放限值的稳定达标排放。

5.3.4　发展路线

国家也制定相关法规和指导文件，引导企业提升清洁生产水平。如工业和信息化部2016 年发布的《有色金属工业发展规划（2016—2020 年）》，在"十三五"期间要求重点推广重金属废水生物制剂法深度处理与回用技术、黄金冶炼氰化废水无害化处理技术、采矿废水生物制剂协同氧化深度处理与回用技术等。冶炼企业要实现雨污分流、清污分流，加强废水深度处理和中水回用技术改造，降低水耗。

"十三五"期间，铜冶炼行业水污染全过程控制以单项关键技术集成为主，并开展了污酸资源化、重金属废水深度处理等关键技术，初步形成铜冶炼行业水污染控制的整套技术，面向所有铜冶炼企业进行行业内推广工作。

在单项关键技术开发、关键技术集成优化、成套技术标准化及行业推广的不同发展阶段中，处理成本、节水和污染物排放始终贯穿其中。这是铜冶炼行业水污染控制成效的三大重要指标，也是判断技术先进性、经济性、实用性的合理依据。通过三个不同阶段的技术开发和集成工程，稳步降低铜冶炼行业水污染治理成本、逐步提高企业节水能力、有效控制企业污染物排放总量，使铜冶炼企业节水减排，健康发展。

5.3.5　铜冶炼行业水污染全过程控制技术发展策略

图 5-11 为基于全生命周期的铜冶炼行业水污染全过程控制技术发展策略和方案。由图可知，该技术发展策略和方案包括清洁生产审核及关键技术研发、技术集成与全局优化和标准化与行业推广三个实施阶段；在关键技术开发方面，又包括了清洁生产工艺、废弃物资源化及污染物无害化与水回用三个层面。

首先建立铜冶炼行业清洁生产评价指标体系，从生产工艺装备及技术、节能减排装备及技术、资源与能源利用、产品特征、污染物排放控制、资源综合利用等角度，建立对铜冶炼行业的评价标准。目前《铜冶炼行业清洁生产评价指标体系》已经完成征求意见。在

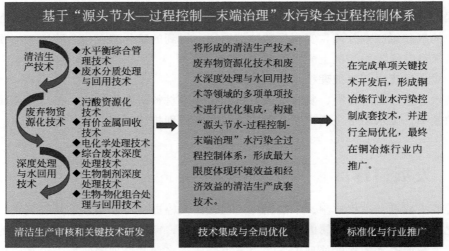

图 5-11　基于全生命周期的铜冶炼行业水污染全过程控制技术发展策略和方案

此基础上开展铜冶炼企业清洁生产审核,对铜冶炼生产过程提出清洁生产工艺升级;废弃物资源化技术包括污酸资源化技术、有价金属回收技术;污染物深度处理与水回用技术包括综合废水深度处理技术、电化学处理技术、生物制剂深度处理技术和生物-物化组合处理与回用技术。

①清洁工艺。截至"十三五"末期,铜冶炼企业仍处于清、浊循环水和梯级回用阶段。

②废弃物资源化。在污酸资源化技术、有价金属回收技术等领域,目前国内已经开展了相关关键技术开发,技术还有待后续进一步完善。

③污染物无害化与水回用。在综合废水深度处理技术、电化学处理技术、生物制剂深度处理技术和生物-物化组合处理与回用技术等领域,目前国内已经开展了相关关键技术开发,技术还有待后续进一步完善。

在完成以上单项关键技术开发后,形成铜冶炼行业水污染控制成套技术,并进行全局优化,最终在铜冶炼行业内推广。

④严格执行排污许可制度。按照相关监测要求,加大监督执法的力度,监督企业实现总量和浓度"双达标"。

⑤完善先进污染防治技术的鼓励机制。建立先进污染防治技术的鼓励机制。鼓励推广应用国家鼓励发展的环境保护技术、国家先进污染防治示范技术、行业污染防治最佳可行技术,促进企业在重金属污染控制及治理方面的积极性,提高污染治理水平。

为了推动铜冶炼行业健康发展,减小水消耗和有害废水排放,应加快实施科技支撑铜冶炼行业可持续发展战略,制定铜冶炼行业污染控制与产业发展路线图,通过公平有序的市场竞争、环境管理和环保产业协力推进行业节能减排。优先统筹铜冶炼产业"三废"的协同治理,将污染治理成本纳入企业生产成本,重点建立以水分级分质利用与有毒污染物深度处理为核心的铜冶炼水污染全过程防控发展战略,建立节水型铜冶炼工业。进一步加强铜冶炼行业水污染全过程治理技术集成、水分级分质与循环利用、全局优化和行业推广研究,建立以第三方综合独立评估为基础的水专项科研成果从实验室研究到行业推广应用的无缝衔接机制与转化模式。

根据全生命周期的铜冶炼行业水污染控制实施方案，结合"十一五""十二五""十三五"水专项技术成果和铜冶炼行业已有技术发展水平，提出以下建议：

① 进一步开展废水智能化调配技术开发。包括：净循环水和浊循环水梯级利用；重金属废水深度处理及脱盐后回用；循环水水质稳定后循环使用。

② 重点开发废弃物资源化技术。对铜冶炼行业产生废水组分最复杂，毒害性最高的污酸，进一步提升污酸有价金属回收和资源化技术水平，提高资源化利用效率，实现毒性减排目的。

③ 重点开展污染物深度处理与水回用技术研发，例如重金属废水深度处理回用技术和废水脱盐与回用技术，上述技术难度大，尚需进一步完善。

④ 分阶段实施关键技术集成和推广。基于水专项正开展的工作，积极吸收行业内形成的清洁生产、水污染控制和水回用技术，进行清洁工艺升级，强化末端污染治理。进一步结合预处理和废弃物资源化关键技术，"十三五"期间，铜冶炼行业水污染全过程控制以单项关键技术集成为主，并开展了污酸资源化、重金属废水深度处理等关键技术，初步形成铜冶炼行业水污染控制的整套技术。"十四五"期间，对前期形成的单项关键技术和成套处理技术进行标准化升级，输出成熟工艺包，面向所有铜冶炼企业进行行业内推广工作。

从技术创新角度来说，仍有较多问题需要解决、攻克，这是"十四五"铜冶炼行业水污染控制的关键点：源头控制—过程调控—末端治理回用控制技术体系；废水智能化调配系统；工序—企业—园区综合调控回用体系；基于重金属污染物全生命周期的综合控污；污酸资源化技术和废水深度处理回用技术水平提升等关键核心技术问题。

参考文献

［1］ Chengzhi Hu, Shuqing Wang, Jingqiu Sun, Huijuan Liu, Jiuhui Qu. An effective method for improving electro-coagulation process：Optimization of Al 13 polymer formation ［J］. Colloids and Surfaces A：Physicochemical and Engi. 2016.

［2］ Athziri Guzman, José L. Nava, Oscar Coreo, Israel Rodríguez, Silvia Gutiérrez. Arsenic and fluoride removal from groundwater by electrocoagulation using a continuous filter-press reactor ［J］. Chemosphere. 2016.

［3］ Luo Ting, Cui Jinli, Hu Shan, Huang Yuying, Jing Chuanyong. Arsenic removal and recovery from copper smelting wastewater using TiO_2. Environmental Sciences. 2010.

［4］ A OPEZ-DELGADO, C PEREZ, F A LOPEZ. Sorption of heavy metals on blast furnace sludge. Water Research. 1998.

［5］ Jun Sheng Wang, Hui Chu, Jin Yang Sun, et al. Experiment Research on Industrial Saline Wastewater Treatment Base on Evaporative Concentration Method ［J］. Applied Mechanics. and Materials. 2014.

［6］ Siti Najiah Mohd Yusoff, Azlan Kamari, Wiwid Pranata Putra, et al. Removal of Cu（Ⅱ）, Pb（Ⅱ）and Zn（Ⅱ）Ions from Aqueous Solutions Using Selected Agricultural Wastes：Adsorption and Characterisation Studies ［J］. Journal of Environmental Protection. 2014.

［7］ Seung-Mok Lee, C. Laldawngliana, Diwakar Tiwari. Iron oxide nano-particles-immobilized-sand material in the treatment of Cu（II）, Cd（II）and Pb（II）contaminated waste waters ［J］. Chemical Engineering Journal. 2012.

［8］ Ruiping Liu, Wenxin Gong, Huachun Lan, et al. Simultaneous removal of arsenate and fluoride by iron and aluminum binary oxide：Competitive adsorption effects ［J］. Separation and Purification Technology. 2012.

［9］　Tali Harif，Moti Khai，Avner Adin. Electrocoagulation versus chemical coagulation：Coagulation/flocculation mechanisms and resulting floc characteristics ［J］. Water Research. 2012.

［10］　A. Dabrowski，Z. Hubicki，P. Podkościelny. Selective removal of the heavy metal ions from waters and industrial wastewaters by ion-exchange method ［J］. Chemosphere. 2004.

［11］　Z. Sadowski. Effect of biosorption of Pb（Ⅱ），Cu（Ⅱ）and Cd（Ⅱ）on the zeta potential and flocculation of Nocardia sp. ［J］. Minerals Engineering. 2001.

［12］　Li-Chun Lin，Ruey Shin Juang. Ion-exchange equilibria of Cu（Ⅱ）and Zn（Ⅱ）from aqueous solutions with Chelex 100 and Amberlite IRC 748 resins ［J］. Chemical Engineering Journal. 2005.

［13］　Liu Yu De，Jiang Bo Quan，Xiao Zheng Qiang. Treatment of Dyeing and Printing Wastewater by Copper Oxide Loaded on Coconut Shell Activated Carbon ［J］. Advanced Materials Research. 2012.

［14］　Jiang Bo Quan，Xiao Zheng Qiang. Preparation of Copper Oxide Loaded Activated Carbon by Waste Sawdust for Acid Red GR Wastewater Treatment ［J］. Advanced Materials Research. 2012.

［15］　María Mar Areco，Sergio Hanela，Jorge Duran，María dos Santos Afonso. Biosorption of Cu（Ⅱ），Zn（Ⅱ），Cd（Ⅱ）and Pb（Ⅱ）by dead biomasses of green alga Ulva lactuca and the development of a sustainable matrix for adsorption implementation ［J］. Journal of Hazardous Materials. 2012.

［16］　Adsorption of copper（Ⅱ）onto sewage sludge-derived materials via microwave irradiation ［J］. X. J. Wang X. M，X，X. Liang. Y et al. Journal of Hazardous Materials. 2011.

［17］　HJ 559—2010.

［18］　国家发展改革委员会办公厅关于征求铜冶炼行业等 16 项清洁生产评价指标体系（征求意见稿）意见的函，铜冶炼行业清洁生产评价指标体系（征求意见稿）［S］. 2019.

［19］　周连碧，祝怡斌，邵立南等编著. 有色金属工业废物综合利用 ［M］. 北京：化学工业出版社，2018.

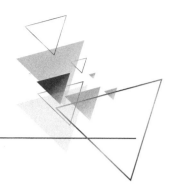

附　录

附录 1　中华人民共和国环境保护法（2014 年修订本）

（1989 年 12 月 26 日第七届全国人民代表大会常务委员会第十一次会议通过 2014 年 4 月 24 日第十二届全国人民代表大会常务委员会第 8 次会议修订 2014 年 4 月 24 日中华人民共和国主席令第 9 号公布 自 2015 年 1 月 1 日起施行）。

第一章　总则

第一条　为保护和改善环境，防治污染和其他公害，保障公众健康，推进生态文明建设，促进经济社会可持续发展，制定本法。

第二条　本法所称环境，是指影响人类生存和发展的各种天然的和经过人工改造的自然因素的总体，包括大气、水、海洋、土地、矿藏、森林、草原、湿地、野生生物、自然遗迹、人文遗迹、自然保护区、风景名胜区、城市和乡村等。

第三条　本法适用于中华人民共和国领域和中华人民共和国管辖的其他海域。

第四条　保护环境是国家的基本国策。

国家采取有利于节约和循环利用资源、保护和改善环境、促进人与自然和谐的经济、技术政策和措施，使经济社会发展与环境保护相协调。

第五条　环境保护坚持保护优先、预防为主、综合治理、公众参与、损害担责的原则。

第六条　一切单位和个人都有保护环境的义务。

地方各级人民政府应当对本行政区域的环境质量负责。

企业事业单位和其他生产经营者应当防止、减少环境污染和生态破坏，对所造成的损害依法承担责任。公民应当增强环境保护意识，采取低碳、节俭的生活方式，自觉履行环境保护义务。

第七条　国家支持环境保护科学技术研究、开发和应用，鼓励环境保护产业发展，促进环境保护信息化建设，提高环境保护科学技术水平。

第八条　各级人民政府应当加大保护和改善环境、防治污染和其他公害的财政投入，提高财政资金的使用效益。

第九条　各级人民政府应当加强环境保护宣传和普及工作，鼓励基层群众性自治组织、社会组织、环境保护志愿者开展环境保护法律法规和环境保护知识的宣传，营造保护环境的良好风气。

教育行政部门、学校应当将环境保护知识纳入学校教育内容，培养学生的环境保护意识。

新闻媒体应当开展环境保护法律法规和环境保护知识的宣传，对环境违法行为进行舆论监督。

第十条　国务院环境保护主管部门，对全国环境保护工作实施统一监督管理；县级以上地方人民政府环境保护主管部门，对本行政区域环境保护工作实施统一监督管理。

县级以上人民政府有关部门和军队环境保护部门，依照有关法律的规定对资源保护和污染防治等环境保护工作实施监督管理。

第十一条　对保护和改善环境有显著成绩的单位和个人，由人民政府给予奖励。

第十二条　每年 6 月 5 日为环境日。

第二章　监督管理

第十三条　县级以上人民政府应当将环境保护工作纳入国民经济和社会发展规划。

国务院环境保护主管部门会同有关部门，根据国民经济和社会发展规划编制国家环境保护规划，报国务院批准并公布实施。

县级以上地方人民政府环境保护主管部门会同有关部门，根据国家环境保护规划的要求，编制本行政区域的环境保护规划，报同级人民政府批准并公布实施。

环境保护规划的内容应当包括生态保护和污染防治的目标、任务、保障措施等，并与主体功能区规划、土地利用总体规划和城乡规划等相衔接。

第十四条　国务院有关部门和省、自治区、直辖市人民政府组织制定经济、技术政策，应当充分考虑对环境的影响，听取有关方面和专家的意见。

第十五条　国务院环境保护主管部门制定国家环境质量标准。

省、自治区、直辖市人民政府对国家环境质量标准中未作规定的项目，可以制定地方环境质量标准；对国家环境质量标准中已作规定的项目，可以制定严于国家环境质量标准的地方环境质量标准。地方环境质量标准应当报国务院环境保护主管部门备案。

国家鼓励开展环境基准研究。

第十六条　国务院环境保护主管部门根据国家环境质量标准和国家经济、技术条件，制定国家污染物排放标准。省、自治区、直辖市人民政府对国家污染物排放标准中未作规定的项目，可以制定地方污染物排放标准；对国家污染物排放标准中已作规定的项目，可以制定严于国家污染物排放标准的地方污染物排放标准。地方污染物排放标准应当报国务院环境保护主管部门备案。

第十七条　国家建立、健全环境监测制度。国务院环境保护主管部门制定监测规范，会同有关部门组织监测网络，统一规划国家环境质量监测站（点）的设置，建立监测数据共享机制，加强对环境监测的管理。

有关行业、专业等各类环境质量监测站（点）的设置应当符合法律法规规定和监测规范的要求。

监测机构应当使用符合国家标准的监测设备，遵守监测规范。监测机构及其负责人对监测数据的真实性和准确性负责。

第十八条　省级以上人民政府应当组织有关部门或者委托专业机构，对环境状况进行调查、评价，建立环境资源承载能力监测预警机制。

第十九条　编制有关开发利用规划，建设对环境有影响的项目，应当依法进行环境影响评价。

未依法进行环境影响评价的开发利用规划，不得组织实施；未依法进行环境影响评价的建设项目，不得开工建设。

第二十条　国家建立跨行政区域的重点区域、流域环境污染和生态破坏联合防治协调机制，实行统一规划、统一标准、统一监测、统一的防治措施。

前款规定以外的跨行政区域的环境污染和生态破坏的防治，由上级人民政府协调解决，或者由有关地方人民政府协商解决。

第二十一条　国家采取财政、税收、价格、政府采购等方面的政策和措施，鼓励和支持环境保护技术装备、资源综合利用和环境服务等环境保护产业的发展。

第二十二条　企业事业单位和其他生产经营者，在污染物排放符合法定要求的基础上，进一步减少污染物排放的，人民政府应当依法采取财政、税收、价格、政府采购等方面的政策和措施予以鼓励和支持。

第二十三条　企业事业单位和其他生产经营者，为改善环境，依照有关规定转产、搬迁、关闭的，人民政府应当予以支持。

第二十四条　县级以上人民政府环境保护主管部门及其委托的环境监察机构和其他负有环境保护监督管理职责的部门，有权对排放污染物的企业事业单位和其他生产经营者进行现场检查。被检查者应当如实反映情况，提供必要的资料。实施现场检查的部门、机构及其工作人员应当为被检查者保守商业秘密。

第二十五条　企业事业单位和其他生产经营者违反法律法规规定排放污染物，造成或者可能造成严重污染的，县级以上人民政府环境保护主管部门和其他负有环境保护监督管理职责的部门，可以查封、扣押造成污染物排放的设施、设备。

第二十六条　国家实行环境保护目标责任制和考核评价制度。县级以上人民政府应当将环境保护目标完成情况纳入对本级人民政府负有环境保护监督管理职责的部门及其负责人和下级人民政府及其负责人的考核内容，作为对其考核评价的重要依据。考核结果应当向社会公开。

第二十七条　县级以上人民政府应当每年向本级人民代表大会或者人民代表大会常务委员会报告环境状况和环境保护目标完成情况，对发生的重大环境事件应当及时向本级人民代表大会常务委员会报告，依法接受监督。

第三章　保护和改善环境

第二十八条　地方各级人民政府应当根据环境保护目标和治理任务，采取有效措施，改善环境质量。

未达到国家环境质量标准的重点区域、流域的有关地方人民政府，应当制定限期达标规划，并采取措施按期达标。

第二十九条　国家在重点生态功能区、生态环境敏感区和脆弱区等区域划定生态保护红线，实行严格保护。

各级人民政府对具有代表性的各种类型的自然生态系统区域，珍稀、濒危的野生动植物自然分布区域，重要的水源涵养区域，具有重大科学文化价值的地质构造、著名溶洞和化石分布区、冰川、火山、温泉等自然遗迹，以及人文遗迹、古树名木，应当采取措施予以保护，严禁破坏。

第三十条　开发利用自然资源，应当合理开发，保护生物多样性，保障生态安全，依法制定有关生态保护和恢复治理方案并予以实施。

引进外来物种以及研究、开发和利用生物技术，应当采取措施，防止对生物多样性的破坏。

第三十一条　国家建立、健全生态保护补偿制度。

国家加大对生态保护地区的财政转移支付力度。有关地方人民政府应当落实生态保护补偿资金，确保其用于生态保护补偿。

国家指导受益地区和生态保护地区人民政府通过协商或者按照市场规则进行生态保护补偿。

第三十二条　国家加强对大气、水、土壤等的保护，建立和完善相应的调查、监测、评估和修复制度。

第三十三条　各级人民政府应当加强对农业环境的保护，促进农业环境保护新技术的使用，加强对农业污染源的监测预警，统筹有关部门采取措施，防治土壤污染和土地沙化、盐渍化、贫瘠化、石漠化、地面沉降以及防治植被破坏、水土流失、水体富营养化、水源枯竭、种源灭绝等生态失调现象，推广植物病虫害的综合防治。

县级、乡级人民政府应当提高农村环境保护公共服务水平，推动农村环境综合整治。

第三十四条　国务院和沿海地方各级人民政府应当加强对海洋环境的保护。向海洋排放污染物、倾倒废弃物，进行海岸工程和海洋工程建设，应当符合法律法规规定和有关标准，防止和减少对海洋环境的污染损害。

第三十五条　城乡建设应当结合当地自然环境的特点，保护植被、水域和自然景观，加强城市园林、绿地和风景名胜区的建设与管理。

第三十六条　国家鼓励和引导公民、法人和其他组织使用有利于保护环境的产品和再生产品，减少废弃物的产生。

国家机关和使用财政资金的其他组织应当优先采购和使用节能、节水、节材等有利于保护环境的产品、设备和设施。

第三十七条　地方各级人民政府应当采取措施，组织对生活废弃物的分类处置、回收利用。

第三十八条　公民应当遵守环境保护法律法规，配合实施环境保护措施，按照规定对生活废弃物进行分类放置，减少日常生活对环境造成的损害。

第三十九条　国家建立、健全环境与健康监测、调查和风险评估制度；鼓励和组织开展环境质量对公众健康影响的研究，采取措施预防和控制与环境污染有关的疾病。

第四章　防治污染和其他公害

第四十条　国家促进清洁生产和资源循环利用。

国务院有关部门和地方各级人民政府应当采取措施，推广清洁能源的生产和使用。

企业应当优先使用清洁能源，采用资源利用率高、污染物排放量少的工艺、设备以及废弃物综合利用技术和污染物无害化处理技术，减少污染物的产生。

第四十一条　建设项目中防治污染的设施，应当与主体工程同时设计、同时施工、同时投产使用。防治污染的设施应当符合经批准的环境影响评价文件的要求，不得擅自拆除或者闲置。

第四十二条　排放污染物的企业事业单位和其他生产经营者，应当采取措施，防治在生产建设或者其他活动中产生的废气、废水、废渣、医疗废物、粉尘、恶臭气体、放射性物质以及噪声、振动、光辐射、电磁辐射等对环境的污染和危害。

排放污染物的企业事业单位，应当建立环境保护责任制度，明确单位负责人和相关人员的责任。

重点排污单位应当按照国家有关规定和监测规范安装使用监测设备，保证监测设备正常运行，保存原始监测记录。

严禁通过暗管、渗井、渗坑、灌注或者篡改、伪造监测数据，或者不正常运行防治污染设施等逃避监管的方式违法排放污染物。

第四十三条　排放污染物的企业事业单位和其他生产经营者，应当按照国家有关规定缴纳排污费。排污费应当全部专项用于环境污染防治，任何单位和个人不得截留、挤占或者挪作他用。

依照法律规定征收环境保护税的，不再征收排污费。

第四十四条　国家实行重点污染物排放总量控制制度。重点污染物排放总量控制指标由国务院下达，省、自治区、直辖市人民政府分解落实。企业事业单位在执行国家和地方污染物排放标准的同时，应当遵守分解落实到本单位的重点污染物排放总量控制指标。

对超过国家重点污染物排放总量控制指标或者未完成国家确定的环境质量目标的地区，省级以上人民政府环境保护主管部门应当暂停审批其新增重点污染物排放总量的建设项目环境影响评价文件。

第四十五条　国家依照法律规定实行排污许可管理制度。

实行排污许可管理的企业事业单位和其他生产经营者应当按照排污许可证的要求排放污染物；未取得排污许可证的，不得排放污染物。

第四十六条　国家对严重污染环境的工艺、设备和产品实行淘汰制度。任何单位和个人不得生产、销售或者转移、使用严重污染环境的工艺、设备和产品。

禁止引进不符合我国环境保护规定的技术、设备、材料和产品。

第四十七条　各级人民政府及其有关部门和企业事业单位，应当依照《中华人民共和国突发事件应对法》的规定，做好突发环境事件的风险控制、应急准备、应急处置和事后恢复等工作。

县级以上人民政府应当建立环境污染公共监测预警机制，组织制定预警方案；环境受到污染，可能影响公众健康和环境安全时，依法及时公布预警信息，启动应急措施。

企业事业单位应当按照国家有关规定制定突发环境事件应急预案，报环境保护主管部门和有关部门备案。在发生或者可能发生突发环境事件时，企业事业单位应当立即采取措施处理，及时通报可能受到危害的单位和居民，并向环境保护主管部门和有关部门报告。

突发环境事件应急处置工作结束后，有关人民政府应当立即组织评估事件造成的环境影响和损失，并及时将评估结果向社会公布。

第四十八条　生产、储存、运输、销售、使用、处置化学物品和含有放射性物质的物品，应当遵守国家有关规定，防止污染环境。

第四十九条　各级人民政府及其农业等有关部门和机构应当指导农业生产经营者科学种植和养殖，科学合理施用农药、化肥等农业投入品，科学处置农用薄膜、农作物秸秆等农业废弃物，防止农业面源污染。

禁止将不符合农用标准和环境保护标准的固体废物、废水施入农田。施用农药、化肥等农业投入品及进行灌溉，应当采取措施，防止重金属和其他有毒有害物质污染环境。

畜禽养殖场、养殖小区、定点屠宰企业等的选址、建设和管理应当符合有关法律法规规定。从事畜禽养殖和屠宰的单位和个人应当采取措施，对畜禽粪便、尸体和污水等废弃物进行科学处置，防止污染环境。

县级人民政府负责组织农村生活废弃物的处置工作。

第五十条　各级人民政府应当在财政预算中安排资金，支持农村饮用水水源地保护、生活污水和其他废弃物处理、畜禽养殖和屠宰污染防治、土壤污染防治和农村工矿污染治理等环境保护工作。

第五十一条　各级人民政府应当统筹城乡建设污水处理设施及配套管网，固体废物的收集、运输和处置等环境卫生设施，危险废物集中处置设施、场所以及其他环境保护公共设施，并保障其正常运行。

第五十二条　国家鼓励投保环境污染责任保险。

第五章　信息公开和公众参与

第五十三条　公民、法人和其他组织依法享有获取环境信息、参与和监督环境保护的权利。

各级人民政府环境保护主管部门和其他负有环境保护监督管理职责的部门，应当依法公开环境信息、完善公众参与程序，为公民、法人和其他组织参与和监督环境保护提供便利。

第五十四条　国务院环境保护主管部门统一发布国家环境质量、重点污染源监测信息及其他重大环境信息。省级以上人民政府环境保护主管部门定期发布环境状况公报。

县级以上人民政府环境保护主管部门和其他负有环境保护监督管理职责的部门，应当依法公开环境质量、环境监测、突发环境事件以及环境行政许可、行政处罚、排污费的征收和使用情况等信息。

县级以上地方人民政府环境保护主管部门和其他负有环境保护监督管理职责的部门，应当将企业事业单位和其他生产经营者的环境违法信息记入社会诚信档案，及时向社会公布违法者名单。

第五十五条　重点排污单位应当如实向社会公开其主要污染物的名称、排放方式、排放浓度和总量、超标排放情况，以及防治污染设施的建设和运行情况，接受社会监督。

第五十六条　对依法应当编制环境影响报告书的建设项目，建设单位应当在编制时向可能受影响的公众说明情况，充分征求意见。

负责审批建设项目环境影响评价文件的部门在收到建设项目环境影响报告书后，除涉及国家秘密和商业秘密的事项外，应当全文公开；发现建设项目未充分征求公众意见的，应当责成建设单位征求公众意见。

第五十七条　公民、法人和其他组织发现任何单位和个人有污染环境和破坏生态行为的，有权向环境保护主管部门或者其他负有环境保护监督管理职责的部门举报。

公民、法人和其他组织发现地方各级人民政府、县级以上人民政府环境保护主管部门和其他负有环境保护监督管理职责的部门不依法履行职责的，有权向其上级机关或者监察机关举报。

接受举报的机关应当对举报人的相关信息予以保密，保护举报人的合法权益。

第五十八条　对污染环境、破坏生态，损害社会公共利益的行为，符合下列条件的社会组织可以向人民法院提起诉讼：

（一）依法在设区的市级以上人民政府民政部门登记；

（二）专门从事环境保护公益活动连续五年以上且无违法记录。

符合前款规定的社会组织向人民法院提起诉讼，人民法院应当依法受理。

提起诉讼的社会组织不得通过诉讼牟取经济利益。

第六章　法律责任

第五十九条　企业事业单位和其他生产经营者违法排放污染物，受到罚款处罚，被责令改正，拒不改正的，依法作出处罚决定的行政机关可以自责令改正之日的次日起，按照原处罚数额按日连续处罚。

前款规定的罚款处罚，依照有关法律法规按照防治污染设施的运行成本、违法行为造成的直接损失或者违法所得等因素确定的规定执行。

地方性法规可以根据环境保护的实际需要，增加第一款规定的按日连续处罚的违法行为的种类。

第六十条　企业事业单位和其他生产经营者超过污染物排放标准或者超过重点污染物排放总量控制指标排放污染物的，县级以上人民政府环境保护主管部门可以责令其采取限制生产、停产整治等措施；情节严重的，报经有批准权的人民政府批准，责令停业、关闭。

第六十一条　建设单位未依法提交建设项目环境影响评价文件或者环境影响评价文件未经批准，擅自开工建设的，由负有环境保护监督管理职责的部门责令停止建设，处以罚款，并可以责令恢复原状。

第六十二条　违反本法规定，重点排污单位不公开或者不如实公开环境信息的，由县级以上地方人民政府环境保护主管部门责令公开，处以罚款，并予以公告。

第六十三条　企业事业单位和其他生产经营者有下列行为之一，尚不构成犯罪的，除依照有关法律法规规定予以处罚外，由县级以上人民政府环境保护主管部门或者其他有关部门将案件移送公安机关，对其直接负责的主管人员和其他直接责任人员，处十日以上十五日以下拘留；情节较轻的，处五日以上十日以下拘留：

（一）建设项目未依法进行环境影响评价，被责令停止建设，拒不执行的；

（二）违反法律规定，未取得排污许可证排放污染物，被责令停止排污，拒不执行的；

（三）通过暗管、渗井、渗坑、灌注或者篡改、伪造监测数据，或者不正常运行防治污染设施等逃避监管的方式违法排放污染物的；

（四）生产、使用国家明令禁止生产、使用的农药，被责令改正，拒不改正的。

第六十四条 因污染环境和破坏生态造成损害的，应当依照《中华人民共和国侵权责任法》的有关规定承担侵权责任。

第六十五条 环境影响评价机构、环境监测机构以及从事环境监测设备和防治污染设施维护、运营的机构，在有关环境服务活动中弄虚作假，对造成的环境污染和生态破坏负有责任的，除依照有关法律法规规定予以处罚外，还应当与造成环境污染和生态破坏的其他责任者承担连带责任。

第六十六条 提起环境损害赔偿诉讼的时效期间为三年，从当事人知道或者应当知道其受到损害时起计算。

第六十七条 上级人民政府及其环境保护主管部门应当加强对下级人民政府及其有关部门环境保护工作的监督。发现有关工作人员有违法行为，依法应当给予处分的，应当向其任免机关或者监察机关提出处分建议。

依法应当给予行政处罚，而有关环境保护主管部门不给予行政处罚的，上级人民政府环境保护主管部门可以直接做出行政处罚的决定。

第六十八条 地方各级人民政府、县级以上人民政府环境保护主管部门和其他负有环境保护监督管理职责的部门有下列行为之一的，对直接负责的主管人员和其他直接责任人员给予记过、记大过或者降级处分；造成严重后果的，给予撤职或者开除处分，其主要负责人应当引咎辞职：

（一）不符合行政许可条件准予行政许可的；

（二）对环境违法行为进行包庇的；

（三）依法应当作出责令停业、关闭的决定而未作出的；

（四）对超标排放污染物、采用逃避监管的方式排放污染物、造成环境事故以及不落实生态保护措施造成生态破坏等行为，发现或者接到举报未及时查处的；

（五）违反本法规定，查封、扣押企业事业单位和其他生产经营者的设施、设备的；

（六）篡改、伪造或者指使篡改、伪造监测数据的；

（七）应当依法公开环境信息而未公开的；

（八）将征收的排污费截留、挤占或者挪作他用的；

（九）法律法规规定的其他违法行为。

第六十九条 违反本法规定，构成犯罪的，依法追究刑事责任。

第七章 附则

第七十条 本法自 2015 年 1 月 1 日起施行。

附录 2　中华人民共和国水污染防治法

（2017 年 6 月 27 日第二次修正）

第一章　总　则

第一条　为了保护和改善环境，防治水污染，保护水生态，保障饮用水安全，维护公众健康，推进生态文明建设，促进经济社会可持续发展，制定本法。

第二条　本法适用于中华人民共和国领域内的江河、湖泊、运河、渠道、水库等地表水体以及地下水体的污染防治。

海洋污染防治适用《中华人民共和国海洋环境保护法》。

第三条　水污染防治应当坚持预防为主、防治结合、综合治理的原则，优先保护饮用水水源，严格控制工业污染、城镇生活污染，防治农业面源污染，积极推进生态治理工程建设，预防、控制和减少水环境污染和生态破坏。

第四条　县级以上人民政府应当将水环境保护工作纳入国民经济和社会发展规划。

地方各级人民政府对本行政区域的水环境质量负责，应当及时采取措施防治水污染。

第五条　省、市、县、乡建立河长制，分级分段组织领导本行政区域内江河、湖泊的水资源保护、水域岸线管理、水污染防治、水环境治理等工作。

第六条　国家实行水环境保护目标责任制和考核评价制度，将水环境保护目标完成情况作为对地方人民政府及其负责人考核评价的内容。

第七条　国家鼓励、支持水污染防治的科学技术研究和先进适用技术的推广应用，加强水环境保护的宣传教育。

第八条　国家通过财政转移支付等方式，建立健全对位于饮用水水源保护区区域和江河、湖泊、水库上游地区的水环境生态保护补偿机制。

第九条　县级以上人民政府环境保护主管部门对水污染防治实施统一监督管理。

交通主管部门的海事管理机构对船舶污染水域的防治实施监督管理。

县级以上人民政府水行政、国土资源、卫生、建设、农业、渔业等部门以及重要江河、湖泊的流域水资源保护机构，在各自的职责范围内，对有关水污染防治实施监督管理。

第十条　排放水污染物，不得超过国家或者地方规定的水污染物排放标准和重点水污染物排放总量控制指标。

第十一条　任何单位和个人都有义务保护水环境，并有权对污染损害水环境的行为进行检举。

县级以上人民政府及其有关主管部门对在水污染防治工作中做出显著成绩的单位和个人给予表彰和奖励。

第二章　水污染防治的标准和规划

第十二条　国务院环境保护主管部门制定国家水环境质量标准。

省、自治区、直辖市人民政府可以对国家水环境质量标准中未作规定的项目，制定地方标准，并报国务院环境保护主管部门备案。

第十三条　国务院环境保护主管部门会同国务院水行政主管部门和有关省、自治区、直辖市人民政府，可以根据国家确定的重要江河、湖泊流域水体的使用功能以及有关地区的经济、技术条件，确定该重要江河、湖泊流域的省界水体适用的水环境质量标准，报国务院批准后施行。

第十四条　国务院环境保护主管部门根据国家水环境质量标准和国家经济、技术条件，制定国家水污染物排放标准。

省、自治区、直辖市人民政府对国家水污染物排放标准中未作规定的项目，可以制定地方水污染物排放标准；对国家水污染物排放标准中已作规定的项目，可以制定严于国家水污染物排放标准的地方水污染物排放标准。地方水污染物排放标准须报国务院环境保护主管部门备案。

向已有地方水污染物排放标准的水体排放污染物的，应当执行地方水污染物排放标准。

第十五条　国务院环境保护主管部门和省、自治区、直辖市人民政府，应当根据水污染防治的要求和国家或者地方的经济、技术条件，适时修订水环境质量标准和水污染物排放标准。

第十六条　防治水污染应当按流域或者按区域进行统一规划。国家确定的重要江河、湖泊的流域水污染防治规划，由国务院环境保护主管部门会同国务院经济综合宏观调控、水行政等部门和有关省、自治区、直辖市人民政府编制，报国务院批准。

前款规定外的其他跨省、自治区、直辖市江河、湖泊的流域水污染防治规划，根据国家确定的重要江河、湖泊的流域水污染防治规划和本地实际情况，由有关省、自治区、直辖市人民政府环境保护主管部门会同同级水行政等部门和有关市、县人民政府编制，经有关省、自治区、直辖市人民政府审核，报国务院批准。

省、自治区、直辖市内跨县江河、湖泊的流域水污染防治规划，根据国家确定的重要江河、湖泊的流域水污染防治规划和本地实际情况，由省、自治区、直辖市人民政府环境保护主管部门会同同级水行政等部门编制，报省、自治区、直辖市人民政府批准，并报国务院备案。

经批准的水污染防治规划是防治水污染的基本依据，规划的修订必须经原批准机关批准。

县级以上地方人民政府应当根据依法批准的江河、湖泊的流域水污染防治规划，组织制定本行政区域的水污染防治规划。

第十七条　有关市、县级人民政府应当按照水污染防治规划确定的水环境质量改善目标的要求，制定限期达标规划，采取措施按期达标。

有关市、县级人民政府应当将限期达标规划报上一级人民政府备案，并向社会公开。

第十八条　市、县级人民政府每年在向本级人民代表大会或者其常务委员会报告环境状况和环境保护目标完成情况时，应当报告水环境质量限期达标规划执行情况，并向社会公开。

第三章　水污染防治的监督管理

第十九条　新建、改建、扩建直接或者间接向水体排放污染物的建设项目和其他水上设施，应当依法进行环境影响评价。

　　建设单位在江河、湖泊新建、改建、扩建排污口的，应当取得水行政主管部门或者流域管理机构同意；涉及通航、渔业水域的，环境保护主管部门在审批环境影响评价文件时，应当征求交通、渔业主管部门的意见。

　　建设项目的水污染防治设施，应当与主体工程同时设计、同时施工、同时投入使用。水污染防治设施应当符合经批准或者备案的环境影响评价文件的要求。

　　第二十条　　国家对重点水污染物排放实施总量控制制度。

　　重点水污染物排放总量控制指标，由国务院环境保护主管部门在征求国务院有关部门和各省、自治区、直辖市人民政府意见后，会同国务院经济综合宏观调控部门报国务院批准并下达实施。

　　省、自治区、直辖市人民政府应当按照国务院的规定削减和控制本行政区域的重点水污染物排放总量。具体办法由国务院环境保护主管部门会同国务院有关部门规定。

　　省、自治区、直辖市人民政府可以根据本行政区域水环境质量状况和水污染防治工作的需要，对国家重点水污染物之外的其他水污染物排放实行总量控制。

　　对超过重点水污染物排放总量控制指标或者未完成水环境质量改善目标的地区，省级以上人民政府环境保护主管部门应当会同有关部门约谈该地区人民政府的主要负责人，并暂停审批新增重点水污染物排放总量的建设项目的环境影响评价文件。约谈情况应当向社会公开。

　　第二十一条　　直接或者间接向水体排放工业废水和医疗污水以及其他按照规定应当取得排污许可证方可排放的废水、污水的企业事业单位和其他生产经营者，应当取得排污许可证；城镇污水集中处理设施的运营单位，也应当取得排污许可证。排污许可证应当明确排放水污染物的种类、浓度、总量和排放去向等要求。排污许可的具体办法由国务院规定。

　　禁止企业事业单位和其他生产经营者无排污许可证或者违反排污许可证的规定向水体排放前款规定的废水、污水。

　　第二十二条　　向水体排放污染物的企业事业单位和其他生产经营者，应当按照法律、行政法规和国务院环境保护主管部门的规定设置排污口；在江河、湖泊设置排污口的，还应当遵守国务院水行政主管部门的规定。

　　第二十三条　　实行排污许可管理的企业事业单位和其他生产经营者应当按照国家有关规定和监测规范，对所排放的水污染物自行监测，并保存原始监测记录。重点排污单位还应当安装水污染物排放自动监测设备，与环境保护主管部门的监控设备联网，并保证监测设备正常运行。具体办法由国务院环境保护主管部门规定。

　　应当安装水污染物排放自动监测设备的重点排污单位名录，由设区的市级以上地方人民政府环境保护主管部门根据本行政区域的环境容量、重点水污染物排放总量控制指标的要求以及排污单位排放水污染物的种类、数量和浓度等因素，商同级有关部门确定。

　　第二十四条　　实行排污许可管理的企业事业单位和其他生产经营者应当对监测数据的真实性和准确性负责。

　　环境保护主管部门发现重点排污单位的水污染物排放自动监测设备传输数据异常，应当及时进行调查。

　　第二十五条　　国家建立水环境质量监测和水污染物排放监测制度。国务院环境保护主管部门负责制定水环境监测规范，统一发布国家水环境状况信息，会同国务院水行政等部门组织监测网络，统一规划国家水环境质量监测站（点）的设置，建立监测数据共享机制，加强对水环境监测的管理。

第二十六条　国家确定的重要江河、湖泊流域的水资源保护工作机构负责监测其所在流域的省界水体的水环境质量状况，并将监测结果及时报国务院环境保护主管部门和国务院水行政主管部门；有经国务院批准成立的流域水资源保护领导机构的，应当将监测结果及时报告流域水资源保护领导机构。

第二十七条　国务院有关部门和县级以上地方人民政府开发、利用和调节、调度水资源时，应当统筹兼顾，维持江河的合理流量和湖泊、水库以及地下水体的合理水位，保障基本生态用水，维护水体的生态功能。

第二十八条　国务院环境保护主管部门应当会同国务院水行政等部门和有关省、自治区、直辖市人民政府，建立重要江河、湖泊的流域水环境保护联合协调机制，实行统一规划、统一标准、统一监测、统一的防治措施。

第二十九条　国务院环境保护主管部门和省、自治区、直辖市人民政府环境保护主管部门应当会同同级有关部门根据流域生态环境功能需要，明确流域生态环境保护要求，组织开展流域环境资源承载能力监测、评价，实施流域环境资源承载能力预警。

县级以上地方人民政府应当根据流域生态环境功能需要，组织开展江河、湖泊、湿地保护与修复，因地制宜建设人工湿地、水源涵养林、沿河沿湖植被缓冲带和隔离带等生态环境治理与保护工程，整治黑臭水体，提高流域环境资源承载能力。

从事开发建设活动，应当采取有效措施，维护流域生态环境功能，严守生态保护红线。

第三十条　环境保护主管部门和其他依照本法规定行使监督管理权的部门，有权对管辖范围内的排污单位进行现场检查，被检查的单位应当如实反映情况，提供必要的资料。检查机关有义务为被检查的单位保守在检查中获取的商业秘密。

第三十一条　跨行政区域的水污染纠纷，由有关地方人民政府协商解决，或者由其共同的上级人民政府协调解决。

第四章　水污染防治措施

第一节　一般规定

第三十二条　国务院环境保护主管部门应当会同国务院卫生主管部门，根据对公众健康和生态环境的危害和影响程度，公布有毒有害水污染物名录，实行风险管理。

排放前款规定名录中所列有毒有害水污染物的企业事业单位和其他生产经营者，应当对排污口和周边环境进行监测，评估环境风险，排查环境安全隐患，并公开有毒有害水污染物信息，采取有效措施防范环境风险。

第三十三条　禁止向水体排放油类、酸液、碱液或者剧毒废液。

禁止在水体清洗装贮过油类或者有毒污染物的车辆和容器。

第三十四条　禁止向水体排放、倾倒放射性固体废物或者含有高放射性和中放射性物质的废水。

向水体排放含低放射性物质的废水，应当符合国家有关放射性污染防治的规定和标准。

第三十五条　向水体排放含热废水，应当采取措施，保证水体的水温符合水环境质量标准。

第三十六条　含病原体的污水应当经过消毒处理；符合国家有关标准后，方可排放。

第三十七条　禁止向水体排放、倾倒工业废渣、城镇垃圾和其他废弃物。

禁止将含有汞、镉、砷、铬、铅、氰化物、黄磷等的可溶性剧毒废渣向水体排放、倾倒或者直接埋入地下。

存放可溶性剧毒废渣的场所，应当采取防水、防渗漏、防流失的措施。

第三十八条　禁止在江河、湖泊、运河、渠道、水库最高水位线以下的滩地和岸坡堆放、存贮固体废弃物和其他污染物。

第三十九条　禁止利用渗井、渗坑、裂隙、溶洞，私设暗管，篡改、伪造监测数据，或者不正常运行水污染防治设施等逃避监管的方式排放水污染物。

第四十条　化学品生产企业以及工业集聚区、矿山开采区、尾矿库、危险废物处置场、垃圾填埋场等的运营、管理单位，应当采取防渗漏等措施，并建设地下水水质监测井进行监测，防止地下水污染。

加油站等的地下油罐应当使用双层罐或者采取建造防渗池等其他有效措施，并进行防渗漏监测，防止地下水污染。

禁止利用无防渗漏措施的沟渠、坑塘等输送或者存贮含有毒污染物的废水、含病原体的污水和其他废弃物。

第四十一条　多层地下水的含水层水质差异大的，应当分层开采；对已受污染的潜水和承压水，不得混合开采。

第四十二条　兴建地下工程设施或者进行地下勘探、采矿等活动，应当采取防护性措施，防止地下水污染。

报废矿井、钻井或者取水井等，应当实施封井或者回填。

第四十三条　人工回灌补给地下水，不得恶化地下水质。

第二节　工业水污染防治

第四十四条　国务院有关部门和县级以上地方人民政府应当合理规划工业布局，要求造成水污染的企业进行技术改造，采取综合防治措施，提高水的重复利用率，减少废水和污染物排放量。

第四十五条　排放工业废水的企业应当采取有效措施，收集和处理产生的全部废水，防止污染环境。含有毒有害水污染物的工业废水应当分类收集和处理，不得稀释排放。

工业集聚区应当配套建设相应的污水集中处理设施，安装自动监测设备，与环境保护主管部门的监控设备联网，并保证监测设备正常运行。

向污水集中处理设施排放工业废水的，应当按照国家有关规定进行预处理，达到集中处理设施处理工艺要求后方可排放。

第四十六条　国家对严重污染水环境的落后工艺和设备实行淘汰制度。

国务院经济综合宏观调控部门会同国务院有关部门，公布限期禁止采用的严重污染水环境的工艺名录和限期禁止生产、销售、进口、使用的严重污染水环境的设备名录。

生产者、销售者、进口者或者使用者应当在规定的期限内停止生产、销售、进口或者使用列入前款规定的设备名录中的设备。工艺的采用者应当在规定的期限内停止采用列入前款规定的工艺名录中的工艺。

依照本条第二款、第三款规定被淘汰的设备，不得转让给他人使用。

第四十七条　国家禁止新建不符合国家产业政策的小型造纸、制革、印染、染料、炼焦、炼硫、炼砷、炼汞、炼油、电镀、农药、石棉、水泥、玻璃、钢铁、火电以及其他严重污染水环境的生产项目。

第四十八条　企业应当采用原材料利用效率高、污染物排放量少的清洁工艺，并加强管理，减少水污染物的产生。

第三节　城镇水污染防治

第四十九条　城镇污水应当集中处理。

县级以上地方人民政府应当通过财政预算和其他渠道筹集资金，统筹安排建设城镇污水集中处理设施及配套管网，提高本行政区域城镇污水的收集率和处理率。

国务院建设主管部门应当会同国务院经济综合宏观调控、环境保护主管部门，根据城乡规划和水污染防治规划，组织编制全国城镇污水处理设施建设规划。县级以上地方人民政府组织建设、经济综合宏观调控、环境保护、水行政等部门编制本行政区域的城镇污水处理设施建设规划。县级以上地方人民政府建设主管部门应当按照城镇污水处理设施建设规划，组织建设城镇污水集中处理设施及配套管网，并加强对城镇污水集中处理设施运营的监督管理。

城镇污水集中处理设施的运营单位按照国家规定向排污者提供污水处理的有偿服务，收取污水处理费用，保证污水集中处理设施的正常运行。收取的污水处理费用应当用于城镇污水集中处理设施的建设运行和污泥处理处置，不得挪作他用。

城镇污水集中处理设施的污水处理收费、管理以及使用的具体办法，由国务院规定。

第五十条　向城镇污水集中处理设施排放水污染物，应当符合国家或者地方规定的水污染物排放标准。

城镇污水集中处理设施的运营单位，应当对城镇污水集中处理设施的出水水质负责。

环境保护主管部门应当对城镇污水集中处理设施的出水水质和水量进行监督检查。

第五十一条　城镇污水集中处理设施的运营单位或者污泥处理处置单位应当安全处理处置污泥，保证处理处置后的污泥符合国家标准，并对污泥的去向等进行记录。

第四节　农业和农村水污染防治

第五十二条　国家支持农村污水、垃圾处理设施的建设，推进农村污水、垃圾集中处理。

地方各级人民政府应当统筹规划建设农村污水、垃圾处理设施，并保障其正常运行。

第五十三条　制定化肥、农药等产品的质量标准和使用标准，应当适应水环境保护要求。

第五十四条　使用农药，应当符合国家有关农药安全使用的规定和标准。

运输、存贮农药和处置过期失效农药，应当加强管理，防止造成水污染。

第五十五条　县级以上地方人民政府农业主管部门和其他有关部门，应当采取措施，指导农业生产者科学、合理地施用化肥和农药，推广测土配方施肥技术和高效低毒低残留农药，控制化肥和农药的过量使用，防止造成水污染。

第五十六条　国家支持畜禽养殖场、养殖小区建设畜禽粪便、废水的综合利用或者无害化处理设施。

畜禽养殖场、养殖小区应当保证其畜禽粪便、废水的综合利用或者无害化处理设施正常运转，保证污水达标排放，防止污染水环境。

畜禽散养密集区所在地县、乡级人民政府应当组织对畜禽粪便污水进行分户收集、集中处理利用。

第五十七条　从事水产养殖应当保护水域生态环境，科学确定养殖密度，合理投饵和使用药物，防止污染水环境。

第五十八条　农田灌溉用水应当符合相应的水质标准，防止污染土壤、地下水和农产品。

禁止向农田灌溉渠道排放工业废水或者医疗污水。向农田灌溉渠道排放城镇污水以及未综合利用的畜禽养殖废水、农产品加工废水的，应当保证其下游最近的灌溉取水点的水质符合农田灌溉水质标准。

第五节　船舶水污染防治

第五十九条　船舶排放含油污水、生活污水，应当符合船舶污染物排放标准。从事海洋航运的船舶进入内河和港口的，应当遵守内河的船舶污染物排放标准。

船舶的残油、废油应当回收，禁止排入水体。

禁止向水体倾倒船舶垃圾。

船舶装载运输油类或者有毒货物，应当采取防止溢流和渗漏的措施，防止货物落水造成水污染。

进入中华人民共和国内河的国际航线船舶排放压载水的，应当采用压载水处理装置或者采取其他等效措施，对压载水进行灭活等处理。禁止排放不符合规定的船舶压载水。

第六十条　船舶应当按照国家有关规定配置相应的防污设备和器材，并持有合法有效的防止水域环境污染的证书与文书。

船舶进行涉及污染物排放的作业，应当严格遵守操作规程，并在相应的记录簿上如实记载。

第六十一条　港口、码头、装卸站和船舶修造厂所在地市、县级人民政府应当统筹规划建设船舶污染物、废弃物的接收、转运及处理处置设施。

港口、码头、装卸站和船舶修造厂应当备有足够的船舶污染物、废弃物的接收设施。从事船舶污染物、废弃物接收作业，或者从事装载油类、污染危害性货物船舱清洗作业的单位，应当具备与其运营规模相适应的接收处理能力。

第六十二条　船舶及有关作业单位从事有污染风险的作业活动，应当按照有关法律法规和标准，采取有效措施，防止造成水污染。海事管理机构、渔业主管部门应当加强对船舶及有关作业活动的监督管理。

船舶进行散装液体污染危害性货物的过驳作业，应当编制作业方案，采取有效的安全和污染防治措施，并报作业地海事管理机构批准。

禁止采取冲滩方式进行船舶拆解作业。

第五章　饮用水水源和其他特殊水体保护

第六十三条　国家建立饮用水水源保护区制度。饮用水水源保护区分为一级保护区和二级保护区；必要时，可以在饮用水水源保护区外围划定一定的区域作为准保护区。

饮用水水源保护区的划定，由有关市、县人民政府提出划定方案，报省、自治区、直辖市人民政府批准；跨市、县饮用水水源保护区的划定，由有关市、县人民政府协商提出划定方案，报省、自治区、直辖市人民政府批准；协商不成的，由省、自治区、直辖市人民政府环境保护主管部门会同同级水行政、国土资源、卫生、建设等部门提出划定方案，征求同级有关部门的意见后，报省、自治区、直辖市人民政府批准。

跨省、自治区、直辖市的饮用水水源保护区，由有关省、自治区、直辖市人民政府商有关流域管理机构划定；协商不成的，由国务院环境保护主管部门会同同级水行政、国土资源、卫生、建设等部门提出划定方案，征求国务院有关部门的意见后，报国务院批准。

国务院和省、自治区、直辖市人民政府可以根据保护饮用水水源的实际需要，调整饮用水水源保护区的范围，确保饮用水安全。有关地方人民政府应当在饮用水水源保护区的边界设立明确的地理界标和明显的警示标志。

第六十四条　在饮用水水源保护区内，禁止设置排污口。

第六十五条　禁止在饮用水水源一级保护区内新建、改建、扩建与供水设施和保护水源无关的建设项目；已建成的与供水设施和保护水源无关的建设项目，由县级以上人民政府责令拆除或者关闭。

禁止在饮用水水源一级保护区内从事网箱养殖、旅游、游泳、垂钓或者其他可能污染饮用水水体的活动。

第六十六条　禁止在饮用水水源二级保护区内新建、改建、扩建排放污染物的建设项目；已建成的排放污染物的建设项目，由县级以上人民政府责令拆除或者关闭。

在饮用水水源二级保护区内从事网箱养殖、旅游等活动的，应当按照规定采取措施，防止污染饮用水水体。

第六十七条　禁止在饮用水水源准保护区内新建、扩建对水体污染严重的建设项目；改建建设项目，不得增加排污量。

第六十八条　县级以上地方人民政府应当根据保护饮用水水源的实际需要，在准保护区内采取工程措施或者建造湿地、水源涵养林等生态保护措施，防止水污染物直接排入饮用水水体，确保饮用水安全。

第六十九条　县级以上地方人民政府应当组织环境保护等部门，对饮用水水源保护区、地下水型饮用水水源的补给区及供水单位周边区域的环境状况和污染风险进行调查评估，筛查可能存在的污染风险因素，并采取相应的风险防范措施。

饮用水水源受到污染可能威胁供水安全的，环境保护主管部门应当责令有关企业事业单位和其他生产经营者采取停止排放水污染物等措施，并通报饮用水供水单位和供水、卫生、水行政等部门；跨行政区域的，还应当通报相关地方人民政府。

第七十条　单一水源供水城市的人民政府应当建设应急水源或者备用水源，有条件的地区可以开展区域联网供水。

县级以上地方人民政府应当合理安排、布局农村饮用水水源，有条件的地区可以采取城镇供水管网延伸或者建设跨村、跨乡镇联片集中供水工程等方式，发展规模集中供水。

第七十一条　饮用水供水单位应当做好取水口和出水口的水质检测工作。发现取水口水质不符合饮用水水源水质标准或者出水口水质不符合饮用水卫生标准的，应当及时采取相应措施，并向所在地市、县级人民政府供水主管部门报告。供水主管部门接到报告后，应当通报环境保护、卫生、水行政等部门。

饮用水供水单位应当对供水水质负责，确保供水设施安全可靠运行，保证供水水质符合国家有关标准。

第七十二条　县级以上地方人民政府应当组织有关部门监测、评估本行政区域内饮用水水源、供水单位供水和用户水龙头出水的水质等饮用水安全状况。

县级以上地方人民政府有关部门应当至少每季度向社会公开一次饮用水安全状况信息。

第七十三条　国务院和省、自治区、直辖市人民政府根据水环境保护的需要，可以规定在饮用水水源保护区内，采取禁止或者限制使用含磷洗涤剂、化肥、农药以及限制种植养殖等措施。

第七十四条　县级以上人民政府可以对风景名胜区水体、重要渔业水体和其他具有特殊经济文化价值的水体划定保护区，并采取措施，保证保护区的水质符合规定用途的水环境质量标准。

第七十五条　在风景名胜区水体、重要渔业水体和其他具有特殊经济文化价值的水体的保护区内，不得新建排污口。在保护区附近新建排污口，应当保证保护区水体不受污染。

第六章　水污染事故处置

第七十六条　各级人民政府及其有关部门，可能发生水污染事故的企业事业单位，应当依照《中华人民共和国突发事件应对法》的规定，做好突发水污染事故的应急准备、应急处置和事后恢复等工作。

第七十七条　可能发生水污染事故的企业事业单位，应当制定有关水污染事故的应急方案，做好应急准备，并定期进行演练。

生产、储存危险化学品的企业事业单位，应当采取措施，防止在处理安全生产事故过程中产生的可能严重污染水体的消防废水、废液直接排入水体。

第七十八条　企业事业单位发生事故或者其他突发性事件，造成或者可能造成水污染事故的，应当立即启动本单位的应急方案，采取隔离等应急措施，防止水污染物进入水体，并向事故发生地的县级以上地方人民政府或者环境保护主管部门报告。环境保护主管部门接到报告后，应当及时向本级人民政府报告，并抄送有关部门。

造成渔业污染事故或者渔业船舶造成水污染事故的，应当向事故发生地的渔业主管部门报告，接受调查处理。其他船舶造成水污染事故的，应当向事故发生地的海事管理机构报告，接受调查处理；给渔业造成损害的，海事管理机构应当通知渔业主管部门参与调查处理。

第七十九条　市、县级人民政府应当组织编制饮用水安全突发事件应急预案。

饮用水供水单位应当根据所在地饮用水安全突发事件应急预案，制定相应的突发事件应急方案，报所在地市、县级人民政府备案，并定期进行演练。

饮用水水源发生水污染事故，或者发生其他可能影响饮用水安全的突发性事件，饮用水供水单位应当采取应急处理措施，向所在地市、县级人民政府报告，并向社会公开。有关人民政府应当根据情况及时启动应急预案，采取有效措施，保障供水安全。

第七章　法律责任

第八十条　环境保护主管部门或者其他依照本法规定行使监督管理权的部门，不依法作出行政许可或者办理批准文件的，发现违法行为或者接到对违法行为的举报后不予查处的，或者有其他未依照本法规定履行职责的行为的，对直接负责的主管人员和其他直接责任人员依法给予处分。

第八十一条　以拖延、围堵、滞留执法人员等方式拒绝、阻挠环境保护主管部门或者其他依照本法规定行使监督管理权的部门的监督检查，或者在接受监督检查时弄虚作假的，由县级以上人民政府环境保护主管部门或者其他依照本法规定行使监督管理权的部门责令改正，处二万元以上二十万元以下的罚款。

第八十二条　违反本法规定，有下列行为之一的，由县级以上人民政府环境保护主管部门责令限期改正，处二万元以上二十万元以下的罚款；逾期不改正的，责令停产整治：

（一）未按照规定对所排放的水污染物自行监测，或者未保存原始监测记录的；

（二）未按照规定安装水污染物排放自动监测设备，未按照规定与环境保护主管部门的监控设备联网，或者未保证监测设备正常运行的；

（三）未按照规定对有毒有害水污染物的排污口和周边环境进行监测，或者未公开有毒有害水污染物信息的。

第八十三条　违反本法规定，有下列行为之一的，由县级以上人民政府环境保护主管部门责令改正或者责令限制生产、停产整治，并处十万元以上一百万元以下的罚款；情节严重的，报经有批准权的人民政府批准，责令停业、关闭：

（一）未依法取得排污许可证排放水污染物的；

（二）超过水污染物排放标准或者超过重点水污染物排放总量控制指标排放水污染物的；

（三）利用渗井、渗坑、裂隙、溶洞，私设暗管，篡改、伪造监测数据，或者不正常运行水污染防治设施等逃避监管的方式排放水污染物的；

（四）未按照规定进行预处理，向污水集中处理设施排放不符合处理工艺要求的工业废水的。

第八十四条　在饮用水水源保护区内设置排污口的，由县级以上地方人民政府责令限期拆除，处十万元以上五十万元以下的罚款；逾期不拆除的，强制拆除，所需费用由违法者承担，处五十万元以上一百万元以下的罚款，并可以责令停产整治。

除前款规定外，违反法律、行政法规和国务院环境保护主管部门的规定设置排污口的，由县级以上地方人民政府环境保护主管部门责令限期拆除，处二万元以上十万元以下的罚款；逾期不拆除的，强制拆除，所需费用由违法者承担，处十万元以上五十万元以下的罚款；情节严重的，可以责令停产整治。

未经水行政主管部门或者流域管理机构同意，在江河、湖泊新建、改建、扩建排污口的，由县级以上人民政府水行政主管部门或者流域管理机构依据职权，依照前款规定采取措施、给予处罚。

第八十五条　有下列行为之一的，由县级以上地方人民政府环境保护主管部门责令停止违法行为，限期采取治理措施，消除污染，处以罚款；逾期不采取治理措施的，环境保护主管部门可以指定有治理能力的单位代为治理，所需费用由违法者承担：

（一）向水体排放油类、酸液、碱液的；

（二）向水体排放剧毒废液，或者将含有汞、镉、砷、铬、铅、氰化物、黄磷等的可溶性剧毒废渣向水体排放、倾倒或者直接埋入地下的；

（三）在水体清洗装贮过油类、有毒污染物的车辆或者容器的；

（四）向水体排放、倾倒工业废渣、城镇垃圾或者其他废弃物，或者在江河、湖泊、运河、渠道、水库最高水位线以下的滩地、岸坡堆放、存贮固体废弃物或者其他污染物的；

（五）向水体排放、倾倒放射性固体废物或者含有高放射性、中放射性物质的废水的；

（六）违反国家有关规定或者标准，向水体排放含低放射性物质的废水、热废水或者含病原体的污水的；

（七）未采取防渗漏等措施，或者未建设地下水水质监测井进行监测的；

（八）加油站等的地下油罐未使用双层罐或者采取建造防渗池等其他有效措施，或者未进行防渗漏监测的；

（九）未按照规定采取防护性措施，或者利用无防渗漏措施的沟渠、坑塘等输送或者存贮含有毒污染物的废水、含病原体的污水或者其他废弃物的。

有前款第三项、第四项、第六项、第七项、第八项行为之一的，处二万元以上二十万元以下的罚款。有前款第一项、第二项、第五项、第九项行为之一的，处十万元以上一百万元以下的罚款；情节严重的，报经有批准权的人民政府批准，责令停业、关闭。

第八十六条　违反本法规定，生产、销售、进口或者使用列入禁止生产、销售、进口、使用的严重污染水环境的设备名录中的设备，或者采用列入禁止采用的严重污染水环境的工艺名录中的工艺的，由县级以上人民政府经济综合宏观调控部门责令改正，处五万元以上二十万元以下的罚款；情节严重的，由县级以上人民政府经济综合宏观调控部门提出意见，报请本级人民政府责令停业、关闭。

第八十七条　违反本法规定，建设不符合国家产业政策的小型造纸、制革、印染、染料、炼焦、炼硫、炼砷、炼汞、炼油、电镀、农药、石棉、水泥、玻璃、钢铁、火电以及其他严重污染水环境的生产项目的，由所在地的市、县人民政府责令关闭。

第八十八条　城镇污水集中处理设施的运营单位或者污泥处理处置单位，处理处置后的污泥不符合国家标准，或者对污泥去向等未进行记录的，由城镇排水主管部门责令限期采取治理措施，给予警告；造成严重后果的，处十万元以上二十万元以下的罚款；逾期不采取治理措施的，城镇排水主管部门可以指定有治理能力的单位代为治理，所需费用由违法者承担。

第八十九条　船舶未配置相应的防污染设备和器材，或者未持有合法有效的防止水域环境污染的证书与文书的，由海事管理机构、渔业主管部门按照职责分工责令限期改正，处二千元以上二万元以下的罚款；逾期不改正的，责令船舶临时停航。

船舶进行涉及污染物排放的作业，未遵守操作规程或者未在相应的记录簿上如实记载的，由海事管理机构、渔业主管部门按照职责分工责令改正，处二千元以上二万元以下的罚款。

第九十条　违反本法规定，有下列行为之一的，由海事管理机构、渔业主管部门按照职责分工责令停止违法行为，处一万元以上十万元以下的罚款；造成水污染的，责令限期采取治理措施，消除污染，处二万元以上二十万元以下的罚款；逾期不采取治理措施的，海事管理机构、渔业主管部门按照职责分工可以指定有治理能力的单位代为治理，所需费用由船舶承担：

（一）向水体倾倒船舶垃圾或者排放船舶的残油、废油的；

（二）未经作业地海事管理机构批准，船舶进行散装液体污染危害性货物的过驳作业的；

（三）船舶及有关作业单位从事有污染风险的作业活动，未按照规定采取污染防治措施的；

（四）以冲滩方式进行船舶拆解的；

（五）进入中华人民共和国内河的国际航线船舶，排放不符合规定的船舶压载水的。

第九十一条　有下列行为之一的，由县级以上地方人民政府环境保护主管部门责令停止违法行为，处十万元以上五十万元以下的罚款；并报经有批准权的人民政府批准，责令拆除或者关闭：

（一）在饮用水水源一级保护区内新建、改建、扩建与供水设施和保护水源无关的建设项目的；

（二）在饮用水水源二级保护区内新建、改建、扩建排放污染物的建设项目的；

（三）在饮用水水源准保护区内新建、扩建对水体污染严重的建设项目，或者改建建设项目增加排污量的。

在饮用水水源一级保护区内从事网箱养殖或者组织进行旅游、垂钓或者其他可能污染饮用水水体的活动的，由县级以上地方人民政府环境保护主管部门责令停止违法行为，处二万元以上十万元以下的罚款。个人在饮用水水源一级保护区内游泳、垂钓或者从事其他可能污染饮用水水体的活动的，由县级以上地方人民政府环境保护主管部门责令停止违法行为，可以处五百元以下的罚款。

第九十二条　饮用水供水单位供水水质不符合国家规定标准的，由所在地市、县级人民政府供水主管部门责令改正，处二万元以上二十万元以下的罚款；情节严重的，报经有批准权的人民政府批准，可以责令停业整顿；对直接负责的主管人员和其他直接责任人员依法给予处分。

第九十三条　企业事业单位有下列行为之一的，由县级以上人民政府环境保护主管部门责令改正；情节严重的，处二万元以上十万元以下的罚款：

（一）不按照规定制定水污染事故的应急方案的；

（二）水污染事故发生后，未及时启动水污染事故的应急方案，采取有关应急措施的。

第九十四条　企业事业单位违反本法规定，造成水污染事故的，除依法承担赔偿责任外，由县级以上人民政府环境保护主管部门依照本条第二款的规定处以罚款，责令限期采取治理措施，消除污染；未按照要求采取治理措施或者不具备治理能力的，由环境保护主管部门指定有治理能力的单位代为治理，所需费用由违法者承担；对造成重大或者特大水污染事故的，还可以报经有批准权的人民政府批准，责令关闭；对直接负责的主管人员和其他直接责任人员可以处上一年度从本单位取得的收入百分之五十以下的罚款；有《中华人民共和国环境保护法》第六十三条规定的违法排放水污染物等行为之一，尚不构成犯罪的，由公安机关对直接负责的主管人员和其他直接责任人员处十日以上十五日以下的拘留；情节较轻的，处五日以上十日以下的拘留。

　　对造成一般或者较大水污染事故的，按照水污染事故造成的直接损失的百分之二十计算罚款；对造成重大或者特大水污染事故的，按照水污染事故造成的直接损失的百分之三十计算罚款。

　　造成渔业污染事故或者渔业船舶造成水污染事故的，由渔业主管部门进行处罚；其他船舶造成水污染事故的，由海事管理机构进行处罚。

　　第九十五条　企业事业单位和其他生产经营者违法排放水污染物，受到罚款处罚，被责令改正的，依法作出处罚决定的行政机关应当组织复查，发现其继续违法排放水污染物或者拒绝、阻挠复查的，依照《中华人民共和国环境保护法》的规定按日连续处罚。

　　第九十六条　因水污染受到损害的当事人，有权要求排污方排除危害和赔偿损失。

　　由于不可抗力造成水污染损害的，排污方不承担赔偿责任；法律另有规定的除外。

　　水污染损害是由受害人故意造成的，排污方不承担赔偿责任。水污染损害是由受害人重大过失造成的，可以减轻排污方的赔偿责任。

　　水污染损害是由第三人造成的，排污方承担赔偿责任后，有权向第三人追偿。

　　第九十七条　因水污染引起的损害赔偿责任和赔偿金额的纠纷，可以根据当事人的请求，由环境保护主管部门或者海事管理机构、渔业主管部门按照职责分工调解处理；调解不成的，当事人可以向人民法院提起诉讼。当事人也可以直接向人民法院提起诉讼。

　　第九十八条　因水污染引起的损害赔偿诉讼，由排污方就法律规定的免责事由及其行为与损害结果之间不存在因果关系承担举证责任。

　　第九十九条　因水污染受到损害的当事人人数众多的，可以依法由当事人推选代表人进行共同诉讼。

　　环境保护主管部门和有关社会团体可以依法支持因水污染受到损害的当事人向人民法院提起诉讼。

　　国家鼓励法律服务机构和律师为水污染损害诉讼中的受害人提供法律援助。

　　第一百条　因水污染引起的损害赔偿责任和赔偿金额的纠纷，当事人可以委托环境监测机构提供监测数据。环境监测机构应当接受委托，如实提供有关监测数据。

　　第一百零一条　违反本法规定，构成犯罪的，依法追究刑事责任。

　　第八章　附　则

　　第一百零二条　本法中下列用语的含义：

　　（一）水污染，是指水体因某种物质的介入，而导致其化学、物理、生物或者放射性等方面特性的改变，从而影响水的有效利用，危害人体健康或者破坏生态环境，造成水质恶化的现象。

　　（二）水污染物，是指直接或者间接向水体排放的，能导致水体污染的物质。

　　（三）有毒污染物，是指那些直接或者间接被生物摄入体内后，可能导致该生物或者其后代发病、行为反常、遗传异变、生理机能失常、机体变形或者死亡的污染物。

　　（四）污泥，是指污水处理过程中产生的半固态或者固态物质。

　　（五）渔业水体，是指划定的鱼虾类的产卵场、索饵场、越冬场、洄游通道和鱼虾贝藻类的养殖场的水体。

　　第一百零三条　本法自 2008 年 6 月 1 日起施行。

附录 3　铜冶炼行业规范条件

为推进铜冶炼行业供给侧结构性改革，促进行业技术进步，推动铜冶炼行业高质量发展，制定本规范条件。

本规范条件适用于已建成投产利用铜精矿和含铜二次资源的铜冶炼企业（不包含单独含铜危险废物处置企业），是促进行业技术进步和规范发展的引导性文件，不具有行政审批的前置性和强制性。

一、企业布局

（一）铜冶炼项目须符合国家及地方产业政策、土地利用总体规划、主体功能区规划、环保及节能法律法规和政策、安全生产法律法规和政策、行业发展规划等要求。

二、质量、工艺和装备

（二）铜冶炼企业应建立、实施并保持满足 GB/T 19001 要求的质量管理体系，并鼓励通过质量管理体系第三方认证。阳极铜符合行业标准（YS/T 1083），阴极铜符合国家标准（GB/T 467），其他产品质量符合国家或行业相应标准。

（三）利用铜精矿的铜冶炼企业，应采用生产效率高、工艺先进、能耗低、环保达标、资源综合利用效果好、安全可靠的闪速熔炼和富氧强化熔池熔炼等先进工艺（如旋浮铜熔炼、合成炉熔炼、富氧底吹、富氧侧吹、富氧顶吹、白银炉熔炼等工艺），不得采用国家明令禁止或淘汰的设备、工艺。鼓励有条件的企业对现有传统转炉吹炼工艺进行升级改造，提升无组织烟气排放管控水平。必须配置烟气制酸、资源综合利用、节能等设施。烟气制酸须采用稀酸洗涤净化、双转双吸等先进工艺，烟气净化严禁采用水洗或热浓酸洗涤工艺，硫酸尾气需设治理设施。配备的冶炼尾气余热回收、收尘工艺及设备须满足国家《节约能源法》《清洁生产促进法》《环境保护法》等要求。

（四）利用含铜二次资源的铜冶炼企业，须采用先进的节能环保、清洁生产工艺和设备。企业应强化含铜二次资源的预处理，最大限度进行除杂、分类。禁止采用化学法以及无烟气治理设施的焚烧工艺和装备。冶炼工艺须采用 NGL 炉、旋转顶吹炉、倾动式精炼炉、富氧顶吹炉、富氧底吹炉、100 吨以上改进型阳极炉（反射炉）等生产效率高、能耗低、资源综合利用效果好、环保达标、安全可靠的先进生产工艺及装备。同时，应根据原料状况配套二噁英排放控制设施或净化设施，必须使用预热空气和余热锅炉等设备。禁止使用直接燃煤的反射炉熔炼含铜二次资源。禁止使用无烟气治理措施的冶炼工艺及设备。

（五）鼓励有条件的企业开展智能工厂建设。建立铜冶炼大数据平台，广泛应用自动化智能装备，逐步建立企业资源计划系统（ERP）、数据采集与监视控制系统（SCADA）、制造执行系统（MES）、产品数据管理系统（PDM）、试验数据管理系统（TDM），实现智能化管理、智能化调度、数字化点检和设备在线智能诊断，最终实现智能分析决策。

三、能源消耗

（六）铜冶炼企业应建立、实施并保持满足 GB/T 23331 要求的能源管理体系，并鼓励通过能源管理体系第三方认证。

（七）利用铜精矿的铜冶炼企业矿产粗铜冶炼工艺综合能耗在 180 千克标准煤/吨及以

下，电解工序（含电解液净化）综合能耗在 100 千克标准煤/吨及以下。

（八）利用含铜二次资源的铜冶炼企业阴极铜精炼工艺综合能耗在 390 千克标准煤/吨及以下。其中，阳极铜工艺综合能耗在 290 千克标准煤/吨及以下。

四、资源综合利用

（九）铜冶炼企业应具备生产废水回用系统，含重金属废水及其他外排废水须达标排放，排水量必须达到国家相关标准的单位产品基准排水量等要求。鼓励铜冶炼企业建设伴生稀贵金属综合回收利用装置。铜冶炼企业应加大对铜冶炼渣的资源综合利用力度，有效提高冶炼过程中产生的废弃物的资源利用效率。工艺过程中有利用价值的余热应采取直接或间接的方式合理利用。鼓励有条件的企业开展冶炼烟气洗涤污酸、砷烟尘等的资源化利用。

（十）利用铜精矿的铜冶炼企业的水循环利用率应达到 98% 以上，吨铜新水消耗应在 16 吨以下，铜冶炼生产工艺的硫捕集率须达到 99% 以上，硫回收率须达到 97.5% 以上。

（十一）利用含铜二次资源的铜冶炼企业的水循环利用率应达到 98% 以上。

五、环境保护

（十二）铜冶炼企业须遵守环境保护相关法律、法规和政策，应建立、实施并保持满足 GB/T 24001 要求的环境管理体系，并鼓励通过环境管理体系第三方认证。

（十三）铜冶炼企业须按《排污单位自行监测技术指南 有色金属冶炼》（HJ 989）等相关标准规范开展自行监测，具备完善配套的污染物在线监测设施并与生态环境主管部门指定的监管机构联网运行，鼓励开展厂内降尘监测；须按规定取得排污许可证后，方可排放污染物，并在生产经营中严格落实排污许可证规定的环境管理要求。

（十四）铜冶炼企业须完善清污分流和雨污分流设施，治理设施齐备，运行维护记录齐全，污染防治设施与主体生产设施同步运行，化学需氧量、氨氮、二氧化硫、氮氧化物、颗粒物、重金属、二噁英等污染物排放不得超过国家或地方的相关污染物排放标准，排放总量不超过生态环境主管部门核定的总量控制指标，实施特别排放地区的企业应达到排放限值要求，鼓励未在特别排放限值地区的铜冶炼企业执行相关特别排放限值标准（要求）。

（十五）鼓励大型骨干铜冶炼企业自建二次资源回收利用系统，鼓励有条件的铜冶炼企业利用铜熔炼系统及与其配套的污染物防治设施，处理电子废物和其他含铜及稀贵金属的固体废物。

（十六）铜冶炼企业的固体废物贮存、利用、处置应当符合国家有关标准规范的要求，严格执行危险废物管理计划、申报登记、转移联单、经营许可等管理制度，并应通过全国固体废物管理信息系统如实填报固体废物产生、贮存、转移、利用、处置的相关信息。

（十七）铜冶炼企业申请规范当年及上一年度未发生重大环境污染事件或生态破坏事件。

六、安全生产与职业病防治

（十八）铜冶炼企业须遵守《安全生产法》《职业病防治法》《社会保险法》等法律法规，应建立、实施并保持满足 GB/T 28001 要求的职业健康安全管理体系，并鼓励通过职业健康安全管理体系第三方认证。

（十九）铜冶炼企业须执行保障安全生产和职业病危害防护的《冶金企业和有色金属企业安全生产规定》《企业安全生产标准化基本规范》（GB/T 33000）等法律法规和标准规范。

（二十）铜冶炼企业须依法纳税，合法经营，依法参加养老、失业、医疗、工伤等各类保险，并为从业人员足额缴纳相关保险费用。积极推进安全生产标准化工作，强化安全生产基础建设，履行企业安全生产主体责任。

（二十一）铜冶炼企业申请规范当年及上一年度未发生较大及以上生产安全事故。

七、规范管理

（二十二）铜冶炼行业企业规范条件的申请、审核及公告

1. 工业和信息化部负责铜冶炼行业企业规范管理。

2. 凡已建成投产 1 年以上（含 1 年）的铜冶炼企业，均可依据《铜冶炼行业规范条件》自愿申请审核。申请规范企业须编制《铜冶炼行业企业规范公告申请报告》（见附1），并按要求提供相关材料，企业法人（或代表）、填报人和审核人必须对申请材料的完整真实性负责并承担相应责任。

3. 省级工业主管部门负责接收本地区相关企业规范条件申请和初审，中央企业自审。初审或自审单位须按规范条件要求对申报企业进行核实，提出初审或自审意见，附企业申请材料一并报送工业和信息化部。

4. 工业和信息化部集中接收相关部门或单位报送的申请材料，并委托行业协会等机构组织有关专家对申请企业报告进行复审，必要时组织现场核查。

5. 工业和信息化部对通过复审的企业进行审查，必要时征求生态环境部等部门意见，对符合规范条件的企业进行公示，无异议的予以公告，并抄送有关部门。

（二十三）公告企业实行动态管理

工业和信息化部对公告企业名单进行动态管理。每年 3 月底前，规范企业应向所在地省级工业主管部门提交上年度的自查报告（见附2），省级工业主管部门负责审查，并将审查结果上报工业和信息化部；中央企业自查，并将自查结果上报工业和信息化部。工业和信息化部组织协会对公告企业进行抽查。鼓励社会各界对公告企业规范情况进行监督。公告企业有下列情况之一的，将撤销其公告资格：

1. 填报相关资料有弄虚作假行为的；

2. 拒绝开展年度自查、接受监督检查和不定期现场核查的；

3. 不能保持规范条件要求的；

4. 主体生产设备关停退出或停产 1 年及以上的；

5. 发生重大产品质量问题、重大环境污染事件或生态破坏事件、较大及以上生产安全事故、重大社会不稳定事件，造成严重社会影响的；

6. 存有国家明令淘汰的落后产能的。

拟撤销公告资格的，工业和信息化部将提前告知有关企业、听取企业的陈述和申辩。被撤销公告资格的企业，原则上从被撤销之日起，12 个月后方可重新提出规范申请。

已公告的规范企业如发生重大变化（异地改造，原地改造且主体工艺发生变化）需提出变更申请，重新填报《铜冶炼行业企业规范公告申请报告》，经省级工业主管部门核实后，上报工业和信息化部；中央企业直接上报工业和信息化部。工业和信息化部实时进行变更公告。

八、附则

（二十四）本规范条件涉及的标准规范和相关政策按其最新版本执行。

（二十五）本规范条件自发布之日起实施，原《铜冶炼行业规范条件》（中华人民共和国工业和信息化部公告 2014 年第 29 号）同时废止。本规范条件发布前已公告的企业，须按照本规范条件要求重新申请公告。

（二十六）本规范条件由工业和信息化部负责解释，并根据行业发展情况进行修订。

附录 4　铜冶炼行业清洁生产评价指标体系（征求意见稿）

1. 适用范围

本指标体系规定了铜冶炼企业清洁生产的一般要求。本指标体系将清洁生产标准指标分为六类，即生产工艺及装备指标、资源能源消耗指标、资源综合利用指标、污染物产生指标、原料与产品特征指标、清洁生产管理指标。

本指标体系适用于铜冶炼生产企业的清洁生产审核、清洁生产潜力与机会的判断以及清洁生产绩效评定和清洁生产绩效公告制度，也适用于环境影响评价、排污许可证管理、环保领跑者等环境管理制度。

本指标体系适用于粗铜冶炼、粗铜精炼、铜电解、湿法炼铜企业，不包括铜矿采选、以及废杂铜回收企业的项目。

2. 规范性引用文件

下列文件对于本文件的应用是必不可少的。凡是注日期的引用文件，仅注日期的版本适用于本文件。凡是不注日期的引用文件，其最新版本（包括所有的修改单）适用于本文件。

GB 18597	危险废物贮存污染控制标准
GB 18599	一般工业固体废物贮存、处置场污染控制标准
GB 21248	铜冶炼企业单位产品能源消耗限额
GB 25467	铜、镍、钴工业污染物排放标准
GB/T 467	阴极铜
GB/T 2589	综合能耗计算通则
GB/T 23331	能源管理体系要求
GB/T 24001	环境管理体系要求及使用指南
YS/T 70	粗铜
YS/T 318	铜精矿质量标准及铜精粉质量标准
GB/T 534	工业硫酸
GB 17167	用能单位能源计量器具配备和管理通则
GB 24789	用水单位水计量器具配备和管理通则
GB 21248	铜冶炼企业单位产品能源消耗限额
GB 7475	水质　铜、锌、铅、镉的测定　原子吸收分光光度法
GB 7470	水质　铅的测定　双硫腙分光光度法
HJ 700	水质　65 种元素的测定　电感耦合等离子体质谱法
HJ 694	水质　汞、砷、硒、铋和锑的测定　原子荧光法
GB/T 7471	水质　镉的测定　双硫腙分光光度法

GB 7485   水质   总砷的测定   二乙基二硫代氨基甲酸银分光光度法

HJ/T 42   固定污染源   氮氧化物测定   紫外分光光度法

HJ/T 43   固定污染源   氮氧化物测定   盐酸萘乙二胺分光光度法

HJ 836   固定污染源废气   低浓度颗粒物的测定   重量法

HJ/T 56   固定污染源   二氧化硫测定   碘量法

HJ/T 57   固定污染源   二氧化硫测定   定电位电解法

HJ 629   固定污染源   二氧化硫测定   非分散红外吸收法

HJ 657   空气和废气颗粒物中铅等金属元素的测定   电感耦合等离子体质谱法

HJ 538   固定污染源   铅的测定   火焰吸收分光光度法

HJ 540   固定污染源   砷的测定   二乙基二硫代氨基甲酸银分光光度法

《关于修改〈产业结构调整指导目录（2011 年本）〉有关条款的决定》（国家发展和改革委员会令 2013 年第 21 号）

《清洁生产评价指标体系编制通则》（试行稿）（国家发展改革委、环境保护部、工业和信息化部 2013 年第 33 号公告）

《铜冶炼行业规范条件（2014）》（工业和信息化部 2014 年第 29 号公告）

《排污口规范化整治技术要求（试行）》（原国家环保局环监［1996］470 号）

《企业事业单位环境信息公开办法》（环境保护部令 2014 年第 31 号）

3. 术语和定义

《清洁生产评价指标体系编制通则（试行稿）》所确立的以及下列术语和定义适用于本指标体系。

3.1   铜冶炼业

本指标体系所指铜冶炼业包括粗铜冶炼、粗铜精炼、铜电解、湿法炼铜企业，不包括铜矿采选以及以废杂铜为原料的再生铜冶炼企业。

3.1.1   粗铜火法冶炼企业

指以铜精矿作为冶炼原料，采用火法熔炼工艺，产出粗铜的企业。

3.1.2   铜精炼企业

指以粗铜为生产原料，采用火法精炼和电解精炼工艺，产出阴极铜的企业。

3.1.3   铜湿法冶炼企业

指以难选氧化铜原矿或精矿为原料，采用酸性溶剂或碱性溶剂浸出，再将浸出液中的铜提取出来，生产阴极铜的企业。

3.2   限定性指标

指对清洁生产有重大影响或者法律法规明确规定必须严格执行，在对铜冶炼企业进行清洁生产水平评定时必须首先满足的先决指标。本指标体系将限定性指标确定为：部分生产工艺及设备指标、单位产品综合能耗、单位产品新鲜水耗、冶炼回收率、工业用水重复利用率、单位产品特征污染物产生量、环境法律法规标准、废物处理处置等指标。

3.3   熔池熔炼

将炉料直接加入鼓风翻腾的熔池中迅速完成气、液、固相间主要反应的熔炼方法。这种强化熔炼的冶金方法适用于有色金属原料熔化、硫化、氧化、还原、造锍和烟化等冶金过程。主要指富氧底吹、富氧侧吹、富氧顶吹、白银炉熔炼、合成炉熔炼、强化旋浮铜冶炼等富氧熔炼工艺。

3.4 闪速熔炼

是充分利用细磨物料巨大的活性表面，强化冶炼反应过程的熔炼方法。将金属硫化物精矿细粉和熔剂经干燥与空气一起喷入炽热的闪速炉膛内，造成良好的传热、传质条件，使化学反应以极高的速度进行。主要用于铜、镍等硫化矿的造锍熔炼。

3.5 富氧熔炼

空气中含有21%（体积比）的氧，如果把纯氧掺进空气中，使得其中的氧大于21%，这样的混合气体就称做富氧空气。凡是采用富氧空气的熔炼过程，都称作富氧熔炼。

3.6 吹炼工艺

将压缩空气在有石英溶剂存在的情况下，吹过炉内熔融的冰铜，除去其中的铁和硫及部分其他有害杂质，获得粗铜的冶炼过程。

3.7 火法精炼

指以粗铜为原料，在熔融高温条件下，除去矿产粗铜和再生铜中的硫、铁、铅、锌、镍、砷、锑、锡、秘和氧等杂质，产出火法精铜的冶金过程。

3.8 电解精炼

指利用铜和杂质的电位序不同，在直流电的作用下，阳极上的铜既能电化溶解，又能在阴极上电化析出，而杂质部分进入电解液，部分进入阳极泥的过程。

3.9 湿法炼铜

湿法炼铜其本质是通过置换反应获得单质铜，通常采用用硫酸将铜矿中的铜元素转变成可溶性的硫酸铜，再将铁放入硫酸铜溶液中把铜置换出来。

3.10 浸出工序

采用稀硫酸溶液将矿物中的铜和其他可回收的有价金属溶解出来的过程。

3.11 萃取工序

指浸出液中的铜进入有机萃取剂，然后通过废电解液的反萃使铜进入反萃液中成为富铜液的过程。

4. 评价指标体系

4.1 指标选取

本指标体系根据清洁生产的原则要求和指标的可度量性，进行指标选取。根据评价指标的性质，可分为定量指标和定性指标两种。

定量指标选取了有代表性的、能反映"节能""降耗""减排"和"增效"等有关清洁生产最终目标的指标，综合考评企业实施清洁生产的状况和企业清洁生产程度。定性指标根据国家有关推行清洁生产的产业发展和技术进步政策、资源环境保护政策规定以及行业发展规划选取，用于考核企业对有关政策法规的符合性及其清洁生产工作实施情况。

4.2 指标基准值

各指标的评价基准值是衡量该项指标是否符合清洁生产基本要求的评价基准。本评价指标体系确定各定量评价指标的评价基准值的依据是：凡国家或行业在有关政策、规划等文件中对该项指标已有明确要求的就执行国家要求的数值；凡国家或行业对该项指标尚无明确要求的，则选用国内重点大中型制革企业近年来清洁生产所实际达到的中上等以上水平的指标值。因此，本定量评价指标体系的评价基准值代表了钛冶炼行业主要生产工艺的清洁生产先进水平。

在定性评价指标体系中，衡量该项指标是否贯彻执行国家有关政策、法规的情况，按"是"或"否"两种选择来评定。

4.3 指标体系

铜冶炼企业清洁生产评价指标体系的各评价指标、评价基准值和权重值见附表1～附表3。

附表1 粗铜火法冶炼企业评价指标项目、权重及基准值

序号	一级指标	一级指标权重值	二级指标		指标单位	二级指标权重值	Ⅰ级基准值	Ⅱ级基准值	Ⅲ级基准值
1	生产工艺及装备指标	0.30	*熔炼工艺		—	0.2	闪速熔炼或熔池熔炼		富氧鼓风炉
2			吹炼工艺		—	0.1	连吹炉或转炉		
3			制酸工艺		—	0.2	二转二吸制酸，转化率≥99.6%，低浓度二氧化硫烟气制酸		二转二吸或其他符合国家产业政策的工艺
4			*生产规模（单系统）		万吨	0.2	≥12		≥10
5			自动化控制		—	0.1	计算机全自动化控制		半自动化控制
6			余热利用装置		—	0.1	采用高效的余热换热器，余热用于发电	采用高效的余热换热器，余热用于供给热水或热空气	
7			废气的收集与处理		—	0.1	炉体密闭化，具有防止废气逸出措施。在易产生废气无组织排放的位置设有废气收集装置，并配套净化设施		
8	资源能源消耗指标	0.16	*单位产品综合能耗		kgce/t（粗铜）	0.5	≤150	≤180	≤240
9			单位产品耐火材料消耗		kgce/t（粗铜）	0.3	≤10	≤15	≤50
10			*单位产品新鲜水耗		m³/t（粗铜）	0.2	≤12	≤15	≤18
11	资源综合利用指标	0.2	*冶炼综合回收率	铜	%	0.4	≥98.5	≥98	≥97
12				硫	%	0.2	≥99.5	≥98	≥97.5
13			*工业用水重复利用率		%	0.1	≥99.5	≥98	≥97
14			污酸综合利用率		%	0.1	≥98	≥96	≥95
15			工业固体废物综合利用率	砷滤饼	%	0.1	企业内部综合利用，利用率≥90	委托处置，综合利用率≥70	
16				其他工业固体废物	%	0.1	≥95	≥85	≥75
17	污染物产生指标	0.2	废水	单位产品废水的产生量	m³/t（粗铜）	0.1	≤8	≤10	≤12
18				*单位产品As的产生量	g/t（粗铜）	0.1	≤6	≤8	≤10

续表

序号	一级指标	一级指标权重值	二级指标		指标单位	二级指标权重值	Ⅰ级基准值	Ⅱ级基准值	Ⅲ级基准值
19	污染物产生指标	0.2	废水	* 单位产品 Pb 的产生量	g/t（粗铜）	0.1	≤5	≤8	≤10
20				* 单位产品 Cd 的产生量	g/t（粗铜）	0.1	≤1.5	≤2.5	≤3.5
21			废气	* 单位产品二氧化硫的产生量（制酸后）	kg/t（粗铜）	0.1	≤12	≤16	≤20
22				* 单位产品氮氧化物的产生量	kg/t（粗铜）	0.05	≤0.8	≤1	≤3
23				单位产品烟尘的产生量	kg/t（粗铜）	0.1	≤5	≤10	≤20
24				* 单位产品 As 的产生量	g/t（粗铜）	0.1	≤35	≤50	≤70
25				* 单位产品 Pb 的产生量	g/t（粗铜）	0.1	≤80	≤120	≤160
26			废渣	单位产品废渣的产生量	t/t（粗铜）	0.05	≤0.78	≤1.2	≤1.6
27				废渣含铜率	%	0.05	≤0.8	≤1.2	≤2
28				* 单位产品砷滤饼的产生量	t/t（粗铜）	0.05	≤0.02	≤0.03	≤0.04
29	原料与产品特征指标	0.04	铜精矿		—	0.3	达到 YS/T 318 标准要求		
30			粗铜		—	0.4	达到 YS/T 70 一级品要求	达到 YS/T 70 二级品要求	
31			硫酸		—	0.3	达到 GB/T 534 优等品要求	达到 GB/T 534 一等品要求	
32	清洁生产管理指标	0.10	* 环境政策、法律法规标准执行情况		—	0.1	生产规模、工艺和装备符合产业政策要求，污染物排放达到排放标准、符合总量控制和排污许可证管理要求，严格执行建设项目环境影响评价制度和建设项目环保"三同时"制度		
33			* 固体废物处理处置		—	0.1	对没有综合利用的固体废物进行性质鉴别，根据鉴别的结果，依据 GB 18597，GB 18599 等的要求分类进行处置		
34			* 组织机构		—	0.1	建立健全专门环保管理机构，配备专职管理人员，开展环境保护和清洁生产有关工作		
35			* 清洁生产审核		—	0.1	按政府规定要求，制订有清洁生产审核工作计划，对铜冶炼全流程（全工序）定期开展清洁生产审核活动。		
36			环保设施运行管理		—	0.1	排水实行清污分流、雨污分流。环保设施正常运行，无跑、冒、滴、漏现象，设立环保标识，环保设施运行台账齐全。安装污染物排放自动监控设备，并与环境保护主管部门的监控设备联网，并保证设备正常运行		

续表

序号	一级指标	一级指标权重值	二级指标	指标单位	二级指标权重值	Ⅰ级基准值	Ⅱ级基准值	Ⅲ级基准值
37	清洁生产管理指标	0.10	环境管理体系	—	0.1	按照 GB/T 24001 建立并有效运行环境管理体系,并通过第三方认证		
38			能源管理体系	—	0.1	按照 GB/T 23331 建立并有效运行能源管理体系,并通过第三方认证		
39			*排污口管理	—	0.1	排污口设置符合《排污口规范化整治技术要求(试行)》相关要求		
40			环境应急	—	0.1	编制环境风险应急预案,并进行备案,定期开展环境风险应急演练,可及时应对重大环境污染事故发生		
41			企业计量器具配备管理	—	0.05	符合国家标准 GB 17167 与 GB 24789 的要求		
42			环境信息公开	—	0.05	按照《企业事业单位环境信息公开办法》要求公开环境信息		

注:1. 带 * 的指标为限定性指标。
2. 污染物产生指标中废气的相关指标均指废气制酸后的相关指标。
3. 单位能耗计算按照 GB 21248 铜冶炼企业单位产品能耗消耗限额第 5 款统计范围、计算方法及计算范围计算。

附表 2　铜精炼企业评价指标项目、权重及基准值

序号	一级指标	一级指标权重值	二级指标		指标单位	二级指标权重值	Ⅰ级基准值	Ⅱ级基准值	Ⅲ级基准值
1	生产工艺装备指标	0.30	火法精炼	精炼工艺	—	0.15	火法精炼直接产精铜,或粗铜经火法精炼后铸成阳极板再行电解。		
2				精炼设备	—	0.15	回转炉		反射炉
3				浇铸设备	—	0.1	连续浇铸	自动定量浇铸	圆盘浇铸
4			电解精炼	电解槽材质	—	0.1	无衬聚合物混凝土电解槽		混凝土结构,内衬软聚氯乙烯塑料、玻璃钢或 HDPE 膜防腐
5				压滤设备	—	0.1	选用能满足企业正常生产的浆泵;高压隔膜压滤机		
6			废气的收集与处理		—	0.1	具有防止废气逸出措施。在易产生废气无组织排放的位置设有废气收集净化装置		
7			酸雾的收集与处理		—	0.1	设有酸雾收集、处理装置		
8			防腐防渗措施		—	0.1	生产车间地面采取防渗、防漏、和防腐措施;污水系统具备防腐防渗措施		
9			自动化程度		—	0.1	计算机全自动化控制		半自动化控制
10			余热利用装置		—	0.1	具有余热锅炉或其他余热利用装置		
11	资源与能源消耗指标	0.16	*单位产品综合能耗		kgce/t(阴极铜)	0.3	≤100		≤140
12			单位产品电耗		kW·h/t(阴极铜)	0.2	≤230	≤260	≤280

续表

序号	一级指标	一级指标权重值	二级指标	指标单位	二级指标权重值	Ⅰ级基准值	Ⅱ级基准值	Ⅲ级基准值
13	资源与能源消耗指标	0.16	单位产品新鲜水耗	m³/t（阴极铜）	0.2	≤3	≤4	≤5
14			电流效率	%	0.2	≥98	≥95	≥93
15			残极率	%	0.1	≤14	≤15	≤18
16	资源综合利用指标	0.2	*铜冶炼综合回收率	%	0.3	≥99.8	≥99.7	≥99.6
17			*工业用水重复利用率	%	0.3	≥99.5	≥98	≥97
18			工业固体废物综合利用率	%	0.2	≥95	≥85	≥75
19			电解液循环利用率	%	0.2	≥99.5		
20	污染物产生指标	0.2	废水 单位产品废水产生量	m³/t（阴极铜）	0.1	≤2	≤2.5	≤3
21			废水 *废水中单位产品 As 的产生量	mg/t（阴极铜）	0.1	≤2	≤4	≤6
22			废水 *废水中单位产品 Pb 的产生量	g/t（阴极铜）	0.1	≤2.0	≤2.5	≤3.0
23			废水 *废水中单位产品 Cd 的产生量	g/t（阴极铜）	0.1	≤0.8	≤1.0	≤1.2
24			废气 单位产品烟尘产生量	kg/t（阴极铜）	0.15	≤0.08	≤0.2	≤0.4
25			废气 单位产品二氧化硫的产生量*	kg/t（阴极铜）	0.15	≤0.4	≤0.6	≤0.8
26			废气 *单位产品氮氧化物的产生量	kg/t（阴极铜）	0.1	≤0.2	≤0.5	≤0.8
27			废气 酸雾的产生量	mg/m³	0.05	≤20	≤45	
28			固废 单位产品阳极泥产生量	%	0.05	≤0.3	≤0.5	≤0.8
29			固废 单位产品炉渣产生量	%	0.05	≤1.5	≤3	≤5.0
30			固废 炉渣中含铜率	%	0.05	≤15	≤25	≤35
31	原料与产品特征指标	0.04	阴极铜	—	1.0	符合 GB/T 467 的质量标准		
32	清洁生产管理指标	0.10	*环境政策、法律法规标准执行情况	—	0.1	生产规模、工艺和装备符合产业政策要求，污染物排放达到排放标准、符合总量控制和排污许可证管理要求，严格执行建设项目环境影响评价制度和建设项目环保"三同时"制度		
33			*固体废物处理处置	—	0.1	对没有综合利用的固体废物进行性质鉴别，根据鉴别的结果，依据 GB 18597、GB 18599 等的要求分类进行处置		

续表

序号	一级指标	一级指标权重值	二级指标	指标单位	二级指标权重值	Ⅰ级基准值	Ⅱ级基准值	Ⅲ级基准值
34	清洁生产管理指标	0.10	组织机构	—	0.1	建立健全专门环保管理机构,配备专职管理人员,开展环境保护和清洁生产有关工作		
35			清洁生产审核	—	0.1	按政府规定要求,制订有清洁生产审核工作计划,对铜冶炼全流程(全工序)定期开展清洁生产审核活动。		
36			环保设施运行管理	—	0.1	排水实行清污分流、雨污分流。环保设施正常运行,无跑、冒、滴、漏现象,设立环保标识,环保设施运行台账齐全。安装污染物排放自动监控设备,并与环境保护主管部门的监控设备联网,并保证设备正常运行		
37			环境管理体系	—	0.1	按照 GB/T 24001 建立并有效运行环境管理体系,并通过第三方认证		
38			能源管理体系	—	0.1	按照 GB/T 23331 建立并有效运行能源管理体系,并通过第三方认证		
39			* 排污口管理	—	0.1	排污口设置符合《排污口规范化整治技术要求(试行)》相关要求		
40			环境应急	—	0.1	编制环境风险应急预案,并进行备案,定期开展环境风险应急演练,可及时应对重大环境污染事故发生		
41			企业计量器具配备管理	—	0.05	符合国家标准 GB 17167 与 GB 24789 的要求		
42			环境信息公开	—	0.05	按照《企业事业单位环境信息公开办法》要求公开环境信息		

注:1. 带 * 的指标为限定性指标。
2. 污染物产生指标中废气的相关指标均指废气制酸后的相关指标。
3. 单位能耗计算按照 GB 21248 铜冶炼企业单位产品能耗消耗限额第 5 款统计范围、计算方法及计算范围计算。

附表3　铜湿法冶炼企业评价指标项目、权重及基准值

序号	一级指标	一级指标权重值	二级指标	指标单位	二级指标权重值	Ⅰ级基准值	Ⅱ级基准值	Ⅲ级基准值
1	生产工艺装备指标	0.30	湿法炼铜工艺	—	0.2	直接浸出-萃取-电积		焙烧-浸出-萃取-电积
2			浸出工艺	—	0.2	搅拌浸出		原地堆浸
3			萃取工艺	—	0.2	混合澄清萃取箱	离心萃取器	萃取塔
4			酸雾的收集与处理	—	0.2	设有酸雾收集、处理装置		
5			废气的收集与处理	—	0.1	具有防止废气逸出措施。在易产生废气无组织排放的位置设有废气收集净化装置		
6			防腐防渗措施	—	0.1	生产车间地面采取防渗、防漏、和防腐措施;污水系统具备防腐防渗措施		

续表

序号	一级指标	一级指标权重值	二级指标	指标单位	二级指标权重值	Ⅰ级基准值	Ⅱ级基准值	Ⅲ级基准值
7	资源与能源消耗指标	0.16	单位产品电耗	kW·h/t（阴极铜）	0.2	≤1800	≤2500	≤3000
8			单位产品酸耗	t/t（阴极铜）	0.2	≤1.0	≤1.2	≤1.6
9			单位产品萃取剂耗	kg/t（阴极铜）	0.2	≤3	≤5	≤8
10			单位产品新鲜水耗	m³/t（阴极铜）	0.2	≤4	≤10	≤16
11			铜浸出率	%	0.3	≥98	≥90	≥85
12	资源综合利用指标	0.2	*铜冶炼综合回收率	%	0.3	≥96	≥90	≥84
13			*工业用水重复利用率	%	0.2	≥99.5	≥98	≥97
14			工业固体废物综合利用率	%	0.2	≥95	≥85	≥75
15			浸出液循环利用率		0.1	≥98	≥95	
16			萃取液循环利用率		0.1	≥98	≥95	
17			电积母液循环利用率	%	0.1	≥96	≥95	≥94
18	污染物产生指标	0.2	单位产品电解废液的产生量	m³/t（阴极铜）	0.2	≤1.8	≤2	≤2.5
19			浸出渣中含铜	%	0.1	≤0.5	≤0.8	≤1.5
20 21			单位产品阳极泥产生量	%	0.1	≤0.8	≤1.0	≤1.4
22			酸雾的产生量	mg/m³	0.2	≤20	≤45	
23			单位产品废水量	m³/t（阴极铜）	0.1	≤4	≤5	≤6
24			*废水中单位产品 As 的产生量	mg/t（阴极铜）	0.1	≤10	≤14	≤18
25			*废水中单位产品 Pb 的产生量	g/t（阴极铜）	0.1	≤4.5	≤5.0	≤5.5
			废水中单位产品 Cd 的产生量*	g/t（阴极铜）	0.1	≤1.2	≤1.5	≤1.8
26	原料与产品特征指标	0.04	阴极铜	—	1.0	符合 GB/T 467 的质量标准		

续表

序号	一级指标	一级指标权重值	二级指标	指标单位	二级指标权重值	Ⅰ级基准值	Ⅱ级基准值	Ⅲ级基准值
27	清洁生产管理指标	0.10	* 环境政策、法律法规标准执行情况	—	0.1	生产规模、工艺和装备符合产业政策要求,污染物排放达到排放标准、符合总量控制和排污许可证管理要求,严格执行建设项目环境影响评价制度和建设项目环保"三同时"制度		
28			* 固体废物处理处置	—	0.1	对没有综合利用的固体废物进行性质鉴别,根据鉴别的结果,依据 GB 18597、GB 18599 等的要求分类进行处置		
29			组织机构	—	0.1	建立健全专门环保管理机构,配备专职管理人员,开展环境保护和清洁生产有关工作		
30			清洁生产审核	—	0.1	按政府规定要求,制订有清洁生产审核工作计划,对铜冶炼全流程(全工序)定期开展清洁生产审核活动		
31			环保设施运行管理	—	0.1	排水实行清污分流、雨污分流。 环保设施正常运行,无跑、冒、滴、漏现象,设立环保标识,环保设施运行台账齐全。 安装污染物排放自动监控设备,并与环境保护主管部门的监控设备联网,并保证设备正常运行		
32			环境管理体系	—	0.1	按照 GB/T 24001 建立并有效运行环境管理体系,并通过第三方认证		
33			能源管理体系	—	0.1	按照 GB/T 23331 建立并有效运行能源管理体系,并通过第三方认证		
34			* 排污口管理	—	0.1	排污口设置符合《排污口规范化整治技术要求(试行)》相关要求		
35			环境应急	—	0.1	编制环境风险应急预案,并进行备案,定期开展环境风险应急演练,可及时应对重大环境污染事故发生		
36			企业计量器具配备管理	—	0.05	符合国家标准 GB 17167 与 GB 24789 的要求		
37			环境信息公开	—	0.05	按照《企业事业单位环境信息公开办法》要求公开环境信息		

注:1. 带 * 的指标为限定性指标。
2. 污染物产生指标中废气的相关指标均指废气制酸后的相关指标。
3. 单位能耗计算按照 GB 21248 铜冶炼企业单位产品能耗消耗限额第 5 款统计范围、计算方法及计算范围计算。

5. 评价方法

5.1 指标无量纲化

不同清洁生产指标由于量纲不同,不能直接比较,需要建立原始指标的隶属函数。

$$Y_{g_k}(x_{ij}) = \begin{cases} 100, x_{ij} \text{ 属于 } g_k \\ 0, x_{ij} \text{ 不属于 } g_k \end{cases} \tag{1}$$

式中　x_{ij}——第 i 个一级指标下的第 j 个二级指标;

g_k——二级指标基准值,其中 g_1 为Ⅰ级水平,g_2 为Ⅱ级水平,g_3 为Ⅲ级水平;

$Y_{g_k}(x_{ij})$——二级指标 x_{ij} 对于级别 g_k 的隶属函数。

如公式(1)所示,若指标 x_{ij} 属于级别 g_k,则隶属函数的值为 100,否则为 0。

5.2 综合评价指数计算

通过加权平均、逐层收敛可得到评价对象在不同级别 g_k 的得分 Y_{g_k}，如公式（2）所示。

$$Y_{g_k} = \sum_{i=1}^{m}\left[\omega_i \sum_{j=1}^{n_i}\omega_{ij}Y_{g_k}(x_{ij})\right] \tag{2}$$

$$\sum_{i=1}^{m}\omega_i = 1, \sum_{j=1}^{n_i}\omega_{ij} = 1$$

式中　　ω_i——第 i 个一级指标的权重；

ω_{ij}——第 i 个一级指标下的第 j 个二级指标的权重；

m——一级指标的个数；

n_i——第 i 个一级指标下二级指标的个数。

Y_{g1}、Y_{g2}、Y_{g3}——等同于 Y_{I}、Y_{II}、Y_{III}。

当企业实际生产过程中某类一级指标项下某些二级指标不适用于该企业时，需对该类一级指标项下二级指标权重进行调整，调整后的二级指标权重值计算公式为：

$$\omega'_{ij} = \frac{\omega_{ij}}{\sum\omega_{ij}} \tag{3}$$

式中　　ω'_{ij}——调整后的二级指标权重；

$\sum\omega_{ij}$——参与考核的指标权重之和。

5.3 综合评价指数计算步骤

第一步：将新建企业或新建项目、现有企业相关指标与 I 级限定性指标进行对比，全部符合要求后，再将企业相关指标与 I 级基准值进行逐项对比，计算综合评价指数得分 Y_{I}，当综合指数得分 $Y_{\mathrm{I}} \geqslant 85$ 分时，可判定企业清洁生产水平为 I 级。当企业相关指标不满足 I 级限定性指标要求或综合指数得分 $Y_{\mathrm{I}} < 85$ 分时，则进入第二步计算。

第二步：将新建企业或新建项目、现有企业相关指标与 II 级限定性指标进行对比，全部符合要求后，再将企业相关指标与 II 级基准值进行逐项对比，计算综合评价指数得分 Y_{II}，当综合指数得分 $Y_{\mathrm{II}} \geqslant 85$ 分时，可判定企业清洁生产水平为 II 级。当企业相关指标不满足 II 级限定性指标要求或综合指数得分 $Y_{\mathrm{II}} < 85$ 分时，则进入第三步计算。

新建企业或新建项目不再参与第三步计算。

第三步：将现有企业相关指标与 III 级限定性指标基准值进行对比，全部符合要求后，再将企业相关指标与 III 级基准值进行逐项对比，计算综合指数得分，当综合指数得分 $Y_{\mathrm{III}} = 100$ 分时，可判定企业清洁生产水平为 III 级。当企业相关指标不满足 III 级限定性指标要求或综合指数得分 $Y_{\mathrm{III}} < 100$ 分时，表明企业未达到清洁生产要求。

铜冶炼行业不同等级清洁生产企业综合评价指数见附表 4。

附表 4　铜冶炼行业不同等级清洁生产企业综合评价指数

企业清洁生产水平	清洁生产综合评价指数
I 级（国际清洁生产领先水平）	同时满足： $Y_{\mathrm{I}} \geqslant 85$； 限定性指标全部满足 I 级基准值要求

企业清洁生产水平	清洁生产综合评价指数
Ⅱ级（国内清洁生产先进水平）	同时满足： $Y_Ⅱ \geqslant 85$； 限定性指标全部满足Ⅱ级基准值要求及以上
Ⅲ级（国内清洁生产一般水平）	满足 $Y_Ⅲ = 100$

6. 指标核算与数据来源

6.1 指标核算

6.1.1 单位产品综合能耗

单位产品综合能耗是指冶炼出单位产品所消耗的能源总和折标煤。

$$E = \frac{\sum\limits_{i=1}^{n} E_i + E_f}{P} \tag{4}$$

式中 E——单位产品综合能耗折标煤，kgce/t；

E_i——统计期内各工序能耗折标煤，kgce；

E_f——统计期内其他辅助生产系统能耗折标煤，kgce；

P——统计期内产品产量，t。

6.1.2 单位产品新鲜水耗

单位产品新鲜水耗是指每生产单位产品在每个工段中所取新鲜水的总和。

$$w = \frac{\sum\limits_{i=1}^{n} W_i}{P} \tag{5}$$

式中 w——单位产品新鲜水耗，m^3/t；

W_i——统计期内 i 工序新鲜水耗，m^3；

P——统计期内产品产量，t。

6.1.3 工业用水重复利用率

工业水重复利用率是指在一定的计量时间内（年），在生产过程中使用的重复利用水量与总用水量的百分比。

总用水量是指生产过程中取用新鲜水量和重复利用水量之和。

$$R = \frac{W_r}{W_t + W_r} \times 100\% \tag{6}$$

式中 R——工业水重复利用率%；

W_r——总重复利用水量（包括循环用水量和串联使用水量），m^3；

W_t——总生产过程中新鲜水量，m^3。

6.1.4 冶炼综合回收率

产品中的某种元素质量占原料中此种元素质量的百分比。

$$R_i = \frac{C_i}{Z_i} \tag{7}$$

式中 R_i——元素 i 综合回收率，%；

C_i——在一定计量时间内，产品中元素 i 含量，t/a；

Z_i——同一计量时间内，原料中元素 i 含量，t/a。

6.1.5 阳极泥产生率

指铜电解精炼过程中，阳极泥产生量与电解铜产量的百分比。

$$D = \frac{R}{P} \qquad (8)$$

式中 D——阳极泥产生率，%；

R——铜电解精炼过程中阳极泥产生量，t；

P——统计期内产品产量，t。

6.1.6 总硫利用率

原料中的硫在冶炼过程中通过各种回收方式进行综合利用所达到的利用率，不包括进入水淬渣中的硫、废气末端治理产生的废渣及尾气排入环境中的硫；废气中低浓度二氧化硫治理回收生产副产品，计入总硫利用率。

$$R_s = \frac{P_s}{S_s} \times 100\% \qquad (9)$$

式中 R_s——总硫利用率%；

P_s——冶炼过程中得到回收利用的硫总量，t/a；

S_s——原料中含硫量，t/a。

6.1.7 污染物产生指标

即产污系数，指单位产品生产（或加工）过程中，在末端处理装置（企业污水处理厂、脱硫装置）进口产生的污染物的量。

$$p_{wx} = \frac{D_{wx} \times F_w}{P} \qquad (10)$$

式中 p_{wx}——废水中污染物 x 的产生指标，g/t；

D_{wx}——废水处理站进口污染物 x 的浓度，mg/L；

F_w——统计期内废水产生量，m^3；

P——统计期内产品总量，t。

$$p_{gy} = \frac{D_{gy} \times F_g}{P} \qquad (11)$$

式中 p_{gy}——废气中污染物 x 的产生指标，g/t；

D_{gy}——废气脱硫后污染物 x 的浓度，mg/m^3；

F_g——统计期内废气产生量，m^3；

P——统计期内产品总量，t。

6.2 数据来源

6.2.1 统计

企业的原材料及能源使用量、产品产量、废水和固体废物产生量及相关技术经济指标等，以年报或考核周期报表为准。

6.2.2 实测

如果统计数据严重短缺，资源综合利用特征指标也可以在考核周期内用实测方法取得，考核周期一般不少于一个月。

6.2.3 采样和监测

污染物排放指标的采样和监测按照相关技术规范执行，并采用国家或行业标准监测分析方法，见附表5。

附表5 污染物的测定及参考标准

污染物监测项		测定位置	标准号或文件
废水	铅	污水处理站进口	GB 7475、GB 7470 或 HJ 700
	镉		GB/T 7471、GB 7475 或 HJ 700
	砷		GB 7485、HJ 700 或 HJ 694
废气	颗粒物	废气处理设施进口①	HJ 836
	氮氧化物		HJ/T 42 或 HJ/T 43
	二氧化硫		HJ/T 56、HJ/T 57 或 HJ 629
	铅及其化合物		HJ 657 或 HJ 538
	砷及其化合物		HJ 657 或 HJ 540

① 单位时间单位产品二氧化硫、氮氧化物和颗粒物以及颗粒物中的金属产生量均在脱硫装置进口测定。

附录5 铜镍钴工业污染物排放标准（GB 25467—2010）

1. 适用范围

本标准适用于铜、镍、钴工业企业的水污染物和大气污染物排放管理，以及铜、镍、钴工业企业建设项目的环境影响评价、环境保护设施设计、竣工环境保护验收及其投产后的水污染物和大气染物排放管理本标准不适用于铜、镍、钴再生及压延加工等工业的水污染物和大气污染物排放管理；也不适用于附属于铜、镍、钴工业的非特征生产工艺和装置产生的水污染物和大气污染物排放管理。

本标准适用于法律允许的污染物排放行为；新设立污染源的选址和特殊保护区域内现有污染源的管理，按照《中华人民共和国大气污染防治法》《中华人民共和国水污染防治法》《中华人民共和国海洋环境保护法》《中华人民共和国固体废物污染环境防治法》《中华人民共和国环境影响评价法》等法律、法规、规章的相关规定执行。

本标准规定的水污染物排放控制要求用于企业直接或间接向其法定边界外排放水污染物的行为。

2. 规范性引用文件

本标准内容引用了下列文件或其中的条款

GB/T 6920—1986　水质　pH值的测定　玻璃电极法

GB/T 7468—1987　水质　总汞的测定　冷原子吸收分光光度法

GB/T 7475—1987　水质　铜、锌、铅、镉的测定　原子吸收分光光度法

GB/T 7484—1987　水质　氟化物的测定　离子选择电极法

GB/T 7485—1987　水质　总砷的测定　二乙基二硫代氨基甲酸银分光光度法

GB/T 11893—1989　水质　总磷的测定　钼酸铵分光光度法

GB/T 11894—1989　水质　总氮的测定　碱性过硫酸钾消解紫外分光光度法

GB/T 11901—1989　水质　悬浮物的测定　重量法

GB/T 11912—1989　水质　镍的测定　火焰原子吸收分光光度法

GB/T 11914—1989　水质　化学需氧量的测定　重铬酸盐法

GB/T 15432—1995　环境空气　总悬浮颗粒物的测定　重量法

GB/T 16157—1996　固定污染源排气中颗粒物和气态污染物采样方法解析

GB/T 16488—1996　水质　石油类和动植物油的测定　红外光度法

GB/T 16489—1996　水质　硫化物的测定　亚甲基蓝分光光度法

HJ/T 27—1999　固定污染源排气中氯化氢的测定　硫氰酸汞分光光度法

HJ/T 30—1999　固定污染源排气中氯气的测定　甲基橙分光光度法

HJ/T 55—2000　大气污染物无组织排放监测技术导则

HJ/T 56—2000　固定污染源排气中二氧化硫的测定　碘量法

HJ/T 57—2000　固定污染源排气中二氧化硫的测定　定电位电解法

HJ/T 60—2000　水质硫化物的测定　碘量法

HJ/T 63.1—2001　大气固定污染源　镍的测定　火焰原子吸收分光光度法

HJ/T 63.2—2001　大气固定污染源　镍的测定　石墨炉原子吸收分光光度法

HT/T 67—2001　大气固定污染源　氯化物的测定　离子选择电极法

HJ/T 195—2005　水质　氨氮的测定气相分子吸收光谱法

HJ/T 199—2005　水质　总氮的测定气相分子吸收光谱法

HJ/T 399—2007　水质　化学需氧量的测定　快速消解分光光度法

HJ 480—2009　环境空气　氯化物的测定　滤膜采样氟离子选择电极法

HJ 481—2009　环境空气　氯化物的测定　石灰滤纸采样氟离子选择电极法

HJ 482—2009　环境空气　二氧化硫的测定　甲醛吸收-副玫瑰苯胺分光光度法

HJ 483—2009　环境空气　二氧化硫的测定　四氯汞盐吸收-副玫瑰苯胺分光光度法

HJ 487—2009　水质　氟化物的测定　茜素磺酸锆目视比色法

HJ 488—2009　水质　氟化物的测定　氟试剂分光光度法

HJ 535—2009　水质　氨氮的测定　纳氏试剂分光光度法

HJ 536—2009　水质　氨氮的测定　水杨酸分光光度法

HJ 537—2009　水质　氨氮的测定　蒸馏-中和滴定法

HJ 538—2009　固定污染源废气　铅的测定　火焰原子吸收分光光度法（暂行）

HJ 539—2009　环境空气　铅的测定　石墨炉原子吸收分光光度法（暂行）

HJ 540—2009　固定污染源废气　砷的测定　二乙基二硫代氨基甲酸银分光光度法（发布稿）

HJ 542—2009　环境空气　汞的测定　巯基棉富集—冷原子荧光分光光度法（暂行）

HJ 543—2009　固定污染源废气　汞的测定冷原子吸收分光光度法（暂行）

HJ 544—2009　固定污染源废气　硫酸雾的测定　离子色谱法（发布稿）

HJ 547—2009　固定污染源废气　氯气的测定　碘量法（暂行）

HJ 548—2009　固定污染源废气　氯化氢的测定　硝酸银容量法（发布稿）

HJ 549—2009　环境空气和废气　氯化氢的测定　离子色谱法（发布稿）

HJ 550—2009　水质　总钴的测定　5-氯-2-(吡啶偶氮)-1,3-二氨基苯分光光度法（暂行）

《污染源自动监控管理办法》（国家环境保护总局令第 28 号）

《环境监测管理办法》（国家环境保护总局令第 39 号）

3. 术语和定义

下列术语和定义适用于本标准

3.1　铜、镍、钴工业 copper, nickel and cobalt industry

指自排气筒（或其主体建筑构造）所在的地平面至排气筒出口计的高度。

3.2　标准状态 standard condition

指温度为 273.15K、压力为 101325Pa 时的状态。本标准规定的大气污染物排放浓度限值均以标状态下的干气体为基准。

3.3　过量空气系数 excess air coefficient

指工业炉窑运行时实际空气量与理论空气需要量的比值。

3.4　排气量 exhaust volume

指铜、镍、钴工业生产工艺和装置排入环境空气的废气量，包括与生产工艺和装置有直接或接关系的各种外排废气（如环境集烟等）。

3.5　单位产品基准排气量 benchmark exhaust volume per unit prod

指用于核定大气污染物排放浓度而规定的生产单位铜、镍、钴产品的排气量上限值。

3.6　企业边界 enterprise boundary

指铜、镍、钴工业企业的法定边界。若无法定边界，则指实际边界

3.7　公共污水处理系统 public wastewater treatment system

指通过纳污管道等方式收集废水，为两家以上排污单位提供废水处理服务并且排水能够达到相关排放标准要求的企业或机构，包括各种规模和类型的城镇污水处理厂、区域（包括各类工业园区、开发区、工业聚集地等）废水处理厂等，其废水处理程度应达到二级或二级以上。

3.8　直接排放 direct discharge

指排污单位直接向环境排放水污染物的行为

3.9　间接排放 indirect discharge

指排污单位向公共污水处理系统排放水污染物的行为

4. 污染物排放控制要求

4.1　水污染物排放控制要求

4.1.1　自 2011 年 1 月 1 日起至 2011 年 12 月 31 日止，现有企业执行附表 1 规定的水污染物排放限值。

附表 1　现有企业水污染物排放浓度限值及单位产品基准排水量

单位：mg/L（pH 值除外）

序号	污染物项目	限值		污染物排放监控位置
		直接排放	间接排放	
1	pH 值	6～9	6～9	企业废水总排放口
2	悬浮物	100（采选）	200（采选）	
		70（其他）	140（其他）	

续表

序号	污染物项目	限值		污染物排放监控位置
		直接排放	间接排放	
3	化学需氧量（COD$_{Cr}$）	120（湿法冶炼）	300（湿法冶炼）	企业废水总排放口
		100（其他）	200（其他）	
4	氟化物（以 F$^-$计）	8	15	
5	总氮	20	40	
6	总磷	1.5	2.0	
7	氨氮	15	20	
8	总锌	2.0	4.0	
9	石油类	8	15	
10	总铜	1.0（矿山及湿法冶炼）	2.0（矿山及湿法冶炼）	
		0.5（其他）	1.0（其他）	
11	硫化物	1.0	1.0	
12	总铅	1.0		生产车间或设施废水排放口
13	总镉	0.1		
14	总镍	1.0		
15	总砷	0.5		
16	总汞	0.05		
17	总钴	1.0		
单位产品基准排水量	选矿（m³/t 原矿）	1.65		排水量计量位置与污染物排放监控位置一致
	铜冶炼（m³/t 铜）	25		
	镍冶炼（m³/t 镍）	35		
	钴冶炼（m³/t 钴）	70		

4.1.2 自 2012 年 1 月 1 日起，现有企业执行附表 2 规定的水污染物排放限值。

4.1.3 自 2010 年 10 月 1 日起，新建企业执行附表 2 规定的水污染物排放限值。

附表 2 新建企业水污染物排放浓度限值及单位产品基准排水量

单位：mg/L（pH 值除外）

序号	污染物项目	限值		污染物排放监控位置
		直接排放	间接排放	
1	pH 值	6～9	6～9	企业废水总排放口
2	悬浮物	80（采选）	200（采选）	
		30（其他）	140（其他）	
3	化学需氧量（COD$_{Cr}$）	100（湿法冶炼）	300（湿法冶炼）	
		60（其他）	200（其他）	
4	氟化物（以 F$^-$计）	5	15	
5	总氮	15	40	

续表

序号	污染物项目	限值		污染物排放监控位置
		直接排放	间接排放	
6	总磷	1.0	2.0	企业废水总排放口
7	氨氮	8	20	
8	总锌	1.5	4.0	
9	石油类	3.0	15	
10	总铜	0.5	1.0	
11	硫化物	1.0	1.0	
12	总铅	0.5		生产车间或设施废水排放口
13	总镉	0.1		
14	总镍	0.5		
15	总砷	0.5		
16	总汞	0.05		
17	总钴	1.0		
单位产品基准排水量	选矿（m³/t 原矿）	1.0		排水量计量位置与污染物排放监控位置一致
	铜冶炼（m³/t 铜）	10		
	镍冶炼（m³/t 镍）	15		
	钴冶炼（m³/t 钴）	30		

　　根据环境保护工作的要求，在国土开发密度已经较高、环境承载能力开始减弱，或环境容量较小、生态环境脆弱，容易发生严重环境污染问题而需要采取特别保护措施的地区，应严格控制企业的污染物排放行为，在上述地区的企业执行附表 3 规定的水污染物特别排放限值。

　　执行水污染物特别排放限值的地域范围、时间，由国务院环境保护行政主管部门或省级人民政府规定。

附表 3　水污染物特别排放限值　　单位：mg/L（pH 值除外）

序号	污染物项目	限值		污染物排放监控位置
		直接排放	间接排放	
1	pH 值	6～9	6～9	企业废水总排放口
2	悬浮物	30（采选）	80（采选）	
		10（其他）	30（其他）	
3	化学需氧量（COD_{Cr}）	50	60	
4	氟化物（以 F⁻ 计）	2	5	
5	总氮	10	15	
6	总磷	0.5	1.0	
7	氨氮	5	8	
8	总锌	1.0	1.5	

续表

序号	污染物项目	限值		污染物排放监控位置
		直接排放	间接排放	
9	石油类	1.0	3.0	企业废水总排放口
10	总铜	0.2	0.5	
11	硫化物	0.5	1.0	
12	总铅	0.2		生产车间或设施废水排放口
13	总镉	0.02		
14	总镍	0.5		
15	总砷	0.1		
16	总汞	0.01		
17	总钴	1.0		
单位产品基准排水量	选矿（m³/t 原矿）	0.8		排水量计量位置与污染物排放监控位置相同
	铜冶炼（m³/t 铜）	8		
	镍冶炼（m³/t 镍）	12		
	钴冶炼（m³/t 钴）	16		

4.1.4 水污染物排放浓度限值适用于单位产品实际排水量不高于单位产品基准排水量的情况。若单位产品实际排水量超过单位产品基准排水量，须按公式（1）将实测水污染物浓度换算为水污染物基准排水量排放浓度，并以水污染物基准排水量排放浓度作为判定排放是否达标的依据。产品产量和排水量统计周期为一个工作日。

在企业的生产设施同时生产两种以上产品、可适用不同排放控制要求或不同行业国家污染物排放标准，且生产设施产生的污水混合处理排放的情况下，应执行排放标准中规定的最严格的浓度限值，并按公式（1）换算水污染物基准排水量排放浓度。

$$\rho_{基} = \frac{Q_{总}}{\sum Y_i \cdot Q_{i基}} \cdot \rho_{实} \tag{1}$$

式中　$\rho_{基}$——水污染物基准排水量排放浓度，mg/L；

　　$Q_{总}$——排水总量，m³；

　　Y_i——第 i 种产品产量，t；

　　$Q_{i基}$——第 i 种产品的单位产品基准排水量，m³/t；

　　$\rho_{实}$——实测水污染物浓度，mg/L。

若 $Q_{总}$ 与 $\sum Y_i \cdot Q_{i基}$ 的比值小于 1，则以水污染物实测浓度作为判定排放是否达标的依据。

4.2 大气污染物排放控制要求

4.2.1 自 2011 年 1 月 1 日起至 2011 年 12 月 31 日止，现有企业执行附表 4 规定的大气污染物排放限值。

铜冶炼行业水污染源解析及控制技术

附表4　现有企业大气污染物排放浓度限值　　　单位：mg/m³

序号	生产类别	工艺或工序	污染物名称及排放限值										污染物排放监控位置
			二氧化硫	颗粒物	砷及其化合物	硫酸雾	氯气	氯化氢	镍及其化合物	铅及其化合物	氟化物	汞及其化合物	
1	采选	破碎、筛分	—	150	—	—	—	—	—	—	—	—	污染物净化设施排放口
		其他	800	100		45	70	120					
2	铜冶炼	物料干燥	800	100	0.5	45			—	0.7	9.0	0.012	
		环境集烟	960										
		其他	900										
3	镍、钴冶炼	全部	960	100	0.5	45	70	120	4.3	0.7	9.0	0.012	
4	烟气制酸	一转一吸	960	50	0.5	45				0.7	9.0	0.012	
		两转两吸	860										
单位产品基准排气量		铜冶炼（m³/t铜）	24000										
		镍冶炼（m³/t镍）	40000										

4.2.2　自2012年1月1日起，现有企业执行附表5规定的大气污染物排放限值。

4.2.3　自2010年10月1日起，新建企业执行附表5规定的大气污染物排放限值。

附表5　新建企业大气污染物排放浓度限值　　　单位：mg/m³

序号	生产类别	工艺或工序	污染物名称及排放限值										污染物排放监控位置
			二氧化硫	颗粒物	砷及其化合物	硫酸雾	氯气	氯化氢	镍及其化合物	铅及其化合物	氟化物	汞及其化合物	
1	采选	破碎、筛分	—	100	—	—	—	—	—	—	—	—	污染物净化设施排放口
		其他	400	80		40	60	80					
2	铜冶炼	全部	400	80	0.4	40	—	—	—	0.7	3.0	0.012	
3	镍、钴冶炼	全部	400	80	0.4	40	60	80	4.3	0.7	3.0	0.012	
4	烟气制酸	全部	400	50	0.4	40	—	—	—	0.7	3.0	0.012	
单位产品基准排气量		铜冶炼（m³/t铜）	21000										
		镍冶炼（m³/t镍）	36000										

4.2.4　企业边界大气污染物任何1小时平均浓度执行附表6规定的限值。

附表6　现有和新建企业边界大气污染物浓度限值　　　单位：mg/m³

序号	污染物	限值
1	二氧化硫	0.5
2	总悬浮颗粒物	1.0

续表

序号	污染物	限值
3	硫酸雾	0.3
4	氯气	0.02
5	氯化氢	0.15
6	砷及其化合物	0.01
7	镍及其化合物①	0.04
8	铅及其化合物	0.006
9	氟化物	0.02
10	汞及其化合物	0.0012

① 镍、钴冶炼企业监控。

4.2.5　在现有企业生产、建设项目竣工环保验收后的生产过程中，负责监管的环境保护主管部门应周围居住、教学、医疗等用途的敏感区域环境质量进行监测。建设项目的具体监控范围为环境影响评价确定的周围敏感区域；未进行过环境影响评价的现有企业，监控范围由负责监管的环境保护主管部门，根据企业排污的特点和规律及当地的自然、气象条件等因素，参照相关环境影响评价技术导则确定。地方政府应对本辖区环境质量负责，采取措施确保环境状况符合环境质量标准要求。

4.2.6　产生大气污染物的生产工艺和装置必须设立局部或整体气体收集系统和集中净化处理装置，净化后的气体由排气筒排放，所有排气高度应不低于15m（排放氯气的排气筒高度不得低于25m）。排气筒周围半径200m范围内有建筑物时，排气筒高度还应高出最高建筑物3m以上。

4.2.7　炉窑基准过量空气系数为1.7，实测炉窑的大气污染物排放浓度，应换算为基准过量空气系数排放浓度。生产设施应采取合理的通风措施，不得故意稀释排放，若单位产品实际排气量超过单产品基准排气量，必须将实测大气污染物浓度换算为大气污染物基准排气量排放浓度，并以大气污染物基准气量排放浓度作为判定排放是否达标的依据。大气污染物基准排气量排放浓度的换算，可参照采用水污染物基准水量排放浓度的计算公式。在国家未规定其他生产设施单位产品基准排气量之前，暂以实测浓度作为判定是否达标的依据。

5. 污染物监测要求

5.1　污染物监测的一般要求

5.1.1　对企业排放废水和废气的采样，应根据监测污染物的种类，在规定的污染物排放监控位置进行，有废水和废气处理设施的，应在处理设施后监控。在污染物排放监控位置须设置永久性排污口。

5.1.2　新建企业和现有企业安装污染物排放自动监控设备的要求，按有关法律和《污染源自动监控管理办法》的规定执行。

5.1.3　对企业污染物排放情况进行监测的频次、采样时间等要求，按国家有关污染源监测按术规范的规定执行。

5.1.4　企业产品产量的核定，以法定报表为依据。

5.1.5　企业须按照有关法律和《环境监测管理办法》的规定，对排污状况进行监测，并保存原始监测记录。

5.2 水污染物监测要求

对企业排放水污染物浓度的测定采用附表 7 所列的方法标准。

附表 7 水污染物浓度测定方法标准

序号	污染物项目	方法标准名称	标准编号
1	pH 值	水质 pH 值的测定 玻璃电极法	GB/T 6920—1986
2	化学需氧量	水质 化学需氧量的测定 重铬酸盐法	GB/T 11914—1989
		水质 化学需氧量的测定 快速消解分光光度法	HJ/T 399—2007
3	石油类	水质 石油类和动植物油的测定 红外光度法	GB/T 16488—1996
4	悬浮物	水质 悬浮物的测定 重量法	GB/T 11901—1989
5	氨氮	水质 氨氮的测定 气相分子吸收光谱法	HJ/T 195—2005
		水质 氨氮的测定 纳氏试剂分光光度法	HJ 535—2009
		水质 氨氮的测定 水杨酸分光光度法	HJ 536—2009
		水质 氨氮的测定 蒸馏-中和滴定法	HJ 537—2009
6	总氮	水质 总氮的测定 气相分子吸收光谱法	HJ/T 199—2005
		水质 总氮的测定 碱性过硫酸钾消解紫外分光光度法	GB/T 11894—1989
7	总磷	水质 总磷的测定 钼酸铵分光光度法	GB/T 11893—1989
8	硫化物	水质 硫化物的测定 碘量法	HJ/T 60—2000
		水质 硫化物的测定 亚甲基蓝分光光度法	GB/T 16489—1996
9	氟化物	水质 氟化物的测定 离子选择电极法	GB/T 7484—1987
		水质 氟化物的测定 茜素磺酸锆目视比色法	HJ 487—2009
		水质 氟化物的测定 氟试剂分光光度法	HJ 488—2009
10	总铜	水质 铜、锌、铅、镉的测定 原子吸收分光光度法	GB/T 7475—1987
11	总锌	水质 铜、锌、铅、镉的测定 原子吸收分光光度法	GB/T 7475—1987
12	总镍	水质 镍的测定 火焰原子吸收分光光度法	GB/T 11912—1989
13	总镉	水质 铜、锌、铅、镉的测定 原子吸收分光光度法	GB/T 7475—1987
14	总铅	水质 铜、锌、铅、镉的测定 原子吸收分光光度法	GB/T 7475—1987
15	总砷	水质 总砷的测定 二乙基二硫代氨基甲酸银分光光度法	GB/T 7485—1987
16	总汞	水质 总汞的测定 冷原子吸收分光光度法	GB/T 7468—1987
17	总钴	水质 总钴的测定 5-氯-2-(吡啶偶氮)-1,3-二氨基苯分光光度法(暂行)	HJ 550—2009

5.3 大气污染物监测要求

5.3.1 采样点的设置与采样方法按 GB/T 16157—1996 执行。

5.3.2 在有敏感建筑物方位、必要的情况下进行监控，具体要求按 HI/T 55—2000 进行监测。

5.3.3 对企业排放大气污染物浓度的测定采用附表 8 所列的方法标准。

附表 8　大气污染物浓度测定方法标准

序号	污染物项目	方法标准名称	标准编号
1	颗粒物	固定污染源排气中颗粒物测定与气态污染物采样方法	GB/T 16157—1996
		环境空气　总悬浮颗粒物的测定　重量法	GB/T 15432—1995
2	二氧化硫	固定污染源排气中二氧化硫的测定 碘量法	HJ/T 56—2000
		固定污染源排气中二氧化硫的测定 定电位电解法	HJ/T 57—2000
		环境空气　二氧化硫的测定 甲醛吸收-副玫瑰苯胺分光光度法	HJ 482—2009
		环境空气　二氧化硫的测定 四氯汞盐吸收-副玫瑰苯胺分光光度法	HJ 483—2009
3	硫酸雾	固定污染源废气 硫酸雾的测定 离子色谱法(暂行)	HJ 544—2009
4	氯气	固定污染源排气中氯气的测定 甲基橙分光光度法	HJ/T 30—1999
		固定污染源废气 氯气的测定 碘量法(暂行)	HJ 547—2009
5	氯化氢	固定污染源排气中氯化氢的测定 硫氰酸汞分光光度法	HJ/T 27—1999
		固定污染源废气 氯化氢的测定 硝酸银容量法(暂行)	HJ 548—2009
		空气和废气　氯化氢的测定 离子色谱法(暂行)	HJ 549—2009
6	镍及其化合物	大气固定污染源 镍的测定火焰原子吸收分光光度法	HJ/T 63.1—2001
		大气固定污染源 镍的测定石墨炉原子吸收分光光度法	HJ/T 63.2—2001
7	砷及其化合物	空气和废气 砷的测定 二乙基二硫代氨基甲酸银分光光度法(暂行)	HJ 540—2009
8	氟化物	大气固定污染源 氟化物的测定 离子选择电极法	HJ/T 67—2001
		环境空气 氟化物的测定 滤膜采样氟离子选择电极法	HJ 480—2009
		环境空气 氟化物的测定 石灰滤纸采样氟离子选择电极法	HJ 481—2009
9	汞及其化合物	环境空气 汞的测定 巯基棉富集-冷原子荧光分光光度法(暂行)	HJ 542—2009
		固定污染源废气 汞的测定 冷原子吸收分光光度法(暂行)	HJ 543—2009
10	铅及其化合物	固定污染源废气 铅的测定 火焰原子吸收分光光度法(暂行)	HJ 538—2009
		环境空气 铅的测定 石墨炉原子吸收分光光度法(暂行)	HJ 539—2009

6. 实施与监督

6.1　本标准由县级以上人民政府环境保护行政主管部门负责监督实施

6.2　在任何情况下，企业均应遵守本标准规定的污染物排放控制要求，采取必要措施保证污染防治设施正常运行。各级环保部门在对设施进行监督性检查时，可以现场即时采样或监测的结果，作为判定排污行为是否符合排放标准以及实施相关环境保护管理措施的依据。在发现设施耗水或排水量、排气量有异常变化的情况下，应核定企业的实际产品产量、排水量和排气量，按本标准的规定，换算水污染物基准排水量排放浓度和大气污染物基准排气量排放浓度。

附录 6　排污许可证申请与核发技术规范 有色金属工业——铜冶炼（HJ 863.3—2017）

1. 适用范围

本标准规定了铜冶炼排污单位排污许可证申请与核发的基本情况填报要求、许可排放限值确定、实际排放量核算、合规判定的方法以及自行监测、环境管理台账与排污许可证执行报告等环境管理要求，提出了铜冶炼排污单位污染防治可行技术要求。

本标准适用于指导铜冶炼排污单位填报《排污许可证申请表》及在全国排污许可证管理信息平台申报系统中填报相关申请信息，适用于指导核发机关审核确定铜冶炼排污单位排污许可证许可要求。

本标准适用于以原生矿或铜精矿为主要原料的铜冶炼排污单位，不包括以废旧铜物料为原料的再生冶炼排污单位排放的大气污染物和水污染物的排污许可管理。

本标准未做出规定但排放工业废水、废气或者国家规定的有毒有害大气污染物的铜冶炼排污单位其他产污设施和排放口，参照《排污许可证申请与核发技术规范总则》执行，在《排污许可证申请与核发技术规范锅炉工业》发布前，热水锅炉和 65t/h 及以下蒸汽锅炉参照本标准执行，发布后从其规定。

2. 规范性引用文件

本标准内容引用了下列文件或者其中的条款。凡是不注日期的引用文件，其有效版本适用于本标准。

GB 13271　锅炉大气污染物排放标准

GB 25467　铜、镍、钴工业污染物排放标准

GB/T 16157　固定污染源排气中颗粒物测定与气态污染物采样方法

HJ 493　水质　样品的保存和管理技术规定

HJ 494　水质　采样技术指导

HJ 495　水质　采样方案设计技术规定

HJ 819　排污单位自行监测技术指南　总则

HJ 820　排污单位自行监测技术指南　火力发电及锅炉

HJ/T 55　大气污染物无组织排放监测技术导则

HJ/T 75　固定污染源烟气排放连续监测技术规范（试行）

HJ/T 76　固定污染源烟气排放连续监测系统技术要求及监测方法（试行）

HJ/T 91　地表水和污水监测技术规范

HJ/T 353　水污染源在线监测系统安装技术规范（试行）

HJ/T 354　水污染源在线监测系统验收技术规范（试行）

HJ/T 355　水污染源在线监测系统运行与考核技术规范（试行）

HJ/T 356　水污染源在线监测系统数据有效性判别技术规范（试行）

HJ/T 397　固定源废气监测技术规范

HJ 943　排污许可证申请与核发技术规范　总则

HJ 989　排污单位自行监测技术指南　有色金属工业

HJ 949　排污单位环境管理台账及排污许可证执行报告技术规范（试行）

《固定污染源排污许可分类管理名录》

《排污口规范化整治技术要求（试行）》（国家环保局环监〔1996〕470 号）

《污染源自动监控设施运行管理办法》（环发〔2008〕6 号）

《铜冶炼污染防治可行技术指南（试行）》（环境保护部公告 2015 年第 24 号）

《关于开展火电、造纸行业和京津冀试点城市高架源排污许可证管理工作的通知》（环水体〔2016〕189 号）

3. 术语和定义

下列术语和定义适用于本标准。

3.1　铜冶炼排污单位 copper smelting pollutant emission unit

指以原生矿或铜精矿为主要原料的铜冶炼企业，不包括以废旧铜物料为原料的再生冶炼企业。

3.2　许可排放限值 permitted emission limits

指排污许可证中规定的允许排污单位排放的污染物最大排放浓度和最大排放量。

3.3　特殊时段 special periods

指根据国家和地方限期达标规划及其他相关环境管理规定，对排污单位的污染物排放情况有特殊要求的时段，包括重污染天气应对期间和冬防期间等。

4. 排污单位基本情况填报要求

4.1　一般原则

排污单位应按照本标准要求，在排污许可证管理信息平台申报系统填报《排污许可证申请表》中的相应信息表。填报系统下拉菜单中未包括的、地方环境保护主管部门有规定需要填报或排污单位认为需要填报的，可自行增加内容。

省级环境保护主管部门按环境质量改善需求增加的管理要求，应填入排污许可证管理信息平台申报系统中"有核发权的地方环境保护主管部门增加的管理内容"一栏。

排污单位在填报申请信息时，应评估污染排放及环境管理现状，对现状环境问题提出整改措施，并填入排污许可证管理信息平台申报系统中"改正措施"一栏。

排污单位基本情况应当按照实际情况填报，对提交申请材料的真实性、合法性和完整性负法律责任。

4.2　排污单位基本信息

排污单位基本信息应填报单位名称、邮政编码、是否投产、投产日期、生产经营场所中心经度、生产经营场所中心纬度、所在地是否属于重点区域、是否有环评批复文件及文号、是否有地方政府对违规项目的认定或备案文件及文号、是否有主要污染物总量分配计划文件及文号、颗粒物总量指标（t/a）、二氧化硫总量指标（t/a）、氮氧化物（以 NO_2 计）总量指标（t/a）、化学需氧量总量指标（t/a）、氨氮总量指标（t/a）、铅及其化合物总量指标（t/a）、砷及其化合物总量指标（t/a）、汞及其化合物总量指标（t/a）、镉及其化合物总量指标（t/a），总铅总量指标（t/a）、总砷总量指标（t/a）、总汞总量指标（t/a）、总镉总量指标（t/a），其余项（如有）由企业自行补充填报。

4.3　主要产品及产能

4.3.1 一般要求

在填报主要产品及产能时，应选择"铜冶炼"。

排污单位应根据本标准要求填写排污许可证管理信息平台申报系统中有关主要生产单元、主要工艺、生产设施、生产设施编号、设施参数、产品名称、生产能力及计量单位、设计年生产时间及其他选项等信息。

4.3.2 主要生产单元

主要生产单元均为必填项，具体分类如下：

a）火法工艺：备料、熔炼、吹炼、火法精炼、电解精炼、渣选矿、烟气制酸、公用单元等；

b）湿法工艺：备料、破碎、筑堆、浸出、萃取、电积、渣堆处理、公用单元等。

4.3.3 主要工艺

主要工艺均为必填项，具体要求如下：

a）火法工艺：包括熔炼、吹炼、精炼（火法和湿法）工艺。

熔炼：分为闪速熔炼、富氧底吹、富氧顶吹、富氧侧吹、合成炉熔炼等富氧熔池熔炼或富氧漂浮熔炼工艺。

吹炼：转炉、闪速、顶吹浸没、底吹、侧吹等吹炼工艺；

火法精炼：分为回转炉精炼和倾动炉精炼等精炼工艺；湿法精炼主要有电解精炼

b）湿法工艺：浸出—萃取—电积、堆浸—萃取—电积等工艺。

4.3.4 生产设施

生产设施分为必填项和选填项，具体要求如下。

a）火法工艺：必填项为备料工序（包括原料库、转运站、碎磨机等）、熔炼（闪速炉、顶吹炉、侧吹炉、底吹炉）、吹炼（转炉、铜锍磨热风炉—闪速吹炼炉、底吹炉、顶吹炉、侧吹炉）火法精炼（阳极炉、圆盘浇铸机）、电解精炼（电解槽、电解液循环槽、循环槽）、烟气制酸（净化塔、转化塔、吸收塔）、公用设施（包括化学水处理站、锅炉房、阳极泥储存间等），选填项包括干燥窑、余热锅炉及发电系统等；

b）湿法工艺：必填项为备料工序（包括原料库、转运站、碎磨机等）、浸出（浸出槽）、萃取-反萃（萃取槽、反萃槽等）和电积系统（电积槽、脱铜电积槽等），选填项包括备料工序的干燥窑等；

c）本标准尚未作出规定，且排放工业废气和有毒有害大气污染物，有明确国家和地方排放标准的，相应生产设施为必填项。

4.3.5 生产设施编号

生产设施编号为必填项，具体要求如下：

a）若生产设施有排污单位内部生产设施编号，则填报相应编号；

b）若生产设施无排污单位内部生产设施编号，则根据《关于开展火电、造纸行业和京津冀试点城市高架源排污许可证管理工作的通知》中的附件 4《固定污染源（水、大气）编码规则（试行）》进行编号并填报。

4.3.6 设施参数

设施参数分为必填项和选填项，具体要求如下：

生产设施中熔炼炉、吹炼炉、阳极炉等的炉型、处理能力，公用单元中的锅炉生产能力、原料库贮存能力、辅助系统的处理（贮存）能力为必填项，其他为选填项。

4.3.7　产品名称

产品名称为必填项，分为：粗铜、阳极铜、阴极铜、硫酸等。

4.3.8　生产能力及计量单位

生产能力及计量单位为必填项，生产能力为主要产品设计产能。产能和产量计量单位均为万吨/年。

4.3.9　设计年生产时间

设计年生产时间为必填项，应按环境影响评价文件及批复或地方政府对违规项目的认定或备案文件确定的年生产小时数填写。

4.3.10　其他

其他为选填项，排污单位若有需要说明的内容，可填写。

4.4　主要原辅材料及燃料

主要原辅材料及燃料填写内容包括种类、原辅材料名称、原辅材料成分、燃料名称、燃料成分、设计年使用量、其他等，具体要求如下。

a）种类：分为原辅材料、燃料；

b）原辅材料名称：原料包括原生矿、铜精矿、含铜废料等。辅料包括熔剂（石英石，石灰石），精炼渣，烟尘，吹炼渣，渣精矿等；

c）原辅材料成分：主要原辅材料的硫元素占比（干基），及主要有毒有害物质成分、占比；

d）燃料名称：天然气、重油、煤等；

e）燃料成分：应填报主要燃料的硫元素占比（干基）、灰分，及主要有毒有害物质成分、占比；

f）设计年使用量：设计年使用量为与核定产能相匹配的原辅材料及燃料年使用量，单位为万吨/年或万立方米/年；

g）其他：排污单位若有需要说明的内容，可填写；

h）上述 a)～f) 为必填项，g) 为选填项。

4.5　产排污节点、污染物及污染治理设施

4.5.1　一般原则

废气产排污节点、污染物及污染治理设施包括对应产污环节名称、污染物种类、排放形式（有组织、无组织）、污染治理设施、是否为可行技术、有组织排放口编号、排放口设置是否符合要求、排放口类型。

废水产排污节点、污染物及污染治理设施包括废水类别、污染物种类、排放去向、排放规律、污染治理设施、排放口编号、排放口设置是否符合要求、排放口类型。

4.5.2　废气

4.5.2.1　产污环节

分为原料制备、熔炼、吹炼、火法精炼、烟气制酸、电解、电积、净液；

4.5.2.2　污染物种类

污染物种类应根据 GB 13271、GB 25467 确定，见表1。有地方排放标准的，按照地方排放标准确定。

4.5.2.3 污染治理设施

治理设施名称应填写除尘设施、脱硫设施、脱硝设施等。

4.5.2.4 污染治理工艺

污染治理工艺填写除尘设施治理工艺（湿法除尘、旋风除尘、电除尘、袋式除尘等）、脱硫设施治理工艺（石灰/石灰石-石膏法、有机溶液循环吸收法、金属氧化物吸收法、活性焦吸附法氨法、双碱法、双氧水脱硫法等）、脱硝设施治理工艺（SCR、SNCR等）。

4.5.3 废水

4.5.3.1 类别

废水填写类别包括生产废水（污酸、酸性废水、一般生产废水等）、初期雨水和生活污水。

4.5.3.2 污染物种类

污染物种类应根据 GB 25467 确定，见表1。有地方排放标准的，按照地方排放标准确定。

4.5.3.3 治理设施

应填写生活污水处理设施、生产废水处理设施

4.5.3.4 污染治理工艺

污染治理工艺包括生产废水治理工艺［石灰中和法、高密度泥浆法、硫化法、石灰-铁盐（铝盐）法、生物制剂法、电化学法、膜分离法等］、生活污水处理工艺（生物接触氧化法、序批式活性污泥法处理工艺、膜生物反应器处理工艺等）；

4.5.3.5 排放去向及排放规律

铜冶炼排污单位应明确废水排放去向及排放规律。

排放去向分为不外排；排至厂内综合污水处理站；直接进入海域；直接进入江河、湖、库等水环境；进入城市下水道（再入江河、湖、库）；进入城市下水道（再入沿海海域）；进入城市污水处理厂；进入其他单位；工业废水集中处理设施；其他（包括回用等）。

排放规律分为连续排放，流量稳定；连续排放，流量不稳定，但有周期性规律；连续排放，流量不稳定，但有规律，且不属于周期性规律；连续排放，流量不稳定，属于冲击型排放；连续排放，流量不稳定且无规律，但不属于冲击型排放；间歇排放，排放期间流量稳定；间歇排放，排放期间流量不稳定，但有周期性规律；间歇排放，排放期间流量不稳定，但有规律，且不属于非周期性规律；间歇排放，排放期间流量不稳定，属于冲击型排放；间歇排放，排放期间流量不稳定且无规律，但不属于冲击型排放。

4.5.4 排放口设置要求

根据《排污口规范化整治技术要求（试行）》以及排污单位执行的排放标准中有关排放口规范化设置的规定，结合实际情况填报废气和废水排放口设置是否符合规范化要求。

4.5.5 排放口信息

排放口类型划分为主要排放口和一般排放口，具体见表1。废气排放口应填报排放口地理坐标、排气筒高度、排气筒出口内径、国家或地方污染物排放标准、环境影响评价批复要求及承诺更加严格排放限值。废水直接排放口应填报排放口地理坐标、间断排放时段、受纳自然水体信息、汇入受纳自然水体处地理坐标及执行的国家或地方污染物排放标准。废水间接排放口应填报排放口地理坐标、间断排放时段、受纳污水处理厂名称及执行

的国家或地方污染物排放标准。废水间断排放的，应当载明排放污染物的时段。

4.5.6 污染治理设施和排放口编号

污染治理设施编号可填写铜冶炼排污单位内部编号。若铜冶炼排污单位无内部编号，则根据《关于开展火电、造纸行业和京津冀试点城市高架源排污许可证管理工作的通知》中的附件4《固定污染源（水、大气）编码规则（试行）》进行编号并填报。

有组织排放口编号应填写地方环境保护主管部门现有编号，若地方环境保护主管部门未对排放口进行编号，则根据《关于开展火电、造纸行业和京津冀试点城市高架源排污许可证管理工作的通知》中的附件4《固定污染源（水、大气）编码规则（试行）》进行编号并填报。

4.6 其他要求

排污单位基本情况还应包括生产工艺流程图（包括全厂及各工序）和厂区总平面布置图，并说明主要生产设施（设备）、主要原辅材料、燃料的流向、生产工艺流程等内容。厂区总平面布置图应包括主要生产单元、厂房、设备位置关系，注明厂区污水收集和运输走向等内容，同时注明厂区雨水和污水排放口位置。

5. 产排污节点对应排放口及许可排放限值

5.1 产排污节点及对应排放口

废气和废水的产排污节点及对应排放口见附表1。

铜冶炼排污单位应填报国家或地方污染物排放标准、环境影响评价批复要求、承诺更加严格排放限值，其余项依据本标准第4.5部分填报产排污节点及排放口信息。

附表1 产排污节点、排放口及污染因子一览表

产排污节点	排放口	排放口类型	污染因子
废气有组织排放			
原料制备	原料制备系统烟囱/排气筒	一般排放口	颗粒物
熔炼炉、吹炼炉	制酸尾气烟囱	主要排放口	颗粒物、二氧化硫、氮氧化物（以 NO_2 计）、铅及其化合物、砷及其化合物、汞及其化合物、硫酸雾、氟化物
阳极炉（精炼炉）	制酸尾气烟囱/精炼烟囱	主要排放口	颗粒物、二氧化硫、氮氧化物（以 NO_2 计）、铅及其化合物、砷及其化合物、汞及其化合物、硫酸雾、氟化物
炉窑等	环境集烟烟囱	主要排放口	颗粒物、二氧化硫、氮氧化物（以 NO_2 计）、铅及其化合物、砷及其化合物、汞及其化合物、硫酸雾、氟化物
锅炉	烟气排放口	一般排放口	颗粒物、二氧化硫、氮氧化物（以 NO_2 计）、汞及其化合物[1]、烟气黑度（林格曼黑度,级）
电解槽,电解液循环槽		一般排放口	硫酸雾
电积槽及其他槽		一般排放口	硫酸雾
真空蒸发器、脱铜电积槽		一般排放口	硫酸雾
废气无组织排放			
厂界		企业周边	二氧化硫、颗粒物、硫酸雾、氯气、氯化氢、氟化物、铅及其化合物、砷及其化合物、汞及其化合物

续表

产排污节点	排放口	排放口类型	污染因子
废水排放			
废水类别	废水排放口	排放口类型	主要污染因子
生产废水	废水总排放口	主要排放口	pH 值、悬浮物、化学需氧量、氟化物、总氮、总磷、氨氮、总锌、石油类、总铜、硫化物、总铅、总砷、总镉、总汞、总镍、总钴
	车间或生产设施废水排放口	主要排放口	总铅、总砷、总镉、总汞、总镍、总钴

① 适用于燃煤锅炉。

注：氮氧化物（以 NO₂ 计）只适用于特别排放限值区域的排污单位。

5.2 许可排放限值

5.2.1 一般原则

许可排放限值包括污染物许可排放浓度和许可排放量。

对于大气污染物，以生产设施或有组织排放口为单位确定许可排放浓度、许可排放量。主要排放口逐一计算许可排放量，一般排放口只许可浓度，不许可排放量。

对于水污染物，以生产车间或设施废水排放口和企业废水总排放口为单位确定许可排放浓度和许可排放量。

根据国家或地方污染物排放标准确定许可排放浓度。依据总量控制指标及本标准规定的方法从严确定许可排放量，2015 年 1 月 1 日（含）后取得环境影响批复的排污单位，许可排放量还应同时满足环境影响评价文件和批复要求。

总量控制指标包括地方政府或环境保护主管部门发文确定的排污单位总量控制指标、环评批复的总量控制指标、现有排污许可证中载明的总量控制指标、通过排污权有偿使用和交易确定的总量控制指标等地方政府或环境保护主管部门与排污许可证申领排污单位以一定形式确认的总量控制指标。

排污单位填报许可排放量时，应在排污许可申请表中写明申请的许可排放限值计算过程。

排污单位申请的许可排放限值严于本标准规定的，在排污许可证中载明。

5.2.2 许可排放浓度

5.2.2.1 废气

排污单位废气许可排放浓度依据 GB 13271、GB 25467 确定，许可排放浓度为小时均值浓度（烟气黑度除外）。有地方排放标准要求的，按照地方排放标准确定。

大气污染防治重点控制区按照《关于执行大气污染物特别排放限值的公告》和《关于执行大气污染物特别排放限值有关问题的复函》的要求执行。其他执行大气污染物特别排放限值的地域范围、时间，由国务院环境保护主管部门或省级人民政府规定。

若执行不同许可排放浓度的多台设施或排放口采用混合方式排放废气，且选择的监控位置只能监测混合烟气中的大气污染物浓度，则应执行各限值要求中最严格的许可排放浓度。

5.2.2.2 废水

排污单位水污染物许可排放浓度依据 GB 25467 确定，许可排放浓度为日均浓度（pH

值为任何一次监测值）。有地方排放标准要求的，按照地方排放标准确定。

若排污单位在同一个废水排放口排放两种或两种以上工业废水，且每种废水同一种污染物执行的排放标准不同时，则应执行各限值要求中最严格的许可排放浓度。

5.2.3 许可排放量

5.2.3.1 一般规定

许可排放量包括排污单位年许可排放量、主要排放口年许可排放量、特殊时段许可排放量其中，年许可排放量的有效周期应以许可证核发时间起算，滚动 12 个月。单独排入城镇集中污水处理设施的生活污水无需申请许可排放量。

废气许可排放量污染因子为颗粒物、二氧化硫、氮氧化物（以 NO_2 计，仅适用于执行特别排放限值区域的排污单位）、砷及其化合物、铅及其化合物、汞及其化合物废水许可排放量污染因子为化学需氧量、氨氮、总铅、总砷、总汞、总镉。

对位于《"十三五"生态环境保护规划》等文件规定的总磷、总氮总量控制区域内的铜冶炼排污单位，还应分别申请总磷及总氮年许可排放量。地方环保部门另有规定的从其规定。

5.2.3.2 许可排放量核算方法

5.2.3.2.1 废气

根据排放标准浓度限值、单位产品基准排气量、产能确定大气污染物许可排放量。

a）年许可排放量

年许可排放量等于主要排放口年许可排放量，计算如下

$$E_{i许可}=E_{i主要排放口} \tag{1}$$

式中　$E_{i许可}$——排污单位第 i 项大气污染物年许可排放量，t/a；

　$E_{i主要排放口}$——排污单位第 i 项大气污染物主要排放口年许可排放量，t/a。

b）主要排放口年许可排放量

主要排放口年许可排放量用下式计算：

$$E_{i主要排放口}=\sum_{j=1}^{n}C_iQ_jR\times10^{-9} \tag{2}$$

式中　$E_{i主要排放口}$——主要排放口第 i 种大气污染物年许可排放量，t/a；

　　C_i——第 i 种大气污染物许可排放浓度限值，mg/m³；

　　R——主要产品年产能，t/a；

　　Q_j——第 j 个主要排放口单位产品基准排气量，m³/t 产品，参照附表 2 取值。

附表 2　铜冶炼排污单位基准排气量表　　　　　　　　单位：m³/t 产品

序号	产排污节点	排放口	基准烟气量
1	熔炼炉、吹炼炉	制酸尾气烟囱	8000
2	阳极炉（精炼炉）	制酸尾气烟囱/精炼烟囱	1000
3	炉窑等	环境集烟烟囱	7500

c) 特殊时段许可排放量

特殊时段排污单位日许可排放量按公式（3）计算。地方制定的相关法规中对特殊时段许可排放量有明确规定的从其规定。国家和地方环境保护主管部门依法规定的其他特殊时段短期许可排放量应当在排污许可证当中载明。

$$E_{日许可} = E_{前一年环统日均排放量} \times (1-\alpha) \tag{3}$$

式中　　$E_{日许可}$——铜冶炼排污单位重污染天气应对期间或冬防阶段日许可排放量，t；

$E_{前一年环统日均排放量}$——铜冶炼排污单位前一年环境统计实际排放量折算的日均值，t；

α——重污染天气应对期间或冬防阶段日产量或排放量减少比例。

5.2.3.2.2　废水

水污染物年许可排放量根据水污染物许可排放浓度限值、单位产品基准排水量和产能核定。

a) 主要排放口年许可排放量

主要排放口年许可排放量用下式计算：

$$D_i = C_i Q R \times 10^{-6} \tag{4}$$

式中　D_i——主要排放口第 i 种水污染物年许可排放量，t/a；

C_i——第 i 种水污染物许可排放浓度限值，mg/L；

R——主要产品年产能，t/a；

Q——主要排放口单位产品基准排水量，m^3/t 产品，取值参见表3。

b) 年许可排放量

锑冶炼排污单位总铅、总砷、总镉、总汞年许可排放量为车间或生产装置排放口年许可排放量，化学需氧量和氨氮年许量在企业废水总排放口许可年排放量，按照公式（4）进行核算，其中 C_i 取值参照 GB 25467 中污染因子浓度，基准排水量 Q 参考附表3。

附表3　铜冶炼排污单位基准排水量表　　　　　　单位：m^3/t 产品

序号	排放口	基准排水量
1	车间或生产设施废水排放口	2
2	总废水排放口	10

5.2.4　无组织排放控制要求

锑冶炼排污单位无组织排放节点和控制措施见附表4。

附表4　铜冶炼排污单位生产无组织排放控制要求表

序号	工序	指标控制措施
1	运输	(1)冶炼厂及矿区内粉状物料运应采取密闭措施。 (2)冶炼厂及矿区内大宗物料转移、输送应采取皮带通廊、封闭式皮带输送机或流态化输送等输送方式。皮带通廊应封闭，带式输送机的受料点、卸料点采取喷雾等抑尘措施；或设置密闭罩，并配备除尘设施。 (3)冶炼厂及选矿厂内运输道路应硬化，并采取洒水、喷雾、移动吸尘措施。 (4)运输车辆驶离矿区前以及冶炼厂前应冲洗车轮，或采取其他控制措施

序号	工序	指标控制措施
2	冶炼	（1）原煤应贮存于封闭式煤场，场内设喷水装置，在煤堆装卸时洒水降尘；不能封闭的应采用防风抑尘网，防风抑尘网高度不低于堆存物料高度的1.1倍。铜原生矿、铜精矿等原料，石英石、石灰石等辅料应采用库房贮存。备料工序产尘点应设置集气罩，并配套除尘设施。 （2）冶炼炉（窑）的加料口、出料口应设置集气罩并保证足够的集气效率，配套设置密闭抽风收尘设施。 （3）溜槽应设置盖板

5.2.5 其他

新、改、扩建项目的环境影响评价文件或地方相关规定中有原辅材料、燃料等其他污染防治强制要求的，还应根据环境影响评价文件或地方相关规定，明确其他需要落实的污染防治要求。

6. 污染防治可行技术要求

6.1 一般原则

本标准中所列污染防治可行技术及运行管理要求可作为环境保护主管部门对排污许可证申请材料审核的参考。对于铜冶炼排污单位采用本标准所列推荐可行技术的，原则上认为具备符合规定的防治污染设施或污染物处理能力。对于未采用本标准所列推荐可行技术的，铜冶炼排污单位。

应当在申请时提供相关证明材料（如提供已有监测数据：对于国内外首次采用的污染治理技术，还应当提供中试数据等说明材料），证明可达到与污染防治可行技术相当的处理能力。

对不属于污染防治推荐可行技术的污染治理技术，排污单位应当加强自行监测、台账记录，评估达标可行性。

对于废气实施特别排放限值的，排污单位自行填报可行的污染治理技术及管理要求。

6.2 废气推荐可行技术

铜冶炼排污单位产生的有组织废气中颗粒物、铅及其化合物、砷及其化合物、汞及其化合物，通常采用湿法除尘器、袋式除尘器、静电除尘器等；冶炼炉窑产生的二氧化硫，通常采用石灰石膏法、有机溶液循环吸收法、金属氧化物吸收法、活性焦吸附法、氨法吸收法、双氧水脱硫法本标准推荐的排污单位废气治理可行技术详见《铜冶炼污染防治可行技术指南（试行）》。

6.3 废水推荐可行技术

铜冶炼排污单位生产过程产生的污酸一般采用硫化法＋石灰石/石灰中法、石灰＋铁盐法处理处理后污酸后液与酸性废水合并处理；酸性废水一般采用石灰中和法、高密度泥浆法（HIDS法）石灰＋铁盐（铝盐）法、硫化法、生物制剂法、电化学法、膜分离法等。

本标准推荐的排污单位废水处理可行技术详见《铜冶炼污染防治可行技术指南（试行）》。

6.4 运行管理要求

铜冶炼排污单位应当按照相关法律法规、标准和技术规范等要求运行大气及水污染防治设施，并进行维护和管理，保证设施正常运行。对于特殊时段，铜冶炼排污单位应满足《重污染天气应急预案》、各地人民政府制定的冬防措施等文件规定的污染防治要求。

7. 自行监测管理要求

7.1　一般原则

铜冶炼排污单位在申请排污许可证时，应当按照本标准确定的产排污节点、排放口、污染因子及许可排放限值等要求，制定自行监测方案，并在《排污许可证申请表》中明确。《排污单位自行监测技术指南有色金属冶炼与压延加工业》发布后，自行监测方案的制定从其要求。热水锅炉和65h及以下蒸汽锅炉按照HJ 820制定自行监测方案。

对于2015年1月1日（含）后取得环境影响评价批复的排污单位，环境影响评价文件有其他管理要求的应当同步完善排污单位自行监测管理要求。有核发权的地方环境保护主管部门可根据环境质量改善需求，增加铜冶炼排污单位自行监测管理要求。

7.2　自行监测方案

《排污单位自行监测技术指南有色金属冶炼与压延加工业》发布后，自行监测方案的制定从其要求。

7.3　自行监测要求

《排污单位自行监测技术指南有色金属冶炼与压延加工业》发布后，从其规定。

7.4　监测技术手段

自行监测的技术手段包括手工监测和自动监测。

铜冶炼排污单位中主要排放口均应安装颗粒物、二氧化硫、氮氧化物（以 NO_2 计，仅适用于执行特别排放限值区域的排污单位）自动监测设备。鼓励其他排放口及污染物采用自动监测设备监测，无法开展自动监测的，应采用手工监测。

铜冶炼排污单位生产废水总排放口应安装流量、pH值、化学需氧量、氨氮、总磷、总氮自动监测设备，其中总磷和总氮安装自动监测设备只适用于《"十三五"生态环境保护规划》等文件规定的总磷、总氮总量控制区域的排污单位，鼓励其他排放口及污染物采用自动监测设备监测，无法开展自动监测的，应采用手工监测。

7.5　采样和测定方法

7.5.1　自动监测

废气自动监测参照 HJ/T 75、HJ/T 76 执行。

废水自动监测参照 HJ/T 353、HJ/T 354、HJ/T 355、HJ/T 356 执行。

7.5.2　手工采样

有组织废气手工采样方法的选择参照 GB/T 16157、HJ/T 397 执行，单次监测中，气态污染物采样，应可获得小时均值浓度；颗粒物采样，至少采集三个反映监测断面颗粒物平均浓度的样品。

无组织排放采样方法参照 GB/T 15432、HJ/T 55 执行。

废水手工采样方法的选择参照 HJ 493、HJ 494、HJ 495 和 HJ/T 91 执行。

7.5.3　测定方法

废气、废水污染物的测定按照 GB 13271 和 GB 25467 中规定的污染物浓度测定方法标准执行。

国家或地方法律法规等另有规定的，从其规定。

7.6　数据记录要求

监测期间手工监测的记录和自动监测运维记录按照 HJ 819 执行。

应同步记录监测期间的生产工况。

7.7 监测质量保证与质量控制

按照 HJ 819 要求，排污单位应当根据自行监测方案及开展状况，梳理全过程监测质控要求，建立自行监测质量保证与质量控制体系。

7.8 自行监测信息公开

排污单位应按照 HJ 819 要求进行自行监测信息公开。

8. 环境管理台账记录与排污许可证执行报告编制要求

8.1 环境管理台账记录要求

8.1.1 一般原则

排污单位应建立环境管理台账制度，设置专职人员进行台账的记录、整理、维护和管理，并对台账记录结果的真实性、准确性、完整性负责。

台账应当按照电子化储存和纸质储存两种形式同步管理。台账保存期限不得少于三年。

排污单位排污许可证台账应真实记录基本信息、生产设施及其运行情况、污染防治设施及其运行情况、监测记录信息、其他环境管理信息等。待《排污许可环境管理台账及执行报告技术规范》发布后从其规定。

8.1.2 基本信息

基本信息主要包括排污单位基本信息、生产设施基本信息、治理设施基本信息。基本信息因排污单位工艺、设施调整等情形发生变化的，需在基本信息台账记录表中进行相应修改，并将变化内容进行说明纳入执行报告中。

a）排污单位基本信息：排污单位名称、注册地址、行业类别、生产经营场所地址、组织机构代码、统一社会信用代码、法定代表人、技术负责人、生产工艺、产品名称、生产规模、环保投资情况、环评及批复情况、竣工环保验收情况、排污许可证编号等；

b）生产设施基本信息：生产设施（设备）名称、编码、设施规格型号、相关参数（包括参数名称、设计值、单位）、设计生产能力等；

c）治理设施基本信息：治理设施名称、编码、设施规格型号、相关参数（包括参数名称、设计值、单位）等。

8.1.3 生产设施运行管理信息

排污单位应定期记录生产设施运行状况并留档保存，应按班次至少记录以下内容。

a）运行状态：开始时间，结束时间，是否按照生产要求正常运行；

b）生产负荷：实际生产能力与设计生产能力之比，设计生产能力取最大设计值；

c）产品产量：记录统计时段内主要产品产量；

d）原辅料：记录名称、来源地、种类、用量、有毒有害物质成分及占比、是否为危险化学品；

e）燃料：记录种类、用量、成分、热值、品质。涉及二次能源的需建立能源平衡报表，应填报一次购入能源和二次转化能源。

8.1.4 污染治理设施运行管理信息

铜冶炼排污单位应记录环保设施的运行状态、污染物排放情况、治理药剂添加情况等。污染治理设施运行管理信息还应当包括设备运行校验关键参数，能充分反映生产设施及治理设施运行管理情况。

a）有组织废气治理设施

废气环保设施台账应包括所有环保设施的运行参数及排放情况等，废气环保设施台账包括废气处理能力（立方米/小时）、运行参数（包括运行工况等）、废气排放量，脱硫药剂使用量及运行费用等。

b）无组织废气治理设施

原辅料储库、固废临时渣场、燃料储库、成品库、物料运输系统等无组织废气污染治理措施相应的运行、维护、管理相关的信息记录，可用于说明无组织治理措施（厂区降尘洒水、清扫原料或产品场地封闭、遮盖等）运行情况和效果。

c）废水治理设施

废水环保设施台账应包括所有环保设施的运行参数及排放情况等，废水治理设施包括废水处理能力（吨/日）、运行参数（包括运行工况等）、废水排放量、废水回用量、污泥产生量及运行费用（元吨）、出水水质（各因子浓度和水量等）、排水去向及受纳水体、排入的污水处理厂名称等。

8.1.5　其他环境管理信息

铜冶炼排污单位应记录的其他环境管理信息包括以下几方面。

a）污染治理设施故障期

应记录污染治理设施故障设施、故障原因、故障期间污染物排放浓度以及应对措施。

b）特殊时段

应记录重污染天气应对期间和冬防期间等特殊时段管理要求、执行情况（包括特殊时段生产设施运行管理信息和污染治理设施运行管理信息）等。重污染天气应急预警期间和冬防期间等特殊时段的台账记录要求与正常生产记录频次要求一致，涉及特殊时段停产的排污单位或生产工序，该期间原则上仅对起始和结束当天各进行1次记录，地方管理部门有特殊要求的，从其规定。

c）非正常工况

铜冶炼排污单位开炉、设备检修（停炉）等非正常工况信息按工况期记录，每工况期记录1次，内容应记录非正常（开停炉）工况时间、事件原因、是否报告、应对措施，并按生产设施与污染治理设施填写具体情况：生产设施应记录设施名称、编号、产品产量、原辅料消耗量、燃料消耗量等；污染治理设施应记录设施名称、编号、污染因子、排放量、排放浓度等。

8.1.6　监测记录信息

a）自动监测运维记录

包括自动监测系统运行状况、系统辅助设备运行状况、系统校准、校验工作等；仪器说明书及相关标准规范中规定的其他检查项目，如校准、维护保养、维修记录等。

b）手工监测记录信息

无自动监测要求的排污单位和废气和废水污染物，排污单位应当按照排污许可证中手工监测要求记录手工监测的日期、时间、污染物排放口和监测点位、监测方法、监测频次、监测仪器及型号、采样方法等，并建立台账记录报告。

c）监测期间生产及污染治理设施运行状况记录信息

监测期间生产及污染治理设施运行状况记录信息内容分别见本标准8.1.3和8.1.4部分相关规定。

8.1.7 记录频次

8.1.7.1 一般原则

记录频次应根据生产过程中的变化参数进行确定。

8.1.7.2 生产设施运行管理信息

a）生产运行状况：按照排污单位生产班次记录，每班次记录1次。非正常工况按照工况期记录，每工况期记录1次，非正常工况开始时刻至工况恢复正常时刻为一个记录工况期；

b）产品产量：连续性生产的排污单位产品产量按照班次记录，每班次记录1次。周期性生产的设施按照一个周期进行记录，周期小于1天的按照1天记录；

c）原辅料、燃料用量：按照批次记录，每批次记录1次。

8.1.7.3 污染治理设施运行管理信息

a）污染治理设施运行状况：按照排污单位生产班次记录，每班次记录1次。非正常工况按照工况期记录，每工况期记录1次，非正常工况开始时刻至工况恢复正常时刻为一个记录工况期；

b）污染物产排情况：连续排放污染物的，按班次记录，每班次记录1次。非连续排放污染物的，按照产排污阶段记录，每个产排阶段记录1次。安装自动监测设施的按照自动监测频率记录，DCS上保存自动监测记录；

c）药剂添加情况：采用批次投放的，按照投放批次记录，每投放批次记录1次。采用连续加药方式的，每班次记录1次。

8.1.7.4 监测记录信息

监测数据的记录频次按照本标准7.5中所确定的监测频次要求记录。

8.1.7.5 其他环境管理信息

采取无组织废气污染控制措施的信息记录频次原则不小于1d。

特殊时段的台账记录频次原则与正常生产记录频次要求一致，涉及特殊时段停产的排污单位或生产工序，该期间原则上仅对起始和结束当天进行1次记录，地方管理部门有特殊要求的，从其规定。

根据环境管理要求增加记录的内容，记录频次依实际情况确定。

8.1.8 记录保存

8.1.8.1 纸质存储

纸质台账应存放于保护袋、卷夹或保护盒中，专人保存于专门的档案保存地点，并由相关人员签字。档案保存应采取防光、防热、防潮、防细菌及防污染等措施。纸制类档案如有破损应随时修补。

8.1.8.2 电子存储

电子台账保存于专门的存储设备中，并保留备份数据。设备由专人负责管理，定期进行维护。

根据地方环境保护主管部门要求定期上传，纸版由排污单位留存备查。档案保存时间原则上不低于3年。

8.2 执行报告编制规范

地方环境主管部门应当整合总量控制、排污收费（环境保护税）、环境统计等各项环境管理的数据上报要求，可以参照本标准，在排污许可证中根据各项环境管理要求，规定排污许可证执行报告内容、上报频次等要求。

排污单位应按照排污许可证中规定的内容和频次定期上报执行报告。铜冶炼排污单位可参照本标准，根据环境管理台账记录等归纳总结报告期内排污许可证执行情况，并提交至发证机关，台账记录留存备查。排污单位应保证执行报告的规范性和真实性。技术负责人发生变化时，应当在年度执行报告中及时报告。

电子台账保存于专门的存储设备中，并保留备份数据。设备由专人负责管理，定期进行维护。

根据地方环境保护主管部门要求定期上传，纸版由排污单位留存备查。档案保存时间原则上不低于 3 年。

8.3 执行报告编制规范

地方环境主管部门应当整合总量控制、排污收费（环境保护税）、环境统计等各项环境管理的数据上报要求，可以参照本标准，在排污许可证中根据各项环境管理要求，规定排污许可证执行报告内容、上报频次等要求。

排污单位应按照排污许可证中规定的内容和频次定期上报执行报告。铜冶炼排污单位可参照本标准，根据环境管理台账记录等归纳总结报告期内排污许可证执行情况，并提交至发证机关，台账记录留存备查。排污单位应保证执行报告的规范性和真实性。技术负责人发生变化时，应当在年度执行报告中及时报告。

9. 实际排放量核算方法

9.1 一般原则

铜冶炼排污单位主要排放口废气污染物和废水污染物实际排放量的核算方法采用实测法。排污许可证要求采用自动监测的排放口或污染因子而未采用自动监测的，采用物料衡算法或产排污系数法核算实际排放量。

物料衡算法只用于核算二氧化硫，根据原辅燃料消耗量、含硫率、硫回收率，按直排进行核算其他总量许可污染因子采用产排污系数法核算排放量时，可参考《污染源普查工业污染源产排污系数手册（中）》33 有色金属冶炼及压延加工业，根据单位产品污染物的产生量，按直排进核算。

9.1.1 采用自动监测数据核算

采用自动监测数据基本原则如下：

a）污染源自动监测符合 HJ/T 75 要求，废水污染源自动监测符合 HJ/T 355 和 HJ/T 356 要求，可以采用自动监测数据核算污染物排放量。

b）对于因自动监控设施发生故障以及其他情况导致数据缺失的，废气污染源按照 HJ/T 75 进行补遗，废水污染源按照 HJ/T 356 进行补遗。

c）缺失时段超过 25% 的，自动监测数据不能作为核算实际排放量的依据，按照"要求采用自动监测的排放口或污染因子而未采用"的相关规定进行核算。

9.1.2 采用手工监测数据核算

a）未要求安装自动监测系统时，可采用手工监测数据进行核算。手工监测数据包括核算时间内的所有执法监测数据和排污单位自行或委托第三方检测机构的有效手工监测数据，排污单位自行或委托的手工监测频次、监测期间生产工况、数据有效性等须符合相关规范等要求。

b）自动监测设施发生故障需要维修或更换，按要求在 48h 内恢复正常运行的，且在此期间按照《污染源自动监控设施运行管理办法》开展手工监测并报送手工监测数据的，根据手工监测结果核算该时段实际排放量。

c）排污单位提供充分证据证明自动监测数据缺失、数据异常等不是排污单位责任的，可按照排污单位提供的手工监测数据等核算实际排放量，或者按照上一个半年申报期间的稳定运行期间自动监测数据的均值（废气按照小时浓度均值和半年平均烟气量，废水按照日均浓度值和半年平均排水量），核算数据缺失时段的实际排放量。

d）排污单位应将手工监测时段内生产负荷与核算时段内的平均生产负荷进行对比，并给出对比结论。

9.1.3 排污单位手工监测应符合国家有关环境监测、计量认证规定和技术规范。若同一时段的手工监测数据与执法监测数据不一致，执法监测数据符合法定的监测标准和监测方法的，以执法监测数据为准。

9.1.4 对于未能按要求及时恢复设施正常运行的，采用产污系数法按照直排核算该时段实际排放量。

9.2 废气核算方法

9.2.1 实测法

根据符合 HJ/T 75 的有效自动监测和手工监测污染物的小时平均排放浓度、平均烟气量、运行时间核算污染物年排放量。

大气污染物实际排放量核算方法如下：

$$E_{jk} = \sum_{i=1}^{n} C_{ji} q_i \times 10^{-9} \tag{5}$$

式中 E_{jk}——核算时段内第 k 个排放口第 j 项污染物的实际排放量，t；

  C_{ji}——第 k 个排放口第 j 项污染物在第 i 小时的实测平均排放浓度，mg/m³；

  q_i——第 k 个排放口第 i 小时的标准状态下干排气量，m³/h；

  n——核算时段内的污染物排放时间，h。

$$E_j = \sum_{k=1}^{n} E_{jk} \tag{6}$$

式中 E_{jk}——核算时段内第 j 项污染物的实际排放量，t；

  n——排放口数量。

9.2.2 非正常情况

炉窑启停等非正常排放期间污染物排放量可采用实测法或产污系数直排核算。

9.3 废水核算方法

9.3.1 实测法

根据符合 HJ/T 353、HJ/T 354、HJ/T 355、HJ/T 356 的有效自动监测或手工监测

数据污染物的日平均排放浓度、平均流量、运行时间核算污染物年排放量。

废水污染因子实际排放量核算方法如下：

$$E_j = \sum_{i=1}^{n} C_{ji} q_i \times 10^{-6} \tag{7}$$

式中　E_j——核算时段内车间或生产装置排放口和企业废水总排放口第 j 项污染物的实际排放量，t；

C_{ji}——第 j 项污染物在第 i 日的实测日平均排放浓度，mg/L；

q_i——第 i 日的流量，m³/h；

n——核算时段内的污染物排放时间，h。

9.3.2　非正常情况

废水处理设施非正常情况下的排水，如无法满足排放标准要求时，不应直接排入外环境，待废水处理设施恢复正常运行后方可排放。如因特殊原因造成污染治理设施未正常运行超标排放污染物的或偷排偷放污染物的，按产污系数与未正常运行时段（或偷排偷放时段）的累计排水量核算非正常排放期间实际排放量。

10. 合规判定方法

10.1　一般原贝

合规是指铜冶炼排污单位许可事项和环境管理要求符合排污许可证规定。

许可事项合规是指铜冶炼排污单位排放口位置和数量、排放方式、排放去向、排放污染物种类、排放限值符合许可证规定。其中，排放限值合规是指铜冶炼排污单位污染物实际排放浓度和排放量满足许可排放限值要求，无组织排放满足无组织排放监管措施要求，环境管理要求合规是指铜冶炼排污单位按许可证规定落实自行监测、台账记录、执行报告、信息公开等环境管理要求。

铜冶炼排污单位可通过环境管理台账记录、按时上报执行报告和开展自行监测、信息公开，自证其依证排污，满足排污许可证要求。环境保护主管部门可依据排污单位环境管理台账、执行报告、自行监测记录中的内容，判断其污染物排放浓度和排放量是否满足许可排放限值要求，也可通过执法监测判断其污染物排放浓度是否满足许可排放限值要求。

10.2　排放限值合规判定

10.2.1　废气排放浓度合规判定

10.2.1.1　正常情况

铜冶炼排污单位各废气排放口污染物或厂界无组织污染物的排放浓度达标是指"任一小时浓度均值均满足许可排放浓度要求"。

（1）执法监测

按照监测规范要求获取的执法监测数据超标的，即视为不合规。根据 GB/T 16157、HJ/T 397、HJ/T 55 确定监测要求。

（2）排污单位自行监测

1）自动监测

按照本标准 7.5.1 要求获取的有效自动监测数据计算得到的有效小时浓度均值与许可排放浓度限值进行对比，超过许可排放浓度限值的，即视为超标。对于应当采用自动监测而未采用的排放口或污染物，即认为不合规。自动监测小时均值是指"整点 1 小时内不少于 45 分钟的有效数据的算术平均值"。

2）手工监测

对于未要求采用自动监测的排放口或污染物，应进行手工监测。按照自行监测方案、监测规范要求获取的监测数据计算得到的有效小时浓度均值超标的，即视为超标。

若同一时段的执法监测数据与排污单位自行监测数据不一致，执法监测数据符合法定的监测标准和监测方法的，以该执法监测数据为准。

10.2.1.2 非正常情况

铜冶炼排污单位非正常排放指炉窑启停机、设备故障、检维修等情况下的排放。

铜冶炼排污单位开停炉期间必须确保制酸尾气脱硫系统的正常运行，不得未经处理直接排放，排污单位应该开停炉前及时将开停炉时间段上报环境保护主管部门。

若多台设施采用混合方式排放烟气，且其中一台处于启停时段，排污单位能提供烟气混合前各台设施有效监测数据的，可按照排污单位提供数据进行合规判定。

10.2.2 废水排放浓度合规判定

排污单位各废水排放口污染物（pH 值除外）的排放浓度达标是指"任一有效日均值（pH 值除外）均满足许可排放浓度要求"。

10.2.2.1 执法监测

按照监测规范要求获取的执法监测数据超标的，即视为超标。根据 HJT 91 确定监测要求。

10.2.2.2 排污单位自行监测

a）自动监测

按照本标准 7.5.1 要求获取的自动监测数据计算得到有效日均浓度值（除 pH 值外）与许可排放浓度限值进行对比，超过许可排放浓度限值的，即视为超标。对于应当采用自动监测而未采用的排放口或污染物，即认为不合规。

对于自动监测，有效日均浓度是对应于以每日为一个监测周期获得的某个污染物的多个有效监测数据的平均值。在同时监测污水排放流量的情况下，有效日均值是以流量为权的某个污染物的有效监测数据的加权平均值；在未监测污水排放流量的情况下，有效日均值是某个污染物的有效监测数据的算术平均值。

自动监测的有效日均浓度应根据 HJ/T 355 和 HJ/T 356 等相关文件确定。

b）手工监测

对于未要求采用自动监测的排放口或污染物，应进行手工监测。按照本标准 7.2 和 7.5.2 要求进行手工监测，当日各次监测数据平均值或当日混合样监测数据（除 pH 值外）超标即视为超标。

c）若同一时段的执法监测数据与排污单位自行监测数据不一致，执法监测数据符合法定的监测标准和监测方法的，以该执法监测数据为准。

10.2.3 排放量合规判定

铜冶炼排污单位污染物的排放量合规是指。

a）废水和废气污染物年实际排放量满足各自的年许可排放量要求，年许可排放量是正常情况和非正常情况排放量之和；

　　b）废水和废气污染物各主要排放口实际排放量之和满足主要排放口的许可排放量要求；

　　c）对于特殊时段有许可排放量要求的排污单位，排放口实际排放量之和不得超过特殊时期许可排放量。

10.3　环境管理要求合规判定

　　环境保护主管部门依据排污许可证中的管理要求以及铜冶炼行业相关技术规范，审核环境管理台账记录和许可证执行报告，检查排污单位是否按照自行监测方案开展自行监测；是否按照排污许可证中环境管理台账记录要求记录相关内容、记录频次、形式是否满足许可证要求；是否按照许可证要求定期上报执行报告，上报内容是否符合要求等；是否按照许可证要求定期开展信息公开；是否满足特殊时段污染防治要求。

附录 7　排污单位自行监测技术指南 有色金属工业（HJ 989—2018）

1. 适用范围

　　本标准提出了有色金属（铝、铅、锌、铜、镍、钴、镁、钛、锡、锑、汞）工业冶炼排污单位自行监测的一般要求、监测方案制定、信息记录和报告的基本内容及要求。

　　本标准适用于有色金属（铝、铅、锌、铜、镍、钴、镁、钛、锡、锑、汞）工业冶炼排污单位，对其在生产运行时排放的水、气污染物，噪声以及对周边环境质量影响开展自行监测。本标准不适用于以上金属再生冶炼排污单位。

　　自备火力发电机组（厂）、配套动力锅炉的自行监测要求按照《排污单位自行监测技术指南火力发电及锅炉》（HJ 820）执行。

2. 规范性引用文件

　　本标准内容引用了下列文件或其中的条款。凡是不注明日期的引用文件，其有效版本适用于本标准。

　　GB 25465　铝工业污染物排放标准

　　GB 25466　铅、锌工业污染物排放标准

　　GB 25467　铜、镍、钴工业污染物排放标准

　　GB 25468　镁、钛工业污染物排放标准

　　GB 30770　锡、锑、汞工业污染物排放标准

　　HJ 2.2　环境影响评价技术导则　大气环境

　　HJ/T 2.3　环境影响评价技术导则　地表水环境

　　HJ/T 91　地表水和污水监测技术规范

　　HJ/T 164　地下水环境监测技术规范

　　HJ/T 166　土壤环境监测技术规范

　　HJ/T 194　环境空气质量手工监测技术规范

　　HJ 442　近岸海域环境监测规范

　　HJ 610　环境影响评价技术导则　地下水环境

　　HJ 664　环境空气质量监测点位布设技术规范（试行）

HJ 819　排污单位自行监测技术指南　总则

HJ 820　排污单位自行监测技术指南　火力发电及锅炉

《国家危险废物名录》（环境保护部、国家发展和改革委员会、公安部令第 39 号）

3. 术语和定义

GB 25465、GB 25466、GB 25467、GB 25468、GB 30770 界定的以及下列术语和定义适用于本标准。

3.1　铝冶炼排污单位

指以铝土矿为原料生产氧化铝或以氧化铝为原料生产电解铝的冶炼企业事业单位和其他生产经营者。

3.2　铅、锌冶炼排污单位

指以铅精矿、锌精矿或铅锌混合精矿为主要原料的铅、锌冶炼企业事业单位和其他经营者。

3.3　铜冶炼排污单位

指以原生矿或铜精矿为主要原料的铜冶炼企业事业单位和其他生产经营者。

3.4　镍冶炼排污单位

指以镍精矿为原料的镍冶炼企业事业单位和其他生产经营者。

3.5　钴冶炼排污单位

指以钴精矿、含钴物料为主要原料的钴冶炼企业事业单位和其他生产经营者。

3.6　镁冶炼排污单位

指以白云石为原料，采用硅热法冶炼工艺生产金属镁的企业事业单位和其他生产经营者。

3.7　钛冶炼排污单位

指以钛精矿或高钛渣或四氯化钛为原料生产海绵钛的企业事业单位和其他生产经营者，产品包括高钛渣、四氯化钛、海绵钛。

3.8　锡冶炼排污单位

指以锡精矿为主要原料的锡冶炼企业事业单位和其他生产经营者

3.9　锑冶炼排污单位

指以锑精矿为主要原料生产锑金属或以锑金属为原料生产氧化锑的冶炼企业事业单位和其他生产经营者。

3.10　汞冶炼排污单位

指以含汞矿物为主要原料生产汞金属的冶炼企业事业单位和其他生产经营者。

4. 自行监测的一般要求

排污单位应查清本单位的污染源、污染物指标及潜在的环境影响，制定监测方案，设置和维护监测设施，按照监测方案开展自行监测，做好质量保证和质量控制，记录和保存监测数据，依法向社会公开监测结果。

5. 监测方案制定

5.1　废水排放监测

5.1.1　监测点位

排污单位均需在废水总排放口、雨水排放口设置监测点位，生活污水单独排入水体的须在生活污水排放口设置监测点位。

涉及监控位置为车间或生产设施废水排放口的，采样点位一律设在车间或车间处理设施排放口或专门处理此类污染物设施的排口。

5.1.2 监测指标与频次

有色金属工业排污单位废水排放监测点位、指标及最低监测频次按照附表1执行。

附表1 有色金属工业排污单位废水监测点位、指标及最低监测频次

行业类型	监测点位	监测指标	监测频次
铝冶炼	废水总排放口	流量、pH值、化学需氧量、氨氮	自动监测
		总磷	日（自动监测①）
		总氮	日②
		氟化物	月
		悬浮物、石油类、总氰化物③、硫化物③、挥发酚③	季度
铅、锌冶炼	废水总排放口	流量、pH值、化学需氧量、氨氮	自动监测
		总磷	日（自动监测①）
		总氮	日②
		总铅、总砷、总镉、总汞	日
		总锌、总铜、总铬、总镍	月
		悬浮物、氟化物、硫化物	季度
	车间或生产设施废水排放口	总铅、总砷、总镉、总汞	日
		总铬、总镍	月
铜、镍、钴冶炼	废水总排放口	流量、pH值、化学需氧量、氨氮	自动监测
		总磷	日（自动监测①）
		总氮	日②
		总铅、总砷、总镉、总汞	日
		总锌、总铜、总镍、总钴	月
		悬浮物、氟化物、石油类、硫化物	季度
	车间或生产设施废水排放口	总铅、总砷、总镉、总汞	日
		总镍、总钴	月
镁、钛冶炼	废水总排放口	流量、pH值、化学需氧量、氨氮	自动监测
		总磷	日（自动监测①）
		总氮	日②
		总铬、六价铬	日
		总铜	月
		悬浮物、石油类	季度
	车间或生产设施废水排放口	总铬、六价铬	日
锡、锑、汞冶炼	废水总排放口	流量、pH值、化学需氧量、氨氮	自动监测
		总磷	日（自动监测①）
		总氮	日②

续表

行业类型	监测点位	监测指标		监测频次
锡、锑汞冶炼	废水总排放口	总铅、总砷、总镉、总汞		日
		总锌、总铜、总锡④、总锑、六价铬		月
		悬浮物、氟化物、硫化物、石油类		季度
	车间或生产设施废水排放口	总铅、总砷、总镉、总汞		日
		六价铬		月
生活污水排放口		流量、pH 值、悬浮物、化学需氧量、氨氮、总氮、总磷、五日生化需氧量、动植物油		月
雨水排放口		pH 值、化学需氧量、悬浮物、石油类		日⑤

① 水环境质量中总磷实施总量控制区域，总磷需采取自动监测。
② 水环境质量中总氮实施总量控制区域，总氮最低监测频次按日执行，待自动监测技术规范发布后，须采取自动监测。
③ 设有煤气生产系统的铝冶炼排污单位需监测总氰化物、硫化物、挥发酚。
④ 锡、锑冶炼排污单位废水监测项目。
⑤ 雨水排放口有流动水排放时按日监测。若监测一年无异常情况，可放宽至每季度开展一次监测。
注：表中所列监测指标，设区的市级及以上环保主管部门明确要求安装自动监测设备的，需采取自动监测。

5.2 废气排放监测

5.2.1 有组织废气排放监测点位、指标与频次

有色金属工业排污单位有组织废气排放监测点位、监测指标及最低监测频次按照附表 2 执行。对于多个污染源或生产设备共用一个排气筒的，监测点位可布设在共用排气筒上，监测指标应涵盖所对应的污染源或生产设备监测指标，最低监测频次按照严格的执行。

附表 2　有色金属工业排污单位有组织废气排放监测点位、指标及最低监测频次

行业类型	监测点位	监测指标	监测频次
氧化铝	原料制备及输送系统排气筒	颗粒物	半年
	熟料中碎系统排气筒	颗粒物	半年
	氧化铝贮运系统排气筒	颗粒物	半年
	熟料烧成窑排气筒	二氧化硫、氮氧化物①、颗粒物	自动监测
	氢氧化铝熔烧炉排气筒	二氧化硫、氮氧化物①、颗粒物	自动监测
	石灰炉(窑)排气筒	氮氧化物①、颗粒物	自动监测
电解铝	原料制备及输送系统排气筒	颗粒物	半年
	电解质破碎系统排气筒	颗粒物	半年
	阳极组装及残极处理系统排气筒	颗粒物	半年
	电解槽排气筒	二氧化硫、颗粒物	自动监测
		氟化物	月
	铸造系统排气筒	颗粒物	半年
铅冶炼	原料制备及输送系统排气筒	颗粒物	季度
	制酸系统(熔炼炉等)排气筒	二氧化硫、氮氧化物①、颗粒物	自动监测
		铅及其化合物、汞及其化合物	月

续表

行业类型	监测点位	监测指标	监测频次
铅冶炼	制酸系统(熔炼炉等)排气筒	硫酸雾	季度
	环境集烟(各炉窑进料口、出渣口、出铅口等)排气筒	二氧化硫、氮氧化物①、颗粒物	自动监测
		铅及其化合物、汞及其化合物	月
	熔铅(电铅)锅排气筒	颗粒物、铅及其化合物	季度
	还原炉、烟化炉排气筒	二氧化硫、氮氧化物①、颗粒物	自动监测
		铅及其化合物、汞及其化合物	月
	浮渣反射炉排气筒	二氧化硫、氮氧化物①、颗粒物、铅及其化合物、汞及其化合物	季度
湿法炼锌	原料制备及输送系统排气筒	颗粒物	季度
	制酸系统(沸腾炉等)排气筒	二氧化硫、氮氧化物①、颗粒物	自动监测
		铅及其化合物、汞及其化合物	月
		硫酸雾	季度
	回转窑排气筒	二氧化硫、氮氧化物①、颗粒物	自动监测
		铅及其化合物、汞及其化合物	月
	多膛炉排气筒	二氧化硫、氮氧化物①、颗粒物、铅及其化合物、汞及其化合物	季度
	浸出槽排气筒	硫酸雾	季度
	净化槽排气筒	硫酸雾	季度
	感应电炉排气筒	颗粒物	季度
电炉炼锌	原料制备及输送系统排气筒	颗粒物	季度
	制酸系统(沸腾炉等)排气筒	二氧化硫、氮氧化物①、颗粒物	自动监测
		铅及其化合物、汞及其化合物	月
		硫酸雾	季度
	环境集烟(各炉窑进料口、出渣口、出锌口等)排气筒	二氧化硫、氮氧化物①、颗粒物	自动监测
		铅及其化合物、汞及其化合物	月
	烟化炉(回转窑)排气筒	二氧化硫、氮氧化物①、颗粒物	自动监测
		铅及其化合物、汞及其化合物	月
	锌精馏系统排气筒	二氧化硫、氮氧化物①、颗粒物、铅及其化合物、汞及其化合物	季度
竖罐炼锌	原料制备及输送系统排气筒	颗粒物	季度
	制酸系统(沸腾炉等)排气筒	二氧化硫、氮氧化物①、颗粒物	自动监测
		铅及其化合物、汞及其化合物	月
		硫酸雾	季度
	焦结蒸馏系统排气筒	二氧化硫、氮氧化物①、颗粒物	自动监测
		铅及其化合物、汞及其化合物	月
	旋涡熔炼炉排气筒	二氧化硫、氮氧化物①、颗粒物	自动监测
		铅及其化合物、汞及其化合物	月
	锌精馏系统排气筒	二氧化硫、氮氧化物①、颗粒物、铅及其化合物、汞及其化合物	季度

续表

行业类型	监测点位	监测指标	监测频次
密闭鼓风冶炼(ISP)	原料制备及输送系统排气筒	颗粒物	季度
	烧结机头排气筒	二氧化硫、氮氧化物①、颗粒物	自动监测
		铅及其化合物、汞及其化合物	季度
	制酸系统(烧结机等)排气筒	二氧化硫、氮氧化物①、颗粒物	自动监测
		铅及其化合物、汞及其化合物	月
		硫酸雾	季度
	烧结料破碎系统排气筒	颗粒物	季度
	熔炼备料系统排气筒	颗粒物	季度
	环境集烟(各炉窑进料口、出渣口、出铅口等)排气筒	二氧化硫、氮氧化物①、颗粒物	自动监测
		铅及其化合物、汞及其化合物	月
	熔铅(电铅)锅排气筒	颗粒物、铅及其化合物	季度
	锌精馏排气筒	二氧化硫、氮氧化物①、颗粒物、铅及其化合物、汞及其化合物	季度
	烟化炉排气筒	二氧化硫、氮氧化物①、颗粒物	自动监测
		铅及其化合物、汞及其化合物	月
	反射炉排气筒	二氧化硫、氮氧化物①、颗粒物、铅及其化合物、汞及其化合物	季度
铜冶炼	原料制备及输送系统排气筒	颗粒物	季度
	制酸系统(熔炼炉、吹炼炉等)排气筒	二氧化硫、氮氧化物①、颗粒物	自动监测
		铅及其化合物、砷及其化合物、汞及其化合物	月
		硫酸雾、氟化物	季度
	环境集烟(各炉窑进料口、出渣口、出铜口等)排气筒	二氧化硫、氮氧化物①、颗粒物	自动监测
		铅及其化合物、砷及其化合物、汞及其化合物	月
		硫酸雾、氟化物	季度
	阳极炉(精炼炉)排气筒	二氧化硫、氮氧化物①、颗粒物	自动监测
		铅及其化合物、砷及其化合物、汞及其化合物	月
		硫酸雾、氟化物	季度
	电解槽、电解液净化系统排气筒	硫酸雾	季度
	电积槽及其他槽排气筒	硫酸雾	季度
	真空蒸发器、脱铜电积槽排气筒	硫酸雾	季度
镍冶炼	原料制备及输送系统排气筒	颗粒物	季度
	制酸系统(熔炼炉、吹炼炉等)排气筒	二氧化硫、氮氧化物①、颗粒物	自动监测
		铅及其化合物、砷及其化合物、镍及其化合物、汞及其化合物	月
		硫酸雾、氟化物	季度

续表

行业类型	监测点位	监测指标	监测频次
镍冶炼	环境集烟（各炉窑进料口、出渣口、出镍口等）排气筒	二氧化硫、氮氧化物[①]、颗粒物	自动监测
		铅及其化合物、砷及其化合物、镍及其化合物、汞及其化合物	月
		硫酸雾、氟化物	季度
	贫化炉排气筒[②]	二氧化硫、氮氧化物[①]、颗粒物	自动监测
		铅及其化合物、砷及其化合物、镍及其化合物、汞及其化合物	月
		硫酸雾、氟化物	季度
	电解槽、电解液净化系统排气筒	硫酸雾、氯气	半年
	浸出槽、电积槽排气筒	硫酸雾	半年
钴冶炼	原料制备及输送系统排气筒	颗粒物	季度
	熔炼炉、焙烧炉等排气筒	二氧化硫、氮氧化物[①]、颗粒物	自动监测
		铅及其化合物、砷及其化合物、镍及其化合物、汞及其化合物	月
		硫酸雾、氟化物	季度
	浸出槽排气筒	硫酸雾	季度
	除铁槽排气筒	硫酸雾、氯气、氨气[③]	半年
	萃取槽排气筒	硫酸雾、氨气[③]	半年
	电积槽排气筒	氯气[④]	季度
		硫酸雾[⑤]	半年
镁冶炼	原料制备及输送系统排气筒	颗粒物	半年
	煤磨排气筒	颗粒物	半年
	硅铁破碎机排气筒	颗粒物	半年
	球磨机排气筒	颗粒物	半年
	压球机排气筒	颗粒物	半年
	煅烧窑炉排气筒	二氧化硫、氮氧化物[①]、颗粒物	自动监测
	还原炉排气筒	二氧化硫、氮氧化物[①]、颗粒物	自动监测
	精炼炉排气筒	二氧化硫、氮氧化物[①]、颗粒物	自动监测
	精炼坩埚、铸锭机排气筒	二氧化硫、氮氧化物[①]、颗粒物	半年
钛冶炼	原料制备及输送系统排气筒	颗粒物	季度
	钛渣破碎系统排气筒	颗粒物	季度
	钛渣熔炼电炉排气筒	二氧化硫、氮氧化物[①]、颗粒物	自动监测
	四氯化钛制备尾气处理（氯化炉、精馏塔等）排气筒	颗粒物、氯气、氯化氢	季度
	电解槽等排气筒	颗粒物、氯气、氯化氢	季度
	精炼炉等排气筒	二氧化硫、氮氧化物[①]、颗粒物	季度

行业类型	监测点位	监测指标	监测频次
锡冶炼	原料制备及输送系统排气筒	颗粒物	半年
	粉煤制备排气筒	颗粒物	半年
	炼前处理排气筒	二氧化硫、氮氧化物、颗粒物	自动监测
		锡及其化合物、铅及其化合物、砷及其化合物、镉及其化合物、汞及其化合物、锑及其化合物	月
		氟化物	季度
	还原熔炼系统排气筒	二氧化硫、氮氧化物、颗粒物	自动监测
		锡及其化合物、铅及其化合物、砷及其化合物、镉及其化合物、汞及其化合物、锑及其化合物	月
		氟化物	季度
	挥发熔炼系统排气筒	二氧化硫、氮氧化物、颗粒物	自动监测
		锡及其化合物、铅及其化合物、砷及其化合物、镉及其化合物、汞及其化合物、锑及其化合物	月
		氟化物	季度
	环境集烟(各炉窑进料口、出渣口、出锡口等)排气筒	二氧化硫、氮氧化物、颗粒物	自动监测
		锡及其化合物、铅及其化合物、砷及其化合物、镉及其化合物、汞及其化合物、锑及其化合物	月
		氟化物	季度
	精炼系统排气筒	二氧化硫、氮氧化物、颗粒物、锡及其化合物、铅及其化合物、砷及其化合物、镉及其化合物、汞及其化合物、锑及其化合物、氟化物	季度
锑冶炼(以锑精矿为原料)	原料制备及输送系统排气筒	颗粒物	半年
	挥发熔炼系统(包括前床)排气筒	二氧化硫、氮氧化物、颗粒物	自动监测
		锡及其化合物、汞及其化合物、镉及其化合物、铅及其化合物、砷及其化合物、锑及其化合物	月
	挥发焙烧系统排气筒	二氧化硫、氮氧化物、颗粒物	自动监测
		锡及其化合物、汞及其化合物、镉及其化合物、铅及其化合物、砷及其化合物、锑及其化合物	月
	还原熔炼系统排气筒	二氧化硫、氮氧化物、颗粒物	自动监测
		锡及其化合物、汞及其化合物、镉及其化合物、铅及其化合物、砷及其化合物、锑及其化合物	月
	环境集烟(各炉窑进料口、出渣口、出锑口等)排气筒	二氧化硫、氮氧化物、颗粒物、锡及其化合物、汞及其化合物、镉及其化合物、铅及其化合物、砷及其化合物、锑及其化合物	季度
锑冶炼(以铅锑精矿为原料)	原料制备及输送系统排气筒	颗粒物	半年
	沸腾焙烧系统排气筒	二氧化硫、氮氧化物、颗粒物	自动监测
		锡及其化合物、汞及其化合物、镉及其化合物、铅及其化合物、砷及其化合物、锑及其化合物	月

续表

行业类型	监测点位	监测指标	监测频次
锑冶炼（以铅锑精矿为原料）	烧结系统排气筒	二氧化硫、氮氧化物、颗粒物	自动监测
		锡及其化合物、汞及其化合物、镉及其化合物、铅及其化合物、砷及其化合物、锑及其化合物	月
	还原熔炼系统排气筒	二氧化硫、氮氧化物、颗粒物	自动监测
		锡及其化合物、汞及其化合物、镉及其化合物、铅及其化合物、砷及其化合物、锑及其化合物	月
	精炼系统排气筒	二氧化硫、氮氧化物、颗粒物	自动监测
		锡及其化合物、汞及其化合物、镉及其化合物、铅及其化合物、砷及其化合物、锑及其化合物	月
	吹炼系统排气筒	二氧化硫、氮氧化物、颗粒物	自动监测
		锡及其化合物、汞及其化合物、镉及其化合物、铅及其化合物、砷及其化合物、锑及其化合物	月
	环境集烟（各炉窑进料口、出渣口、出锑口等）排气筒	二氧化硫、氮氧化物、颗粒物	自动监测
		锡及其化合物、汞及其化合物、镉及其化合物、铅及其化合物、砷及其化合物、锑及其化合物	月
锑冶炼（以锑金精矿为原料）	原料制备及输送系统排气筒	颗粒物	半年
	挥发熔炼系统（包括前床）排气筒	二氧化硫、氮氧化物、颗粒物	自动监测
		锡及其化合物、汞及其化合物、镉及其化合物、铅及其化合物、砷及其化合物、锑及其化合物	月
	灰吹系统排气筒	二氧化硫、氮氧化物、颗粒物	自动监测
		锡及其化合物、汞及其化合物、镉及其化合物、铅及其化合物、砷及其化合物、锑及其化合物	月
	还原熔炼系统排气筒	二氧化硫、氮氧化物、颗粒物	自动监测
		锡及其化合物、汞及其化合物、镉及其化合物、铅及其化合物、砷及其化合物、锑及其化合物	月
	环境集烟（各炉窑进料口、出渣口、出锑口等）排气筒	二氧化硫、氮氧化物、颗粒物、锡及其化合物、汞及其化合物、镉及其化合物、铅及其化合物、砷及其化合物、锑及其化合物	季度
	炼金系统排气筒	二氧化硫、氮氧化物、颗粒物、锡及其化合物、汞及其化合物、镉及其化合物、铅及其化合物、砷及其化合物、锑及其化合物	半年
锑冶炼（以精锑为原料）	锑白炉排气筒	二氧化硫、氮氧化物、颗粒物、锑及其化合物	半年
汞冶炼	蒸馏炉排气筒	二氧化硫、氮氧化物、颗粒物	自动监测
		锑及其化合物、汞及其化合物、铅及其化合物	月

续表

行业类型	监测点位	监测指标	监测频次
汞冶炼	马弗炉排气筒	二氧化硫、氮氧化物、颗粒物	自动监测
		锑及其化合物、汞及其化合物、铅及其化合物	月

① 适用于执行特别排放限值区域。其他地区选测，按季度执行。
② 部分排污单位贫化炉烟气送制酸系统。
③ 适用于氨皂化工艺。
④ 适用于氯化钴电积工艺。
⑤ 适用于硫酸钴电积工艺。
注：1. 废气监测需按照相应监测分析方法、技术规范同步监测烟气参数。
2. 表中所列监测指标，设区的市级及以上环保主管部门明确要求安装自动监测设备的，需采取自动监测。

5.2.2 无组织废气排放监测点位、指标与频次

有色金属工业排污单位无组织废气排放监测点位、监测指标及最低监测频次按附表3执行。

附表3 有色金属工业排污单位无组织废气排放监测点位、监测指标及最低监测频次

行业类型	监测点位	监测指标	监测频次
氧化铝	厂界	二氧化硫、颗粒物	季度
电解铝	厂界	二氧化硫、颗粒物、氟化物	季度
铅、锌冶炼	厂界	二氧化硫、颗粒物、硫酸雾、铅及其化合物、汞及其化合物	季度
铜冶炼	厂界	二氧化硫、颗粒物、硫酸雾、氯气、氯化氢、氟化物、砷及其化合物、铅及其化合物、汞及其化合物	季度
镍、钴冶炼	厂界	二氧化硫、颗粒物、硫酸雾、氯气、氯化氢、氟化物、砷及其化合物、镍及其化合物、铅及其化合物、汞及其化合物	季度
镁冶炼	厂界	二氧化硫、颗粒物	季度
钛冶炼	厂界	二氧化硫、颗粒物、氯气、氯化氢	季度
锡冶炼	厂界	硫酸雾、氟化物、锡及其化合物、锑及其化合物、汞及其化合物、镉及其化合物、铅及其化合物、砷及其化合物	季度
锑冶炼	厂界	硫酸雾、锡及其化合物、锑及其化合物、汞及其化合物、镉及其化合物、铅及其化合物、砷及其化合物	季度
汞冶炼	厂界	硫酸雾、汞及其化合物、铅及其化合物	季度

5.3 厂界环境噪声监测

厂界环境噪声监测点位设置应遵循 HJ 819 中的原则，主要考虑噪声源在厂区内的分布情况和周边环境敏感点的位置。厂界环境噪声每季度至少开展一次昼间噪声监测，夜间生产的排污单位须监测夜间噪声。周边有敏感点的，应提高监测频次。

5.4 周边环境质量监测

5.4.1 环境影响评价文件及其批复〔仅限 2015 年 1 月 1 日（含）后取得的环境影响评价批复〕、相关环境管理政策有明确要求的，按要求执行。

5.4.2 无明确要求的，若排污单位认为有必要的，可对周边水、土壤、环境空气质量开展监测。可参照 HJ 2.2、HJ 664、HJ/T 194、HJ 610、HJ/T 164、HJ/T 166 等标准中有关规定设置周边环境空气、地下水、土壤影响监测点位，对于废水直接排入地表水或海水的排污单位，可参照 HJ/T 2.3、HJ/T 91、HJ 442 等标准中相关规定设置周边地表水、海水环境影响监测点，监测指标和监测频次见附表4。

附表 4　有色金属工业排污单位周边环境质量影响监测指标及最低监测频次

目标环境	监测指标	监测频次
环境空气[①]	二氧化硫、二氧化氮、PM$_{10}$、PM$_{2.5}$、铅、其他特征污染物等	半年
地表水	pH 值、化学需氧量、氨氮、总磷、总氮、氟化物、总铜、总锌、总砷、总汞、总镉、六价铬、总铅、总镍、总钴、总锑等	季度
地下水	pH 值、高锰酸盐指数、氯化物、氟化物、氰化物、总铅、总砷、总汞、总镉、六价铬、总镍、总钴等	年
海水	pH 值、悬浮物、化学需氧量、石油类、硫化物、氟化物、铜、锌、铅、砷、镉、汞、六价铬、总铬、镍等	半年
土壤	pH 值、总镉、总汞、总砷、总铅、总铬、总铜、总镍、总锌等	年

① 每次连测 3 天。

注：排污单位应根据原辅料使用等实际生产情况，确定具体的监测指标。

5.5　其他要求

5.5.1　除附表 1～附表 3 中的污染物指标外，5.5.1.1 和 5.5.1.2 中的污染物指标也应纳入监测指标范围，并参照附表 1～附表 3 和 HJ 819 确定监测频次。

5.5.1.1　排污许可证、所执行的污染物排放（控制）标准、环境影响评价文件及其批复［仅限 2015 年 1 月 1 日（含）后取得的环境影响评价批复］、相关环境管理规定明确要求的污染物指标。

5.5.1.2　排污单位根据生产过程的原辅用料、生产工艺、中间及最终产品类型、监测结果确定实际排放的，在有毒有害或优先控制污染物相关名录中的污染物指标，或其他有毒污染物指标。

5.5.2　各指标的监测频次在满足本标准的基础上，可根据 HJ 819 中监测频次的确定原则提高监测频次。

5.5.3　采样方法、监测分析方法、监测质量保证与质量控制等按照 HJ 819 相关要求执行。

5.5.4　监测方案的描述、变更按照 HJ 819 规定执行。

6. 信息记录和报告

6.1　信息记录

6.1.1　监测信息记录

手工监测记录和自动监测运维记录按照 HJ 819 规定执行。

6.1.2　生产和污染治理设施运行状况记录

排污单位应详细记录其生产及污染治理设施的运行状况，日常生声中应参照以下内容记录相关信息，并整理成台账保存备查。

6.1.2.1　生产运行状况记录

按生产班次记录正常工况各主要生产单元每项生产设施的运行状态、生产负荷、主要产品产量、原辅料及燃料使用情况（包括种类、名称、用量、有毒有害元素成分及占比）等信息。

6.1.2.2　污水处理设施运行状况记录

按日记录污水处理量、回用水量、回用率、回用去向、污水排放量、排放去向、污泥产生量（记录含水率）、污水处理使用的药剂名称及用量、用电量等；记录污水处理设施运行、故障及维护情况等。

6.1.2.3 废气处理设施运行状况记录

按日记录废气处理使用的吸附剂、过滤材料等耗材的名称和用量；记录废气处理设施运行参数、故障及维护情况等。

6.1.3 工业固体废物记录

记录一般工业固体废物和危险废物的产生量、综合利用量、处置量、贮存量，危险废物还应记录其具体去向。原料或辅助工序中产生的其他危险废物的情况也应记录。危险废物按照《国家危险废物名录》或国家规定的危险废物鉴别标准和鉴别方法认定。

6.2 信息报告、应急报告、信息公开按照 HJ 819 规定执行

7. 其他

排污单位应如实记录手工监测期间的工况（包括生产负荷、污染治理设施运行情况等）确保监测数据具有代表性。

本标准规定的内容外，按 HJ 819 执行。